国家出版基金项目

中国果树科学与实践

桃

主　　编　王力荣
副 主 编　王志强　朱更瑞
编　　委　（按姓氏笔画排序）
　　　　　王力荣　王志强　王玲玲　王新卫　牛　良
　　　　　方伟超　卢美光　朱更瑞　刘杰超　李　勇
　　　　　李世访　李芳菲　肖元松　吴金龙　张亚飞
　　　　　陈昌文　庞荣丽　侯　珲　郝峰鸽　涂洪涛
　　　　　曹　珂　彭福田　焦中高　曾文芳　谢景梅

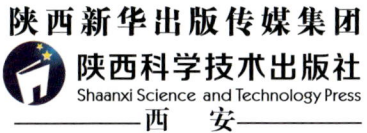

陕西新华出版传媒集团
陕西科学技术出版社
Shaanxi Science and Technology Press
——西　安——

图书在版编目（CIP）数据

中国果树科学与实践．桃/王力荣主编．—西安：陕西科学技术出版社，2022.8
ISBN 978-7-5369-8532-2

Ⅰ.①中… Ⅱ.①王… Ⅲ.①桃—果树园艺 Ⅳ.①S66

中国版本图书馆 CIP 数据核字（2022）第 134509 号

中国果树科学与实践 桃
ZHONGGUO GUOSHU KEXUE YU SHIJIAN TAO
王力荣 主编

出 版 人	崔　斌
责任编辑	都亚琳　杨　波
责任校对	秦　延
封面设计	曾　珂
监　　制	张一骏

出 版 者	陕西新华出版传媒集团　陕西科学技术出版社 西安市曲江新区登高路 1388 号陕西新华出版传媒产业大厦 B 座 电话（029）81205187　传真（029）81205155　邮编 710061 http://www.snstp.com
发 行 者	陕西新华出版传媒集团　陕西科学技术出版社 电话（029）81205180　81206809
印　　刷	西安市久盛印务有限责任公司
规　　格	720mm×1000mm　16 开本
印　　张	20.75
字　　数	370 千字
版　　次	2022 年 8 月第 1 版 2022 年 8 月第 1 次印刷
书　　号	ISBN 978-7-5369-8532-2
定　　价	105.00 元

版权所有　翻印必究
（如有印装质量问题，请与我社发行部联系调换）

总 序

中国农耕文明发端很早，可追溯至远古 8 000 余年前的"大地湾"时代，华夏先祖在东方这块神奇的土地上，为人类文明的进步作出了伟大的贡献。同样，我国果树栽培历史也很悠久，在《诗经》中已有关于栽培果树和采集野生果的记载。我国地域辽阔，自然生态类型多样，果树种质资源极其丰富，果树种类多达 500 余种，是世界果树发源中心之一。不少世界主要果树，如桃、杏、枣、栗、梨等，都是原产于我国或由我国传至世界其他国家的。

我国果树的栽培虽有久远的历史，但果树生产真正地规模化、商业化发展还是始于新中国建立以后。尤其是改革开放以来，我国农业产业结构调整的步伐加快，果树产业迅猛发展，栽培面积和产量已位居世界第一位，在世界果树生产中占有举足轻重的地位。2012 年，我国果园面积增至约 1 134 万 hm^2，占世界果树总面积的 20% 多；水果产量超过 1 亿 t，约占世界总产量的 18%。据估算，我国现有果园面积约占全国耕地面积的 8%，占全国森林覆盖面积的 13% 以上，全国有近 1 亿人从事果树及其相关产业，年产值超过 2 500 亿元。果树产业良好的经济、社会效益和生态效益，在推动我国农村经济、社会发展和促进农民增收、生态文明建设中发挥着十分重要的作用。

我国虽是世界第一果品生产大国，但还不是果业强国，产业发展基础仍然比较薄弱，产业发展中的制约因素增多，产业结构内部矛盾日益突出。总体来看，我国果树产业发展正处在由"规模扩张型"向"质量效益型"转变的重要时期，产业升级任务艰巨。党的十八届三中全会为今后我国的农业和农村社会、经济的发展确定了明确的方向。在新的形势下，如何在确保粮食安全的前提下发展现代果业，促进果树产业持续健康发展，推动社会主义新农村建设是目前面临的重大课题。

科技进步是推动果树产业持续发展的核心要素之一。近几十年来，随着我国果树产业的不断发展壮大，果树科研工作的不断深入，产业技术水平有了明显的提升。但必须清醒地看到，我国果树产业总体技术水平与发达国家相比仍有不小的差距，技术上跟踪、模仿的多，自主创新的少。产业持续发展过程中凸显着各种现实问题，如区域布局优化与生产规模调控、劳动力成本上涨、产地环境保护、果品质量安全、生物灾害和自然灾害的预防与控制等，都需要我国果树科技工作者和产业管理者认真地去思考、研究。未来现代果树产业发展的新形势与新变化，对果树科学研究与产业技术创新提出了新的、更高的要求。要准确地把握产业技术的发展方向，就有必要对我国近几十年来在果树产业技术领域取得的成就、经验与教训进行系统的梳理、总结，着眼世界技术发展前沿，明确未来技术创新的重点与主要任务，这是我国果树科技工作者肩负的重要历史使命。

陕西科学技术出版社的杨波编审，多年来热心于果树科技类图书的编辑出版工作，在出版社领导的大力支持下，多次与中国工程院院士、山东农业大学束怀瑞教授就组织编写、出版一套总结、梳理我国果树产业技术的专著进行了交流、磋商，并委托束院士组织、召集我国果树领域20余位知名专家于2011年10月下旬在山东泰安召开了专题研讨会，初步确定了本套书编写的总体思路、主要编写人员及工作方案。经多方征询意见，最终将本套书的书名定为《中国果树科学与实践》。

本套书涉及的树种较多，但各树种的研究、发展情况存在不同程度的差异，因此在编写上我们不特别强调完全统一，主张依据各自的特点确定编写内容。编写的总体思路是：以果树产业技术为主线和统领，结合各树种的特点，根据产业发展的关键环节和重要技术问题，梳理、确定若干主题，按照"总结过去、分析现状、着眼未来"的基本思路，有针对性地进行系统阐述，体现特色，突出重点，不必面面俱到。编写时，以应用性研究和应用基础性研究层面的重要成果和生产实践经验为主要论述内容，有论点，有论据，在对技术发展演变过程进行回顾总结的基础上，着重于对现在技术成就和经验教训的系统总结与提炼，借鉴、吸取国外先进经验，结合国情及生产实际，提出未来技术的发展趋势与展望。在编写过程中，力求理论联系实际，既体现学术价值，也兼顾实际生产应用价值，有解决问题的技术路线和方法，以期对未来技术发展有现实的指导意义。

本套书的读者群体主要为高校、科研单位和技术部门的专业技术人员，以及产业决策者、部门管理者、产业经营者等。在编写风格上，力求体现图文并茂、通俗易懂，增强可读性。引用的数据、资料力求准确、可靠，体现科学性和规范性。期望本套书能成为注重技术应用的学术性著作。

在本套书的总体思路策划和编写组织上，束怀瑞院士付出了大量的心血和智慧，在编写过程中提供了大量无私的帮助和指导，在此我们向束院士表示由衷的敬佩和真诚的感谢！

对我国果树产业技术的重要研究成果与实践经验进行较系统的回顾和总结，并理清未来技术发展的方向，是全体编写者的初衷和意愿。本套书参编人员较多，各位撰写者虽力求精益求精，但因水平有限，书中内容的疏漏、不足甚至错误在所难免，敬请读者不吝指教，多提宝贵意见。

编著者
2015年5月

前　言

桃是世界主要水果之一，分布区域广泛。根据世界粮农组织统计，2019年世界桃栽培面积为152.71万hm²，总产量为2 574万t，中国桃种植面积和产量分别占世界的55.06%和61.54%，是过去20年世界桃产业快速发展的最主要贡献者。除中国外，世界其他地区虽然桃总产量仍在上升，但种植面积呈下降趋势。世界桃产业向劳动力成本低的国家和地区转移趋势明显，全球经济一体化、生物技术革命、信息技术革命等影响着世界桃产业发生深刻的变化。

桃原产中国，有4 000多年的栽培历史，自古以来受到人们的喜爱，是目前我国第四大水果种类；桃产业在脱贫攻坚、农民增收、乡村振兴、建设美丽中国和健康中国等方面发挥着重要作用。目前，中国桃产业整体呈现北方强、南方快的优势产区新局面，实现了春、夏、秋三季鲜果供应，品种多元化的格局已初步形成，三产融合发展发挥着重要作用，栽培模式向标准化、省力化方向发生转变，桃产业处于由数量型向质量型转变的关键时期。

科技进步对我国桃产业的发展发挥了重要作用。对近几十年来我国桃科技创新取得的成果、经验和教训进行系统梳理、总结，借鉴世界桃产业技术发展的经验和成就，明确未来桃产业技术的发展方向，促进我国桃产业的可持续发展，是我国桃产业科技工作者肩负的使命与责任，也是本书写作的初衷。

按照"中国果树科学与实践"丛书的总体要求，本着"总结过去、分析现状、着眼未来"的基本思路，本书对我国桃种质资源、遗传育种、栽培植保、贮藏加工、果品安全等全产业链的科研、技术和产业发生的演变过程进行回顾和总结，提出未来技术的发展建议，以期为科研单位、高校和技术部门专业技术人员以及产业决策者、管理者和生产经营者提供借鉴。

本书共分为17章。第一章由王力荣编写；第二章由王力荣、谢景梅编写；第三章由王力荣、吴金龙、李芳菲编写；第四章主要由曹珂、王力荣编写；第五章主要由王新卫、陈昌文编写；第六章主要由王力荣编写；第七章主要由王力荣编写；第八章由曾文芳、牛良编写；第九章由方伟超、王玲玲、王力荣编写；第十章主要由王志强编写；第十一章由王力荣、朱更瑞编写；第十二章由彭福田、肖元松、张亚飞编写；第十三章由涂洪涛、侯珲编写；第十四章由李世访、卢美光编写；第十五章由郝峰鸽编写；第十六章由焦中高、刘杰超编写；第十七章由庞荣丽编写。王力荣负责全书的统稿、定稿。王玲玲、谢景梅和李芳菲对数据库进行了完善，对部分图表进行了编排；陈新平对全书进行了校稿。

　　书中的图片均为本书作者提供，文中不再另行标注。

　　本书可供高校、科研单位及专业技术人员参考。因编著者水平有限，文中遗漏和不妥之处在所难免，敬请读者批评指正。

王力荣

2021 年 12 月

目 录

第一章 中国桃产业概况 1
  第一节 世界桃产业简介 1
    一、2000—2019年中国桃产业快速发展 1
    二、世界桃产业向劳动力成本低的国家转移 2
    三、国外3个桃主产国的产业特点 3
  第二节 中国桃产业主要成就 4
    一、形成优势栽培区 4
    二、实现春、夏、秋三季鲜果供应 6
    三、初步形成品种的多元化格局 7
    四、商品性显著提升 8
    五、栽培模式明显转变 9
  第三节 中国桃产业存在的问题及发展建议 9
    一、存在的问题 9
    二、发展建议 11

第二章 我国桃种质资源研究进展 14
  第一节 桃种质资源概况 14
  第二节 种质资源收集 15
  第三节 种质资源保存 16
  第四节 优异种质发掘 18
  第五节 我国桃种质资源发展建议 22
    一、加强野生资源和地方品种的考察与收集 22
    二、重视国外品种资源引进 22
    三、原生境保护与资源圃保存并重 23
    四、发掘优异抗性种质 24
    五、文化传统与种质资源保护 24

第三章 我国桃品种遗传改良 26
  第一节 主要育种成就 26
    一、不同阶段的育种成就 26
    二、育种目标 27

三、育种亲本 ··· 30
　　四、育种技术 ··· 31
　　五、育种单位 ··· 32
　　六、性状分布 ··· 32
第二节　不同果实类型育种进展 ··· 37
　　一、鲜食普通桃育种 ·· 37
　　二、加工桃育种 ·· 38
　　三、油桃育种 ··· 42
　　四、蟠桃、油蟠桃育种 ··· 44
　　五、观赏桃育种 ·· 46
第三节　几点思考 ··· 47
　　一、未来育种目标 ··· 47
　　二、育种亲本 ··· 48
　　三、育种技术 ··· 48

第四章　桃功能基因组与优异基因发掘研究进展 ·· 52
　第一节　基因组特征 ·· 52
　第二节　起源与进化 ·· 55
　第三节　优异基因的发掘与标记开发 ··· 57
　　一、质量性状 ··· 57
　　二、数量性状 ··· 64
　　三、抗性性状 ··· 71

第五章　砧木品种培育与繁育技术 ·· 83
　第一节　国内进展 ·· 83
　　一、野生砧木特点 ··· 83
　　二、砧木品种选育进展 ··· 85
　　三、砧木苗木繁育技术 ··· 89
　第二节　国外进展 ·· 90
　　一、国外砧木应用 ··· 90
　　二、国外砧木育种进展 ··· 91
　　三、国外砧木繁殖技术 ··· 96
　第三节　发展建议 ·· 99

第六章　油桃、蟠桃遗传多效性及育种利用价值 ·· 104
　第一节　油桃、蟠桃的起源 ·· 104
　第二节　油桃、蟠桃的遗传特点 ·· 105
　　一、果皮毛基因的遗传特点 ··· 105

二、果形基因的遗传特点 ………………………………………… 106
　第三节　油桃和蟠桃基因对生长发育的多效性影响 …………………… 107
　　一、对生长发育形态特征的影响 ………………………………… 107
　　二、对内在品质的影响 …………………………………………… 110
　第四节　油桃、蟠桃基因突变的生态意义及育种价值 ………………… 112
　　一、解剖学意义 …………………………………………………… 112
　　二、生理学意义 …………………………………………………… 112
　　三、育种价值 ……………………………………………………… 113

第七章　桃低需冷量种质发掘、创新与利用 ………………………………… 117
　第一节　研究历史 ………………………………………………………… 118
　第二节　研究进展 ………………………………………………………… 119
　　一、我国桃品种需冷量分析 ……………………………………… 119
　　二、遗传特性探讨 ………………………………………………… 120
　　三、种质的收集、发掘 …………………………………………… 122
　　四、种质创新 ……………………………………………………… 123
　第三节　低需冷量桃品种的应用及存在的问题 ………………………… 125
　　一、低需冷量桃品种的应用对我国桃产业的影响 ……………… 125
　　二、低需冷量品种存在的问题 …………………………………… 126

第八章　桃果实肉质研究进展 ………………………………………………… 133
　第一节　桃的肉质类型 …………………………………………………… 134
　　一、溶质桃 ………………………………………………………… 135
　　二、不溶质桃 ……………………………………………………… 135
　　三、硬质桃 ………………………………………………………… 135
　第二节　不同肉质类型的遗传和定位 …………………………………… 136
　第三节　不同肉质形成的分子机制 ……………………………………… 137
　　一、不溶质型桃分子机制 ………………………………………… 138
　　二、硬质型桃分子机制 …………………………………………… 138
　第四节　存在的问题及未来研究方向 …………………………………… 140
　　一、存在的问题 …………………………………………………… 140
　　二、未来研究方向 ………………………………………………… 140

第九章　主要桃品种简介 ……………………………………………………… 142
　第一节　普通桃 …………………………………………………………… 142
　　一、白肉品种 ……………………………………………………… 142
　　二、黄肉品种 ……………………………………………………… 147
　第二节　油桃 ……………………………………………………………… 149

一、白肉品种 …………………………………………………… 149
　　二、黄肉品种 …………………………………………………… 153
　第三节　蟠桃 ………………………………………………………… 158
　第四节　油蟠桃 ……………………………………………………… 162
　第五节　观赏桃花 …………………………………………………… 165

第十章　桃现代栽培技术 …………………………………………… 169
　第一节　桃园规划与建设 …………………………………………… 169
　　一、品种选择 …………………………………………………… 169
　　二、果园规划设计 ……………………………………………… 171
　　三、建园 ………………………………………………………… 173
　　四、重茬地建园 ………………………………………………… 174
　第二节　桃园土壤管理 ……………………………………………… 175
　　一、控草 ………………………………………………………… 175
　　二、土壤管理与施肥 …………………………………………… 178
　第三节　桃树整形修剪 ……………………………………………… 181
　　一、目的 ………………………………………………………… 181
　　二、发展趋势 …………………………………………………… 182
　　三、常用技术 …………………………………………………… 183
　第四节　桃树花果管理 ……………………………………………… 184
　第五节　桃果实品质的提高 ………………………………………… 186

第十一章　桃设施栽培 ……………………………………………… 190
　第一节　设施栽培历史 ……………………………………………… 190
　　一、国外设施栽培概况 ………………………………………… 190
　　二、我国设施栽培历史 ………………………………………… 192
　　三、我国设施栽培研究历史 …………………………………… 195
　第二节　适宜品种选择 ……………………………………………… 196
　第三节　生长发育规律与关键栽培技术 …………………………… 198
　　一、我国桃设施栽培适宜区域 ………………………………… 198
　　二、适宜扣棚升温时间 ………………………………………… 198
　　三、环境调控技术 ……………………………………………… 198
　　四、二氧化碳施肥和反光膜技术 ……………………………… 199
　　五、过量低温与果实发育 ……………………………………… 200
　　六、适宜的树形及果实采后重修剪技术 ……………………… 200
　第四节　桃设施栽培现状与发展建议 ……………………………… 204
　　一、现状 ………………………………………………………… 204

二、发展建议 ……………………………………………………… 207

第十二章　桃园土肥水综合管理 …………………………………… 210
第一节　我国桃园土肥水管理 …………………………………… 210
第二节　桃园土肥水管理现状与发展趋势 …………………… 211
一、土壤管理 ……………………………………………………… 211
二、养分管理 ……………………………………………………… 212
三、水分管理 ……………………………………………………… 214
第三节　桃园土肥水管理综合技术 ……………………………… 215
一、桃园土壤培肥 ………………………………………………… 215
二、桃树需肥特点与平衡施肥 …………………………………… 215
三、桃树需水规律及桃园灌溉 …………………………………… 217

第十三章　桃树主要病虫害综合防控 ……………………………… 219
第一节　桃树主要病虫害的调查方法与防控原则 …………… 219
一、病虫害调查 …………………………………………………… 219
二、主要病虫害参考防控指标 …………………………………… 220
三、桃树病虫害防控原则 ………………………………………… 222
四、以生态控制为中心的综合治理关键措施 …………………… 223
第二节　主要病害 …………………………………………………… 225
一、果实病害 ……………………………………………………… 225
二、叶部病害 ……………………………………………………… 228
三、枝干病害 ……………………………………………………… 230
第三节　主要害虫 …………………………………………………… 231
一、果实害虫 ……………………………………………………… 231
二、叶部害虫 ……………………………………………………… 236
三、枝干害虫 ……………………………………………………… 241

第十四章　桃病毒病及其防控 ……………………………………… 246
第一节　国内桃树病毒研究现状 ………………………………… 246
一、我国桃树主要病毒病和类病毒病 …………………………… 248
二、桃树病毒和类病毒的危害 …………………………………… 249
第二节　国外桃树病毒研究现状 ………………………………… 250
第三节　国内外研究差距 ………………………………………… 251
第四节　桃树病毒病防控 ………………………………………… 251
第五节　脱毒技术研究进展 ……………………………………… 252

第十五章　桃根癌病 ………………………………………………… 257
第一节　桃根癌病概述 …………………………………………… 257

    一、根癌病症状及危害 …………………… 257
    二、根癌病病原菌分类 …………………… 258
    三、根癌病病原菌致病机制 ……………… 258
    四、根癌病病原菌检测 …………………… 259
  第二节　桃根癌病防治 …………………………… 261
第十六章　桃加工品与桃综合利用 ………………… 265
  第一节　桃罐头 …………………………………… 265
    一、罐藏桃品种的引进和选育 …………… 265
    二、桃罐头加工与质量控制技术 ………… 266
  第二节　桃果汁 …………………………………… 267
    一、桃果汁系列产品和适宜制汁的优良品种 … 267
    二、制汁用桃质量评价体系 ……………… 268
    三、桃果汁加工关键技术 ………………… 269
  第三节　桃发酵制品 ……………………………… 272
    一、桃发酵制酒 …………………………… 272
    二、桃发酵制醋 …………………………… 274
    三、益生菌发酵 …………………………… 275
  第四节　桃皮渣综合利用 ………………………… 276
第十七章　桃质量安全标准 ………………………… 281
  第一节　我国桃品质要求技术标准 ……………… 281
    一、我国桃果实质量技术标准 …………… 281
    二、我国桃等级规格标准 ………………… 283
    三、我国桃地理标志产品技术标准 ……… 283
  第二节　我国桃质量国家标准及登记农药 ……… 285
    一、食品安全国家标准 …………………… 285
    二、我国桃生产中农药登记使用现状 …… 299
    三、我国豁免制定食品中最大残留限量标准的农药 … 303
  第三节　我国无公害食品桃标准 ………………… 305
    一、无公害食品桃产品认证依据 ………… 305
    二、无公害食品桃生产产地环境条件 …… 306
    三、无公害桃生产质量安全控制技术规范 … 307
  第四节　我国绿色食品桃标准 …………………… 310
    一、绿色食品桃产品标准 ………………… 310
    二、绿色食品桃产地环境标准 …………… 313

索引 ………………………………………………… 316

第一章　中国桃产业概况

桃是世界第三大落叶果树。根据世界粮农组织（FAO）的统计[1]，2019年中国桃种植面积为84万hm²、产量为1584万t，年产值达844亿元，种植面积和产量分别约占世界的55%和62%。中国桃产业在脱贫攻坚、农民增收、乡村振兴、美丽中国和健康中国建设等方面发挥了重要作用，取得了举世瞩目的成就。

第一节　世界桃产业简介

一、2000—2019年中国桃产业快速发展

2000—2019年世界桃种植面积、总产量、单产和出口量均稳步增加，种植面积由127.45万hm²增加到152.71万hm²，增加了19.82%。其中中国由46.75万hm²增加到84.09万hm²，增加了79.87%；其他国家的总和由80.70万hm²减少到68.61万hm²，减少了14.98%。

2000—2019年世界桃总产量由1328万t增加到2574万t，增加了93.82%。其中中国由385万t增加到1584万t，增加了311%；其他国家的总和由943万t增加到990万t，增加了4.98%。

2000—2019年世界桃平均单产由10.42 t/hm²增加到16.85 t/hm²，增加了61.71%，其中中国单产由8.24 t/hm²增加到18.84 t/hm²，增加了128.64%。2019年中国桃平均单产比世界平均单产高11.81%。在总产量前10位的国家中，除中国外，其他9个国家平均单产为19.93 t/hm²，比中国高5.79%，其中埃及最高，平均单产为22.73 t/hm²，比中国高20.65%。

2000—2019年世界桃出口量由117.46万t增加到208万t，增加了

77.08%。其中中国由 0.60 万 t 增加到 14.21 万 t，增加了 2 268.33%，占世界总出口量的 6.83%；其他国家的总和由 116.86 万 t 增加到 193.79 万 t，增加了 65.83%。

图 1-1 所示是 2000—2019 年世界桃种植面积、产量、单产和出口量。

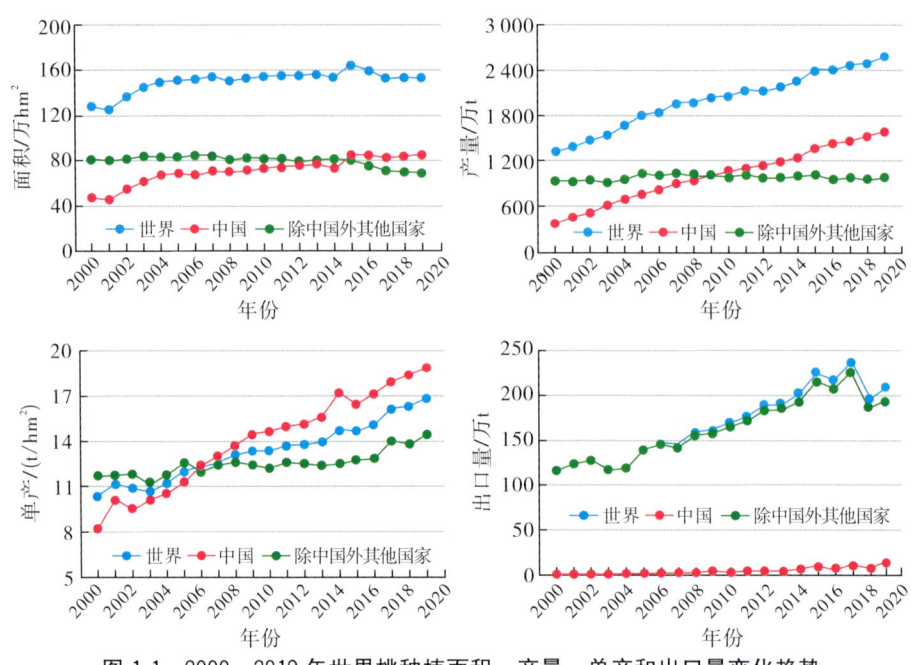

图 1-1　2000—2019 年世界桃种植面积、产量、单产和出口量变化趋势

二、世界桃产业向劳动力成本低的国家转移

世界桃主产区主要由四大板块组成，分别是中国产区、环地中海产区、美国产区和南美洲产区。表 1-1 列出了桃主产国 2000 年和 2019 年的种植面积、产量、单产和出口量。

表 1-1　2000 年和 2019 年世界主要产桃国家种植面积、产量、单产和出口量

国家	面积/万 hm²		产量/万 t		单产/(t/hm²)		出口量/万 t	
	2000 年	2019 年	2000 年	2019 年	2000 年	2019 年	2000 年	2019 年
中国	46.75	84.09	385.19	1584.19	8.24	18.84	0.60	14.21
西班牙	7.22	7.77	112.98	154.56	15.64	19.89	26.16	83.27
意大利	9.30	6.04	165.52	122.49	17.81	20.27	40.79	15.79

表 1-1(续)

国家	面积/万 hm²		产量/万 t		单产/(t/hm²)		出口量/万 t	
	2000年	2019年	2000年	2019年	2000年	2019年	2000年	2019年
希腊	4.48	4.14	94.99	92.66	21.22	22.38	12.95	16.40
土耳其	3.54	4.63	43.00	83.06	12.14	17.94	1.46	10.53
美国	7.72	3.64	141.24	73.99	18.28	20.34	11.97	7.269
伊朗	2.30	3.22	28.88	59.14	12.58	18.39	0.11	0.98
埃及	3.27	1.57	24.02	35.80	7.34	22.73	0.02	1.73
智利	1.78	1.57	26.00	33.02	14.63	21.10	8.38	9.74
阿根廷	2.40	1.28	20.96	21.00	8.73	16.36	0.14	0.40
世界	127.45	152.71	1327.83	2573.78	10.42	16.85	117.46	208.00

数据源自联合国粮农组织[1]。

近20年来,中国产区、环地中海产区的土耳其、西班牙和中亚国家伊朗的种植面积分别增加80%、30%、7%和40%,其他国家的种植面积均有不同程度的下降。意大利桃种植面积世界排名由第二位降至第三位,西班牙由第四位上升为第二位;美国桃种植面积由2000年的7.72万 hm² 减少到2019年的3.64万 hm²,减少52.85%,世界排名由第三位降至第六位。此外,虽然智利的桃种植面积在减少,产量却增长了30%。世界桃产业发展的趋势是向劳动力成本低的国家转移,南美洲国家的特点是具有与主要消费市场国家的反季节生产优势。

三、国外3个桃主产国的产业特点

1. 西班牙

西班牙桃在欧洲市场的竞争力排名第一。西班牙桃在品种更新、栽培管理、人力资源、运输包装等方面具有组合优势,其气候多样性使得桃的成熟期特别长,从4月至11月均有上市。西班牙的油桃、蟠桃发展很快,2010年油桃占桃种植面积的40%,其中黄肉油桃占76%,白肉油桃占24%。2015年西班牙核果总产量为164万 t,油桃产量占总产量的33%,其他依次是普通桃18%、蟠桃17%、黄桃16%、李9%和杏7%[2]。

2. 美国

美国的桃种植面积和品种结构发生了巨大变化。目前的种植面积缩减至100多年前的1/3;品种结构上,由以加工为主发展到加工、鲜食普通桃和油桃三分天下，果实风味由高糖高酸转变为高糖低酸。美国桃产业在育种、栽培管理、采后增值等方面都处于世界领先水平，但其种植面积却由2010年的7.72万hm^2减少到2019年的3.64万hm^2。原因是多方面的，主要有劳动力成本增高、亚洲市场占有率萎缩、水果市场的日益多样化等。

3. 土耳其

过去20多年，土耳其桃种植面积呈稳步上升趋势，出口量稳中有升，2019年出口10.53万t，占产量的12.68%（表1-1），出口产值也同步增加。土耳其桃一定程度上弥补了意大利和法国桃出口量的减少。土耳其桃的栽培品种包括普通桃、油桃、蟠桃等，主要从意大利、法国、西班牙、美国等国家引进。土耳其桃的栽培标准化程度高，起垄、宽行、密株、主干形是其主要模式，双色双层地膜最具特色，贴地面的黑色膜用以防治杂草，黑膜之上铺白色反光膜，增加果实的着色。土耳其ANADOLU ETAP公司采用大型自动化设备完成桃果的清洗、分级、包装，果实的商品性、一致性较好。

第二节 中国桃产业主要成就

根据中国果品协会的统计数据[3]（以下同），2019年我国桃种植面积和产量分别为84.09万hm^2和1584.19万t，均居世界第一位。

一、形成优势栽培区

我国有20个省的桃种植面积超过1万hm^2，位居前5位的依次是山东、河南、河北、贵州和安徽，总产量前5位的依次为山东、河南、山西、河北、安徽；而单产水平前5位的依次为山西、山东、辽宁、天津、陕西，呈现出北方显著高于南方的趋势（表1-2）。

1. 华北平原和黄淮产区

山东、河南、河北、安徽、北京、天津等地是我国第一大桃产区，桃栽培面积和产量分别占我国的40%和49%。该产区中熟、晚熟优势明显，普通桃、油桃、蟠桃、油蟠桃均有种植，总体栽培技术水平高，产量高。该产区种植面积较大的有山东的蒙阴、河北的顺平、安徽的砀山、北京的平谷、河南的西华等地，其中蒙阴县种植面积4.33万hm^2，为我国第一大桃种植县。

2. 长江中下游产区

长江下游地区的湖北、江苏、浙江、湖南、上海等地是我国第二大桃产区，桃栽培面积和产量分别占我国的19%和16%，是传统上桃生产效益较高

表 1-2 2019 年中国各省桃种植面积、产量及单产

省份	面积/万 hm²	产量/万 t	单产/(t/hm²)	省份	面积/万 hm²	产量/万 t	单产/(t/hm²)
山东	12.9	364.6	28.26	新疆	1.9	30.3	15.95
河南	9	154.6	17.18	北京	1.3	25.1	19.31
河北	6.3	135.7	21.54	福建	1.2	15.2	12.67
贵州	6.3	45.7	7.25	江西	1.1	6.7	6.09
安徽	5.5	96.4	17.53	重庆	1	16.2	16.20
湖北	5.5	86.5	15.73	广东	0.9	13.8	15.33
四川	5.2	59.1	11.37	甘肃	0.6	13.3	22.17
江苏	5	87.8	17.56	天津	0.4	9.2	23.00
山西	4.8	151.3	31.52	上海	0.4	6.5	16.25
云南	4.6	33.6	7.30	内蒙古	0.1	0.2	2.00
陕西	3.5	78.3	22.37	西藏	0.1	0.3	3.00
浙江	3.1	47.8	15.42	宁夏	0.1	1.7	17.00
湖南	3	20.9	6.97	吉林	—	0.1	—
辽宁	2.9	73.3	25.28	青海	—	0.1	
广西	2.1	25	11.90	全国	89	1599.3	17.97

的地区。该产区以白肉普通桃为主，鲜食黄桃种植规模也不小。该产区距离消费市场较近，特点是高投入、高产出。阳山水蜜桃、奉贤黄桃、奉化水蜜桃倍受青睐。湖北的枣阳和湖南的炎陵种植面积较大，枣阳的种植面积超过 2 万 hm²，以早熟品种为主；炎陵以锦绣为主，黄桃种植面积超过 0.67 万 hm²，为黄桃种植较为集中的县级市。

3. 黄土高原产区

山西、陕西、甘肃等黄土高原地区是我国的第三大桃产区，桃栽培面积和产量分别占我国的 10% 和 15%，主要集中在山西运城的万荣、临猗、平陆，陕西渭南的大荔和甘肃天水的秦安。该产区海拔高度适中，光照条件好、土层深厚，果品风味质量好，单产高。传统上该产区以白肉普通桃为主，近几年油桃、蟠桃也有所发展。

4. 西南高地产区

云南、贵州、四川和重庆等西南地区是我国的第四大桃产区，桃栽培面积和产量分别占我国的 19% 和 10%。该产区具有低纬度、高海拔的气候特

征，极早熟、早熟优势明显。四川成都龙泉驿的水蜜桃色泽鲜艳、果皮细腻，风味甘甜、浓郁，部分产量出口东南亚国家。贵州和云南近几年桃产业发展迅速，云南文山等地的桃可在4月底、5月初上市。

5. 新兴产区

华南热带地区的广西、广东、福建和江西等地是我国的新兴桃产区，桃栽培面积和产量分别占我国的5%和3%。该产区需冷量不足，仅有少量桃种植。随着桃新品种需冷量的降低和部分名特优地方品种的开发，桃产业在该产区得到了一定程度的发展。

6. 辽宁大连的设施栽培桃

辽宁的桃栽培面积和产量分别占我国的3%和5%。大连是辽宁桃的主产区，中油系列品种占其栽培总面积的55.17%，其中中农金辉占总面积的37.5%[4]。2015年大连种植设施桃0.78万hm^2，产量14万t，平均售价6～30元/kg，是露地桃的3～6倍[5]。尽管我国各地都在发展设施桃栽培，但20多年来大连一直是我国设施桃的最大、最集中栽培地区，瓦房店、普兰店最具代表性。

7. 西北高旱区桃

西北高旱区桃特色明显，栽培面积1.49万hm^2，主要分布在新疆、甘肃的酒泉、敦煌及宁夏等区域，宁夏中宁及以南区域，是适宜桃栽培的北线区域。新疆南疆环塔里木盆地的"土桃"、北疆乌鲁木齐和石河子的葡萄栽培蟠桃以及伊犁逆温带的蟠桃，都是极具特色的西北高旱区桃。南疆"土桃"的种子生产量占我国桃砧木种子的50%以上。

二、实现春、夏、秋三季鲜果供应

桃柔软多汁、不耐贮运，市场供应期的调节主要依靠成熟期配套的品种、设施反季节生产及利用丰富多样的气候。目前，我国已经形成了环渤海反季节桃、长江中下游早熟桃、黄河流域中晚熟桃的大格局，鲜果供应期由传统的夏季拓展至春、夏、秋三季，可长达8个月。

1. 市场供应期的品种调节

我国桃品种的果实发育期从50多天至200天，每7～10天都有一两个栽培品种成熟，实现了成熟期的无缝对接。例如，极早熟品种春瑞和极晚熟品种映霜红，在同一地点种植，果实成熟期可从5月中、下旬至10月中旬。

2. 南方早桃、北方晚桃大格局的形成

利用气候多样性，我国已形成南方早熟桃、北方晚熟桃的区域化格局。低纬度热区云南西双版纳的桃可在4月中、下旬成熟，湖北枣阳、四川龙泉

驿等产区 5 月中旬桃可大量上市，山东、河北极晚熟品种的成熟期可到 10 月中、下旬。云南丽江等地 2 300~2 500 m 的高海拔区，雪桃可在 10 月成熟。利用地域气候差异，可实现春、夏、秋三季鲜桃上市。

3. 设施促早栽培成为春季市场主流

桃设施栽培在我国有近 30 年的历史，是果树高效栽培的典范之一。根据初步统计，全国桃设施种植面积 3.33 万 hm^2。环渤海湾地区是桃设施栽培的主要地区，该地区桃树秋季进入自然休眠早，可以更早满足需冷量、更早扣棚升温，从而实现提早开花、提早成熟、提早上市。环渤海湾地区同一品种的设施成熟期可比露地成熟期提早 90 天以上，生态条件优势明显。该地区还具有种植果树的生产基础，技术优势明显。

三、初步形成品种的多元化格局

1. 白肉普通桃的主导地位

我国的桃栽培品种，从以奉化玉露、白花水蜜、五月鲜、六月白、肥城桃和深州蜜桃等传统名特优地方品种为主，到砂子早生、仓方早生、白凤、大久保等日本品种占据市场重要位置，再到春蕾、雨花露、京玉、燕红、中华寿桃、春美、霞脆、映霜红等自主培育品种不断取代，我国白肉桃鲜食品种已叠加式更新 3~5 代，形成了以自主品种为主、日本品种为辅、名特优地方品种为补充的格局。

2. 鲜食黄肉桃快速增加

锦绣是上海市农业科学院 1985 年育出的加工鲜食兼用品种。2010 年前后，伴随着我国桃品种结构的调整，锦绣已成为鲜食黄桃的代名词，引领了我国鲜食黄桃的发展。"锦"字辈的锦香等、"黄金蜜"系列的黄金蜜 1 号等以及"中桃金"系列的中桃金甜等品种的推陈出新，为黄肉鲜食市场不断注入新活力。

3. 油桃成桃产业的重要组成部分

1998 年育成曙光、华光和艳光甜油桃品种，实现了我国油桃的规模化生产，其中曙光成为我国第一个大面积推广的极早熟油桃品种。随后中油、瑞光、沪油和紫金红等系列品种不断推出，改变了桃鲜食市场的格局。目前油桃种植面积已占桃种植总面积的 20% 以上，其中中油 4 号、中农金辉、中油 8 号等为主栽品种。油桃"酸、小、裂"的不良特点已被彻底改变，并逐渐被消费者认可。

4. 蟠桃、油蟠桃成为新热点

蟠桃自古就受到我国人民的喜爱，但由于果顶不闭合，裂顶、裂核、裂果严重,蟠桃产业发展受到制约。油蟠桃更是桃中珍品,但我国唯一一份地方油蟠桃品种的单果质量仅有30多克,且裂果极为严重[6]。20世纪90年代,早露蟠桃、早黄蟠桃、农神蟠桃、英热尔蟠桃等成为我国蟠桃的主栽品种,但种植面积不大。2010年以来,中蟠桃11号引领了蟠桃产业的规模化高质量发展。中油蟠7号、中油蟠9号和金霞油蟠等黄肉品种油蟠桃的问世,成为改变桃产业结构的转折点。以山东蒙阴为例,迅速发展了近0.67万 hm^2,价格是同期白肉普通桃的2~3倍[7]。现在是"黄桃好卖、蟠桃好卖、油桃好卖,黄肉油蟠桃最好卖"。丰富的蟠桃文化活动,也成为我国蟠桃产业快速发展的助推器(图1-2)。

图1-2　2019年蒙阴全国赛桃会

四、商品性显著提升

1. 外观品质和耐贮性的改善

新品种的推广和套袋技术的应用,使得桃的外观品质得到了显著提升,果实大小显著增加,果面光洁度明显提升。目前市场上的桃品种繁多,白肉桃果面白里透红,全红型成为流行色;黄肉桃由加工专用变成鲜食消费热点,尤其是套袋栽培后,桃园中"满树尽披黄金甲";红肉桃由地方特色品种成为市场新贵。

桃果实的耐贮性得到空前重视,生产品种由传统以软溶质桃为主变为以肉质硬溶质为主,中蟠桃11号等半溶质鲜食品种走向市场,硬溶质中桃红玉正在代替春雪,中油15号和霞脆等硬质桃也受到消费者青睐。果实挂树期的延长和贮运性的改进,也是近年来的关注重点之一。

2. 名特优品牌的形成

根据农业农村部网站统计[3],我国桃国家地理标志产品包括辽宁的金州黄桃,北京的平谷大桃,河北的顺平桃,山东的青州蜜桃、肥城桃、蒙阴蜜桃,河南的桐柏朱砂红桃,江苏的张家港凤凰水蜜桃、无锡阳山水蜜桃,上海的奉贤黄桃,浙江的奉化水蜜桃,四川的龙泉驿水蜜桃,甘肃的秦安蜜桃等74个，其中蒙阴蜜桃、平谷大桃和龙泉驿水蜜桃位居2018年地理标志产品区域品牌前100名。

3. 三产融合发展形成新局面

桃原产我国，其文化内涵丰富，各地以桃花文化为依托的桃花节异常火爆。春节期间珠江三角洲的桃花市场有超100万株（枝）的销量，北京、上海、成都等地有盛大的桃花节，西藏林芝的野生光核桃桃花节更是蔚为壮观。集观赏、鲜食于一体的品种在观光果园中备受青睐。观赏桃花的主要品种有红花碧桃、人面桃、红叶桃、洒红桃等传统地方晚花品种，满天红、探春、迎春、元春等育成品种，花期比传统品种提早近1个月。南方气候湿润，花色艳丽、开花时间长，如福建的古田县，由于气候独特，低需冷量品种1月即可开花，高需冷量品种4月开花，花期长达100天。

五、栽培模式明显转变

我国桃的栽培模式已经发生了较大的变化，主要有：种植密度从大冠稀植变为适度密植，整形方式从开心形变为主干形、两主枝形、三主枝形、多主枝瓶状形并存，修剪方式从短截为主变为长放修剪，施肥时间从冬施基肥变为秋施基肥，土壤管理由清耕变为生草，花果管理从无袋变为套袋，病虫害防控由化学防控为主变为综合防控。

第三节　中国桃产业存在的问题及发展建议

一、存在的问题

1. 小规模分散式经营阻碍现代化产业发展

根据国家桃产业技术体系的统计，我国桃农约130万户，每户平均种植桃约0.67 hm²。参与合作社的桃农约占总桃农的53.4%，参与农业协会的约占7.04%，与企业签订合同的仅有0.5%，没有参加任何组织的桃农占35.07%。大规模产业化发展与小规模农户经营的矛盾日益突出。同时，桃农老龄化程度加大，生产效率低，也阻碍了现代桃产业的发展。

2. 总量供大于求和结构性过剩

近年来的快速发展，造成了我国桃产量的总量饱和，阶段性、区域性过剩成为常态，供求关系处于由数量型向质量型转变的关键节点。鲜食桃比例大、加工桃比例低、白肉比例大、黄肉比例低。桃的成熟季节,中间多、两头少;5月成熟品种内在品质不高,9~10月成熟品种栽培难度大、外观品质不高。总体上的"不好卖、卖不及"问题日益严重。

3. 桃苗木规格等级质量不高

70多年来,我国育成桃新品种623个,其中超过40%是通过芽变、实生、偶然发现或不详方式育成的[8]。杂交育种亲本遗传背景狭窄问题突出,造成品种同质化严重。桃品种多、无性繁殖、育苗周期短、门槛低,造成苗木企业多而小。根据国家桃产业技术体系统计,2014年国家桃产业技术体系调查了110个育苗企业,年出圃4 335万株,无采穗圃企业占73.2%[9];苗木企业无序推广新品种,同物异名、同名异物问题突出;育苗密度过大,苗木细高、不充实,整形带饱满芽不足是影响质量的主要问题。

4. 标准化技术体系尚不完善

不同桃生态产区须有与之匹配的标准化栽培技术体系,而目前尚不完善。即使在主产区,不同地块的种植密度、整形方式、病虫害防控、肥水管理等环节的技术要求差异也很大。种植密度大、树体郁闭、病虫害严重、肥水过量是目前的主要问题,这造成了管理成本增加、产品一致性差、市场竞争力不足等问题。

5. 劳动力成本快速攀升

桃生产成本构成中,劳动力成本占总成本的50%~70%,其中的冬季修剪、套袋和采摘最费工。冬季修剪工作量大的原因在于桃生长量大、树体标准化程度低;果实套袋从刚开始的仅针对极晚熟、裂果重品种,后来发展到晚熟品种、中熟品种,目前黄肉品种从早熟到晚熟基本全部套袋,部分设施栽培桃也套袋。

6. 过量使用农药和化肥

我国桃主产区的果实发育成熟期正值夏季高温高湿季节,高温高湿环境有利于病虫的滋生、为害;密植桃园通风透光不良,加重了病虫害的发生。药剂使用不当会对树体造成伤害,如多效唑过量使用会造成树势衰弱(图1-3),除草剂的不正确使用会导致树体黄化(图1-4)。90%的产区有机质含量在1.5%以下[10],土壤瘠薄。化肥正常的使用量在600~900 kg/hm²,不能为追求产量而随意大量施用化肥,因为除了浪费外,过量施用化肥还会造成树体旺长、果实品质下降和环境污染。

7. 采后分级、包装、贮藏技术落后

目前,我国桃采后的挑选、分级基本还是凭感觉手工进行。多用10~15 kg的塑料筐装载,且以混装为主,包装极不考究,市场售价偏低。不足10%的桃果采后冷藏,在夏季高温多湿的情况下,采后果品损失在10%以上。

图 1-3 多效唑使用过量造成枝条下垂

图 1-4 除草剂使用不当造成黄化严重

8. 不好吃问题突出

对鲜食水果的最大要求是"鲜"，桃尤其如此。但现在的桃，消费者普遍反映"口感不甜，香气不足，'萝卜桃'问题突出"。造成桃不好吃的原因很多，主要有：过分追求品种的耐贮运性致使品种风味不足，果实采收成熟度不够、风味品质不能充分表现。树冠郁闭、化肥用量大、灌水量多、片面追求产量也是影响风味的主要因素。

9. 产品品牌影响力不足

地理标志产品品牌属于区域性公共品牌。现在普遍存在的问题是：产品质量参差不齐，同区域品牌下的产品分化度高，缺乏品牌个性，缺乏品牌的影响力和竞争力。

二、发展建议

1. 控制总体规模，强化专业合作社建设

应控制全国种植总规模，提倡适度规模发展，淘汰低质、低产、低值果园，建立高品质、高价值桃产业发展新模式。重点发展龙头企业和专业合作社。种植规模，企业以 6.67～33.33 hm² 为宜，家庭农场以 2～6.67 hm² 为宜，农户以 0.67～2 hm² 为宜。

2. 强化新品种保护，提高苗木质量

强化桃新品种保护制度落地。严格执行国家标准《桃苗木》(GB19175—2010)、农业行业标准《桃品种 SSR 分子标记法》(NY/T 3642—2020)和《桃苗木生产技术规程》(NY/T 3763—2020)等，遏制苗木市场的混乱局面。加强新品种保护制度的宣传，加强新品种授权制度的监管执法力度，建立苗木推广追溯制，保证推向市场苗木的身份证和市场准入证两证俱全，最大限度地保护种植者利益。有序生产才能使育种者有创新动力，种植者有良好收益，市场有稳定供应，形成良好循环的格局。

3. 做好优势区域规划，将好品种种在合适区域

我国桃产业生态北方优于南方、西部优于东部，桃市场潜力南方高于北方、东部高于西部。区域规划的建议是：华北平原和黄淮产区全面发展；西南高地产区适当提高早熟普通桃和蟠桃比例，低纬度地区控制盲目规模化生产，以发展特色品种为主；黄土高原产区适当提高油桃、油蟠桃的比例；长江下游区域发展优质早熟蟠桃；环渤海区以设施促早栽培、提质增效为主。需要特别注意的是，蟠桃、油蟠桃对环境和技术的要求高，发展时要考虑种植者的技术水平和市场的消费水平，不能盲目发展。

4. 调整品种结构，优质、多样、简约发展

品种应向黄肉桃、油桃、蟠桃、油蟠桃、红肉桃、小果型桃等优质化、多样化、营养化方向调整。黄土高原、河西走廊和南疆产区可发展部分不溶质或半溶质鲜食、加工兼用黄肉品种。城市周边可发展观光采摘园，园中适当种植观赏桃花品种。成熟期优先向两头调整，利用设施栽培和低纬度高原优势，种植早中熟高品质品种，弥补早熟品种风味品质不佳的问题。探索种植免套袋全红型、纯黄色、纯白色、纯绿色品种。栽培技术向省力化方向调整。

5. 建立绿色标准化栽培模式，实现可持续发展

提倡大苗建园。推广起垄覆膜、宽行密株、多主枝整形、长枝修剪、肥水一体化等桃园管理技术。实施行内覆盖、行间生草、枝条还田、种养结合，提升土壤的有机质含量，改善土壤微环境。应用袋控缓释肥、小分子肥等，减施化肥，提升施肥效率。提倡小型农机具与农艺结合，节省劳动力成本。优化果袋类型，改善外观品质。增施有机肥，合理负载，适时采收，提升果实的内在品质。使用昆虫迷向素、生物农药和释放天敌等措施，减少化学农药的用量，减少多效唑和除草剂的用量，践行绿色生产理念。

6. 重视包装，提高贮藏、保鲜能力

桃一般选择平层包装，电商销售的桃最好单个包装。鼓励和支持合作社、家庭农场和中小微企业等发展农产品产地初加工，减少产后损失，延长供应期，提高质量效益，重点发展预冷、分级、包装等贮藏设施和商品化处理设施，实现减损增效。鼓励企业主动闯市场，果业合作社积极与社区对接，提升电商销售能力。

7. 增强品牌影响力，创新品牌营销模式

在桃品牌的建立、推广方面，山东蒙阴县的经验值得推广。蒙阴蜜桃位列2019年我国区域农业品牌影响力排行榜十强，当地政府主导的赛桃会、产业交易大会、桃花旅游节等轮番举办，新大地、鲜达果园、桃农帮、桃小蒙、桃夫人等80多个蜜桃品牌在全国宣传推介。2020年全县涉桃电商达4 000多

家，其销量占总销量的 20% 以上，平均售价线上比线下翻了一番。以中蟠桃 11 号和中油蟠 9 号、中油蟠 7 号等品种生产的蒙阴蟠桃产品，在全国蟠桃市场闻名遐迩。

8. 健全社会化服务体系，提高产业化水平

桃的生物学特点决定了桃只能适度规模发展，因此要全面规划，从全产业链健全生产关键环节的社会化服务体系是桃产业可持续发展的必由之路。

参 考 文 献

[1] FAOSTAT. http：//www. fao. org/faostat/zh/#data/QC[OL].2020-12-22.
[2] 沈志军，马瑞娟，俞明亮. 西班牙桃产业与研究现状[J]. 江苏农业科学，2010(6)：19-21.
[3] 中国果品流通协会. 2021 中国果品产业发展报告.
[4] 张政，关海春. 大连市桃产业发展报告[J]. 落叶果树，2017，49(3)：21-23.
[5] 张政，董思佳，关海春. 大连产区桃产业调研[J]. 北方果树，2017(2)：51.
[6] 王力荣. 我国桃遗传资源[M]. 北京：中国农业出版社，2012.
[7] 李守才. 2019 年蒙阴蜜桃收购价格分析[J]. 果树实用技术与信息，2020(5)：45-48.
[8] 俞明亮，王力荣，王志强，等. 新中国果树科学研究 70 年——桃[J]. 果树学报，2019，36(10)：1283-1291.
[9] 国家桃产业技术体系. 中国现代农业产业可持续发展战略研究·桃分册[M]. 北京：中国农业出版社，2016.
[10] 彭福田. 山东省桃产业存在问题与对策建议[J]. 落叶果树，2019，51(2)：01-03.

第二章 我国桃种质资源研究进展

桃及其4个野生近缘种均原产我国，我国有大量的野生资源群体及系统的地方品种资源，拥有丰富的遗传多样性和完整性，这是世界其他国家所无法比拟的。新中国成立后，遵循"广泛收集、妥善保存、深入评价和共享利用"的基本原则，在桃种质资源的基础性工作方面取得了重要进展。在桃资源考察和国外桃种质资源引进的基础上，建立了3个国家级桃种质资源圃，保存桃种质资源2 958份，是世界上保存桃种质资源最多的国家。制定了桃种质资源描述符及数据质量控制规范，开展了桃种质资源基本农艺性状的评价，出版了大型专著《中国果树志：桃卷》[1]和《中国桃遗传资源》[2]，以及多卷地方桃品种资源志[3-4]，基本厘清了我国桃遗传多样性的本底。筛选出一批优质、高产、高抗、多样等优异种质，使自主培育品种在我国桃产业中的市场占有率在90%以上。

第一节 桃种质资源概况

桃(*Prunus persica* L.)是蔷薇科(Rosaceae)李属(*Prunus* L.)植物，其中桃亚属真桃组的野生近缘种包括光核桃(*P. mira* Koehne)、甘肃桃(*P. kansuensis* Rehd.)、陕甘山桃(*P. potaninii* Batal.)、山桃(*P. davidiana* Franch.)、新疆桃(*P. ferganensis* Kost. et Riab.)。桃的5个野生近缘种在我国均有大量的自然群体分布，且野生群体的遗传多样性丰富、类型齐全，证明了我国是桃野生近缘种的起源中心。

桃在中国4 000多年的栽培历史中，形成了丰富的遗传多样性。汪祖华(2001)根据桃在中国的生态分布，将其主要划分为青藏高原区、云贵高原区、西北高旱区、华北平原区、东北高寒区、长江中下游区、华南亚热带区；根据地理分布、果实性状和用途，传统上将地方品种划分为5个品种群，即北方品种群、南方品种群、黄肉品种群、蟠桃品种群和油桃品种群，其中北方品种群又划分为北方蜜桃品种群和北方硬肉桃品种群，南方品种群又划分为水蜜桃品种群和南方硬肉桃品种群。

第二节　种质资源收集

国内较大规模的涉桃资源考察包括：1977—1979年中国农业科学院郑州果树研究所与陕西省果树研究所、北京市农林科学院等一起进行的西北地区罐桃资源考察[5]，1978年进行的新疆喀什地区桃品种资源考察，1981—1984年中国农业科学院组织的西藏农作物资源考察[5]，1991—1995年的"大巴山（含川西南）作物品种资源考察"和"黔南桂西山区作物种质资源考察"[6]。以郑州桃种质资源圃为例，该圃利用多种机会进行国内资源考察，例如，2006年收集了西藏光核桃种质61份，并多次考察新疆的野生资源；2008年进行了六盘山、太行山资源考察；2016年以来，参加了全国第三次农作物种质资源普查，抢救收集了一批桃特异种质资源。

1. 野生近缘种收集

郑州桃种质资源圃保存了李属桃亚属的全部6个种（栽培桃、山桃、甘肃桃、光核桃、新疆桃和陕甘山桃），桃亚属的15个近缘种（毛樱桃、郁李、榆叶梅、梅、樱桃李、中国李、欧洲李、美洲李、欧李、稠李、普通杏、藏杏、西伯利亚杏、杏李、西康扁桃，以及桃与李和桃与扁桃的杂交种），共计86份种质资源。这些资源对桃的起源和演化研究、抗性种质的筛选、矮化砧木的选择以及以扩大桃遗传背景的远缘杂交具有重要的意义。

2. 野生资源种内遗传多样性的收集

在郑州桃种质资源圃，发现甘肃桃枝条和根组织的颜色不同，且红根型对南方根结线虫免疫，白根型仅为高抗；在山桃中发现了不同树形和不同花色等类型；已收集60余份光核桃的不同类型种质，包括核面的光滑程度、果肉颜色等。

3. 地方品种的收集

郑州桃种质资源圃收集了普通桃的5个变种，包括油桃、蟠桃、寿星桃、碧桃、垂枝桃。在5个变种中，均包含了野生类型和地方品种，如新疆南疆的黄李光、红李光等地方油桃品种，湖北襄樊的野生油桃自然变异，甘肃酒泉的油蟠桃地方品种，江浙一带的蟠桃品种。近年来又收集到多份红肉桃种质。

4. 特殊育种材料的收集

为满足基础生物学研究的需要，加强了突变体材料的收集。例如，毛桃-油桃突变体材料、成熟期突变材料、果实肉色突变材料、果实缝合线突变材料、单倍体和单双倍体材料等的收集。随着种质创新和育种进步，保存了蟠桃-油桃杂合体、花单瓣-重瓣杂合体、粉色-红色-白色杂合体等高代杂交种质，其遗传背景清晰，基因型杂合，可以有效地为育种服务。

5. 国外种质资源的引进

根据农业部物种保护项目的统计，截至2006年年底，我国共引进了14个国家的桃品种资源379份（表2-1），其中从美国引进219份，从日本引进88份。

表2-1 我国从国外引进的桃种质

原产国（或地区）	数量	原产国（或地区）	数量
美国	219	捷克	3
日本	88	澳大利亚	2
意大利	19	韩国	2
法国	16	印度	2
巴西	9	匈牙利	2
保加利亚	5	罗马尼亚	1
加拿大	5	其他	6

从国外引种时，除收集红港、爱保太、南方红等国外经典品种外，主要是从实用出发进行有针对性的引种。例如，20世纪70年代，为促进黄桃产业的发展，从美国引进了佛雷德雷卡、金童6号和明星等加工黄桃品种；80年代初期，为满足油桃产业发展的需要，引进了以NJN76、五月火、阿姆肯、丽格兰特、理想为代表的油桃品种数十个，并为我国油桃育种提供了亲本；20世纪90年代引进了Sunraycer、Sunblaze等低需冷量种质，奠定了我国低需冷量桃品种的育种基础。

第三节 种质资源保存

从20世纪60年代开始，我国的桃种质资源保存大致经历了桃原始材料圃建设、国家桃种质资源圃建设、求生存与初步发展、向广度和深度发展4个阶段,目前6个国家桃种质资源圃保存的桃种质资源数量位居世界第一。

1. 桃原始材料圃建设

1960—1976年是桃原始材料圃的建设阶段。这一时期桃研究的主要单位开始收集、保存桃种质资源。例如,中国农业科学研究院郑州果树所1960—1962年保存种质资源材料150份,其中的一部分来自中国农业科学研究院中国果树研究所,一部分来自我国各桃主产区的主栽品种、地方品种;江苏省农业科学研究院园艺研究所1965年保存桃种质资源材料137份。当时对收集的种质没有开展系统的观察、鉴定工作。1966—1976年,结合育种工作,在原有基础上补充收集了部分鲜食和罐用品种。

2. 国家桃种质资源圃建设

1977—1989年是国家桃种质资源圃的建设阶段。中国农业科学院于1979年5月24日至6月2日在重庆市主持召开了"全国果树科研规划会议"。会议制定了果树种质保存统一规划,1985年农牧渔业部、国家科委发布文件《全国农作物品种资源科研工作协调方案》[农(科)字〔1985〕第21号附件3],明确了在郑州、南京、北京建立国家桃种质资源圃。国家桃种质资源圃的建设获得世界银行的贷款,1989年通过农牧渔业部组织的专家验收,建成了国家果树种质郑州桃圃、南京桃圃和北京桃圃3个专业型种质圃,同时新疆特有果树及砧木圃、云南特有果树及砧木圃和公主岭寒地果树种质资源圃均保存了一些桃种质资源。我国国家无性系资源圃的建设起步时间,比美国晚得不是很多。

3. 艰难生存并取得初步成果

1990—1999年是我国桃种质资源保存的艰难时段,此阶段我国的桃种质资源研究取得了初步的成果。如,郑州桃圃建成后维护费和科研经费不足,资源圃的正常运转很难维持。1992—1993年郑州桃圃进行了改建,压缩圃地面积以节省保存费用,将遗传背景近似、表现型类似的种质进行归并,改建后的圃地共保存种质资源509份。此期间,在国家科技攻关计划的资助下,对桃需冷量、抗根结线虫、抗蚜虫等进行了较系统的研究。研究明确了我国360份桃品种资源需冷量的分布范围,筛选出低需冷量种质南山甜桃;筛选出南方根结线虫免疫种质红根甘肃桃1号、高抗桃蚜种质寻形山桃,并对它们的遗传特性进行了评价。从国外引进的早红2号油桃被农业部科技教育司评为一级优异种质。筛选的优异种质在以后的育种中发挥了重要作用。

4. 向广度和深度发展

1999年年底国家科技基础性工作果树启动会议在北京召开,2003年农业部启动农作物保种项目;2004年,科技基础性工作转变为国家科技自然平台建设，启动会议在郑州召开。前述项目，3个桃圃被列入其中，种质资源基础性工作有了相对固定的经费资助。2003年圃地的更新改建工作得到国债项目的资助，圃地基本建设得到较大改善；2005年主编完成了《桃种质资源数据标准与描述规范》，2006年制定了农业行业标准《桃种质资源鉴定技术规程》，并对保存的种质材料的主要特性，按《桃种质资源数据标准与描述规范》观察记载，经数字化处理，输入计算机，建立保存了信息符号的数据库。2012年《中国桃遗传资源》出版，2013年"桃优异种质发掘、优质广适新品种培育"项目获得国家科技进步二等奖，2019年桃种质资源圃纳入国家园艺种质资源库。

5. 保存的桃种质资源数量位居世界第一

目前，6个国家种质资源圃保存桃种质资源2 958份，其中郑州桃圃1 510份、南京桃圃802份、北京桃圃580份（表2-2）。郑州桃圃以田间植株的保存方式为主，划分为普通桃区、油桃区、蟠桃区和野生近缘种区。在保证种质安全保存的基础上，保存圃力求美观，在圃内道路旁边以观赏桃为主，圃内行间种植绿肥作物。对120份野生种质的种子进行了低温（-18℃）、干燥保存，每份种质保存30~100粒。

表2-2 我国桃种质资源保存情况

种质保存情况	郑州桃圃	南京桃圃	北京桃圃	新疆特有果树砧木圃	公主岭寒地果树圃	云南特有果树砧木圃
保存种质总份数	1 510	802	580	37	2	27
保存种质中已编目的份数	1 025	733	510	37	2	27

各研究单位还积极开展试管苗脱毒保存和超低温离体保存技术研究，但这些技术与实用化仍有距离。

第四节 优异种质发掘

1. 种质评价技术体系的建立

20世纪80年代，我国依据国际植物遗传资源委员会（IBPGI Secretariat）的桃描述标准（Peach Descriptors），结合圃地观察，绘制了多种模式图。90年代初，南京桃圃、郑州桃圃和北京桃圃共同制定了我国桃观察记载的标准与方法。2005年，3个圃共同编制了《桃种质资源描述规范与数据标准》[7]，规定了用于描述桃种质资源151个性状的符号的字段名称、类型、长度、小数位、代码等，建立了统一、规范的桃种质资源数据库。《桃种质资源数据质量控制规范》规定了桃种质资源数据采集全过程中的质量控制内容和质量控制方法，保证了数据的系统性、可比性和可靠性。2007年，基于桃种质资源描述规范和评价标准，制定了农业行业标准《农作物种质资源鉴定技术规程 桃》(NY/T 1317—2007)，该标准规定了87个性状(其中包括植物学性状23个、生物学性状20个、果实性状41个、抗性性状3个)鉴定的采样方法、使用仪器名称、鉴定方法及结果表示方法，使种质资源鉴定得到了全程控制，形态特征使用61张模式图进行结果判定。2011年根据对桃种质资源数据库的整理及相关研究进展，制定了农业行业标准《农作物优异种质资源评价技术规程 桃》(NY/T 2026—2011)，该标准规定了34个重要农艺性状(其中包括植物学性状14个、生物学性状3个、果实性状12个、抗性性状5个)的判定指标和参照品种，判定指标依据数百份种质的遗传多样性分析确立，指标具有先进性和可行性，参照品种尽量选择符合指标的知名品种。

2. 桃种质资源的遗传多样性

在对种质初步观察的基础上，对认为有进一步长期保存价值的种质进行了编目，国家统一编号由中国农业科学院作物所统一赋予，3个国家果树种质资源圃对保存种质进行了果实经济性状、生物学特性、植物学特征等的观察鉴定，结果汇编于《果树种质资源目录》(1993年、1998年)，共22个性状，主要为果实性状。3个圃共录入648份种质，包括普通桃644份、新疆桃3份、甘肃桃1份。普通桃中包括蟠桃30份、油桃45份。《甘肃果树志》[4]《陕西果树志》[8]《河北果树志》[9]《北京果树志》[10]《山东果树志》[11]等地方志中均对当地桃品种资源进行了描述。通过资源调查，编著了系列专著，其中《中国果树志：桃卷》和《中国桃遗传资源》是中国桃种质资源研究的标志性图书。

《中国果树志：桃卷》对桃的起源与演化，古今生产沿革，中国的桃文化，桃的分类、分布与区划，桃的科技、生产进展，以及生物学特性与栽培特点等，都有专章阐述。书中还重点介绍了508个桃品种的形态特征及经济性状。该书虽是品种资源研究的阶段性总结，但其搜集的资料比已出版的同类著作丰富得多。作者大多是一线科技工作者，多参与了西藏、西北、西南地区桃资源的调查。撰写古代桃生产沿革部分的河南农业大学刘振亚教授和河南大学刘璞玉副研究员，长期研究古代农业典籍。《中国果树志：桃卷》的出版，对研究桃的起源、演化、分类及资源开发利用，提供了较为全面、完整的参考资料，对桃的生产和科学研究具有重大意义。

《中国桃遗传资源》绘制了我国桃野生近缘种的GIS分布图，首次发现了桃野生近缘种的102个种内遗传多样性性状或指标。书中建立了115个质量或描述性性状的 424 个指标、1 143 张标准图像，绘制了 80 个数量性状的 110 张遗传多样性分布图，按照低于 5% 的选择率发掘出 195 个性状的优异种质 482 份（共计 1 282 份次）；按野生资源、地方品种、育成品种，系统阐述了我国桃种质资源表型、生理学、细胞学及分子生物学的生物多样性，继而提出了我国桃野生种、地方品种群的进化关系。书中对 741 份种质的基本信息、植物学、果实性状、结果习性、物候期特点等至少 35 个重要性状进行了规范化描述；同时以标准图片的形式对 741 份种质（普通桃 501 份、油桃 138 份、蟠桃 46 份、观赏桃 33 份、砧木 10 份和野生近缘种 13 份）树体、花、果实的不同方位进行了展示；除部分野生资源外，书中数据均取自郑州桃圃，同一地点、同一砧木、同一栽培条件、同一评价标准、近似树龄、多年评价材料，数据可比性强。《中国桃遗传资源》为桃优异种质的利用以及基础研究提供了较为全面、完整的资料，对桃的科研和生产起到了促进作用。

3. 优异种质的筛选

优异种质资源的筛选是桃种质评价的核心。根据对种质资源的评价，制定了农业行业标准。郑州桃圃根据多年的评价结果，筛选出一批优异种质资源（表 2-3）。

表 2-3　桃代表性优异种质

性状名称	优异种质
果实形状	(1) 扁圆品种：新疆野油桃、新疆黄肉、和田黄肉、喀什 3 号、甜仁桃、红甘露 (2) 尖圆品种：黑布袋、鸡嘴白、割谷、深州白蜜、大雪桃、五月鲜、六月白、红鸭嘴、陆林水蜜、南山甜桃
果肉颜色	(1) 绿色品种：菊花桃、铁 4-1、甜仁桃 (2) 纯白色品种：豫白、云署 1 号、云署 2 号、扬州 3 号、石头桃 (3) 纯黄色品种：塞瑞纳、NJC77 (4) 红肉品种：大红袍、万州酸桃、天津水蜜、大果黑桃、黑油桃、乌黑鸡肉桃、哈露红、吉林 8903、朱砂红
核黏离性	(1) 离核代表品种：大久保、京玉、五月鲜、鸡嘴白 (2) 半离核代表品种：早红 2 号、鲁宾、双喜红
裂果性	(1) 不易裂果油桃品种：五月火、早红 2 号、五月阳光 (2) 不易裂核蟠桃品种：农神蟠桃、NJF7

表 2-3(续)

性状名称	优异种质
风味浓甜	代表品种：肥城白里 10 号、鲁宾、白凤、郑州早凤、金蜜狭叶、瑞光 2 号、麦黄蟠桃、中桃金甜
肉质	不溶质代表品种：金童 6 号、NJC83、五月鲜扁干
香气浓郁	橙香、露香、中油蟠 2 号、瑞光 2 号、斯蜜、金童 6 号、NJC83、麦黄蟠桃、中蟠桃 11 号、大连 4-35
大果	(1) 普通桃：肥城白里 17 号、早玉、接土白、丰白、中华寿桃 (2) 油桃：理想、丽格兰特、中农金硕、中油桃 9 号、瑞光 28 号、NJN78 (3) 蟠桃：中蟠 19 号、瑞蟠 4 号、撒花红蟠桃、玉露蟠桃、中油蟠 7 号
高硬度	青州蜜桃、接土白、石头桃、京玉、钻石金蜜、双喜红、春雪
高可溶性固形物含量	(1) 普通桃：迟园蜜、花玉露、青州红皮蜜桃、青州白皮蜜桃、锦锈 (2) 油桃：红李光、黄李光、金蜜狭叶 (3) 蟠桃：124 蟠桃、中油蟠桃 1 号、中油蟠桃 3 号、碧霞蟠桃
极高丰产性	卡里南、麦克里尼、罗米拉、早黄金、红港、金童 6 号、法叶、奉化 1-2、郑黄 3 号、明星、金童 5 号、太阳黏核、法伏莱特 3 号、大连 1-2
成熟期	极早熟：春蕾、北农早熟、北京 21-2、扬州 531、早美、早霞露、早花露 极晚熟：青州红皮蜜桃、敦煌冬桃、迎雪、青州白皮蜜桃、大果黑桃、叶县冬桃、中华寿桃
抗寒性强	珲春桃、红港、山东四月半、阳泉肉桃、红桃、鸡嘴白、哈露红、西伯利亚 C 等
低需冷量	阿克拉娃、台农 2 号、热带美、南山甜桃、五月阳光、玛丽维拉、红日、佛罗里达晓、佛罗里达金、迎春、报春、元春、佛罗里达王、光辉、桑多拉、仙桃、佛罗里达冠、早红 2 号、阳光、日照、双佛、五月火
抗桃蚜	红垂枝、五宝桃、红寿星、寿粉、北京 2-7、红花山桃、北京 101、红花碧桃、粉寿星、帚形山桃
抗根结线虫	(1) 免疫：红根甘肃桃 1 号 (2) 高抗：白根甘肃桃 1 号、阿克拉娃、红花山桃、白花山桃、满天红、红垂枝

第五节 我国桃种质资源发展建议

一、加强野生资源和地方品种的考察与收集

目前对于野生种质资源的收集基本停留在植物学"种"的层面。野生桃种质资源也具有丰富的遗传多样性，考察、收集野生近缘种的遗传多样性是今后野生资源收集工作的重点之一。

传统的地方品种以实生选种为主，现在正逐步被商业化育成品种所代替，因此，开展濒临灭绝的地方品种的抢救式收集非常重要。同时，新的变异获得的新地方品种在不断出现。1974年中国农业科学院郑州果树研究所对甘肃宁县的加工黄桃品种进行考察，收集到典型的黄肉、黏核、不溶质的适宜加工桃种质，并将其保存在郑州桃圃。2008年该所再次对上述地区的黄桃进行考察，1974年所收集的种质类型已基本不复存在，取而代之的是果农根据市场需求实生选育出的黄肉、离核、溶质和不溶质的鲜食品种。近年来我国民间通过芽变选种不断选育出新的农家（或地方）品种，如沙红桃、红不软等。

二、重视国外品种资源引进

目前我国国外引种存在的主要问题包括以下5个方面：

(1)存在安全隐患。我国植物检疫体系还存在不规范的地方，PPV病毒等检疫性病虫害时刻威胁着我国的桃产业。

(2)引进种质资源作为育种材料存在一定的盲目性。

(3)引种范围狭窄。引种往往集中在大果、优质等优异的生产性状上，忽略了抗性性状等对今后育种意义更大的品种的引进。

(4)引进品种命名不规范。引进品种混乱，同物异名的现象泛滥。

(5)引种国来源狭窄。桃种质资源的引进目前主要集中在美国、日本等国家，东南亚、中亚、非洲和南美洲的资源很少引进。

(6)国外品种在种质资源中的占比少。

因此，要加强引进国外的优异种质，在引种过程中应重视上述问题。

三、原生境保护与资源圃保存并重

1. 建立桃野生资源原生境保护区、保护点

资源圃中保存的种质植株数量非常有限，其生存环境与自然生境也存在很大差异，其自然演化过程被中断，很容易发生近亲繁殖，丧失其在长期演化中所形成的繁殖和自我防卫能力。因此，资源圃只能是生物物种保护的"避难所"，是生物多样性保护的一种过渡方法，最终应该通过扩大繁殖使其回归大自然。有研究者认为，1年生、2年生和多年生植物迁地保存的年限是50～100年，在人工条件下繁殖的代数不宜太多，以免被人工驯化或风土驯化而失去它们的野性。待野外生境合适时，应使它们回归自然。这当然非常困难，工作的艰巨性大于资源圃的建立。

光核桃、山桃、甘肃桃、新疆桃等野生近缘种在我国存在大量的野生群体，它们与自然协同进化，这些桃野生近缘种的遗传完整性得到了很好的保护。建议在西藏、河北、甘肃、新疆南疆分别建立光核桃、山桃、甘肃桃和新疆桃的原生境保护区，在珲春桃、深州蜜桃、肥城桃、青州蜜桃、李光桃、黄甘桃、南山甜桃等名特优地方品种主产区分别建立相应品种的原生境保护点。

长期监测气候演变和社会发展对区域作物种群和品种结构的影响。对保护区和保护点的桃种质资源进行种类和品种的遗传结构、空间结构（种群内的密度变异）、年龄结构（种群内幼龄树和成龄树的相对数量）、大小结构（树体生长势）的变化，以及遗传多样性的改变对品质、产量、抗性等影响的研究，同时监测造成这种变化的气候和社会发展因素，为区域生态学和果树学、环境科学等相关学科的发展提供野外试验和研究平台。

2. 确保种质资源圃的安全保存，监测种质的遗传变异

(1) 开展资源圃病毒病的系统检测。

(2) 建立桃种质资源脱毒复份保存圃。

(3) 加强资源圃保存能力建设。资源圃保存的植物种质资源生长在完全开放的田间，极容易受到各种自然灾害（洪涝、干旱、低温、病虫害等）的影响，对资源的安全保存构成严重威胁。

(4) 进行保存种质遗传稳定性的长期监测。尽管植株保存的种质以无性繁殖为主，但由于自身遗传及环境的影响，经常会发生遗传变异，造成原有遗传特性的改变。例如，郑州桃圃在保存20年的种质资源中，发现了果实成熟期由早到晚的变异、果实由有毛到无毛的变异、果实缝合线由不突出到突出的变异以及叶片由红色到绿色的变异。一旦检测到变异，就要对变异植株进行及时标记，在繁殖更新时要倍加小心。当然，这些变异往往形成一对性状

的突变体材料，是很好的基础研究遗传材料。

四、发掘优异抗性种质

农艺性状评价往往侧重植物学、物候期、品质、产量等，对于抗生物与非生物胁迫性状的评价较少，仅进行了部分种质的抗寒性、抗南方根结线虫、抗根癌病、抗流胶病等的评价，远不能满足育种的需求。产业的发展随着社会的变化而变化，生产性状的要求也随着社会的变革而变革。例如，着果率中等有利于减少疏果的工作量，果柄变长有利于机械化、智能化采收。品种创新有赖于新基因的发掘和远缘杂交的融合。随着分子生物学的发展，现代果树种质材料的鉴定评价已不局限于其表型性状特性，在种质特定性状的控制基因已经基本清楚的基础上，分析其他种质的基因型，对准确、高效地进行评价、筛选种质加以利用意义重大。目前，对桃贮藏相关的多聚半乳糖醛酸酶 PG 基因、桃红肉相关 MYB 转录因子等基因均已有较为清楚的了解，如美国已完成 387 份桃种质 PG-1、PG-6 的基因型鉴定工作。桃全基因组测序已经完成，并开展了近百份桃种质资源的重测序研究，为快速发掘桃优异基因搭建了很好的平台。因此，发掘桃重要性状的基因或标记、开展种质资源基因型鉴定，势必成为未来桃种质资源精准鉴定的主要内容。

五、文化传统与种质资源保护

我国不仅是植物种质资源多样性大国，而且在 5 000 年的文明史中，形成了文化的多样性；文化的多样性在资源多样性保护方面起着重要作用。以桃为例，自古以来，桃树是吉祥的象征，庭院是桃种植的重要场所，也是我国桃地方品种传承的重要方式，保存了大量的鲜食和观赏桃品种资源。目前，我国各地的桃花节是对观赏桃品种的最好保护形式。要在大力宣传、保护民族文化的同时，保护种质资源的多样性。

参 考 文 献

[1] 汪祖华，庄恩及. 中国果树志：桃卷[M]. 北京：中国林业出版社，2001.
[2] 王力荣，朱更瑞，方伟超. 中国桃遗传资源[M]. 北京：中国农业出版社，2012.
[3] 田建保，宋火茂，李志平，等. 桃种质资源[M]. 北京：中国农业出版社，2006.
[4] 甘肃省农业科学院果树研究所. 甘肃果树志[M]. 北京：中国农业出版社，1995.

[5] 赵剑波,姜全,郭继英,等. 中国桃种质资源研究的主要进展和展望[C]//中国园艺学会第七届青年学术讨论会,2006.
[6] 王力荣. 我国果树种质资源科技基础性工作 30 年回顾与发展建议[J]. 植物遗传资源学报,2012,13(3):343-349.
[7] 王力荣,朱更瑞. 桃种质资源描述规范和数据标准[S]. 北京:中国农业出版社,2005.
[8] 陕西省果树研究所. 陕西果树志[M]. 西安:陕西人民出版社,1978.
[9] 河北省农林科学院昌黎果树研究所. 河北果树志[M]. 北京:农业出版社,1985.
[10] 曲泽洲,潘季淑,闪崇辉. 北京果树志[M]. 北京:北京出版社,1990.
[11] 山东省果树研究所. 山东果树志[M]. 济南:山东科学技术出版社,1996.

第三章　我国桃品种遗传改良

新中国成立后,我国桃育种取得了重要进展,桃成为自主品种市场占有率最高的大宗水果。根据《中国果树志:桃卷》[1]、《中国桃遗传资源》[2]、中国知网以及其他相关资料,建立了我国桃育成品种数据库,并进行了统计分析。展望未来,我国桃育种应拓展遗传背景,加强地方品种、野生资源的发掘与利用,创新桃全基因组选择育种技术,加快远缘杂交和基因编辑技术的研究与应用。

第一节　主要育种成就

一、不同阶段的育种成就

根据桃的遗传特点、育种成就以及在国际上的地位,我国桃杂交育种历史可以分为以下3个阶段。表3-1和表3-2是不同时期桃育种数量的统计。

表3-1　不同历史时期育成的不同果实类型品种数量

年份	总计	普通桃 数量	普通桃 比例/%	油桃 数量	油桃 比例/%	蟠桃 数量	蟠桃 比例/%	油蟠桃 数量	油蟠桃 比例/%
1900—1970	29	29	100.0	0	0.0	0	0.0	0	0.0
1970—1979	46	44	95.7	0	0.0	2	4.3	0	0.0
1980—1989	61	52	85.2	5	8.2	4	6.6	0	0.0
1990—1999	122	75	61.5	33	27.0	9	7.4	5	4.1
2000—2009	204	127	62.3	52	25.5	22	10.8	3	1.5
2010—2021	221	149	67.4	46	20.8	17	7.7	9	4.1
总计	683	476	69.7	136	19.9	54	7.9	17	2.5

表 3-2　不同历史时期桃育成不同成熟期品种数量

年份	总计	极早熟		早熟		中熟		晚熟		极晚熟	
		数量	比例/%	数量	比例/%	数量	比例/%	数量	比例/%	数量	比例/%
1900—1970	21	0	0.0	7	33.3	6	28.6	4	19.0	4	19.0
1971—1979	40	0	0.0	17	42.5	14	35.0	9	22.5	0	0.0
1980—1989	39	3	7.7	17	43.6	10	25.6	7	17.9	2	5.1
1990—1999	65	5	7.7	27	41.5	17	26.2	12	18.5	4	6.2
2000—2009	118	12	10.2	34	28.8	32	27.1	23	19.5	17	14.4
2010—2021	172	5	2.9	55	32.0	43	25.0	43	25.0	26	15.1
总计	455	25	5.5	157	34.5	122	26.8	98	21.5	53	11.7

1. 起步阶段

1956—1979 年这一阶段是起步阶段，主要进行了原始材料的收集、胚挽救技术的研究等，育成品种 75 个，多数是杂交 F_1 代。标志性品种有丰黄、京玉[3]、雨花露[4]等。1965 年成立了"全国桃子育种协作组"，1973 年成立了"全国罐桃育种加工协作组"。我国桃杂交育种比欧美和日本等国家起步晚了 50 多年，这一阶段我国桃育种的整体水平与发达国家约有 50 年的差距。

2. 追赶阶段

在 1980—1999 年建成了郑州、北京、南京 3 个国家桃种质资源圃，育成品种 183 个，其中普通桃 127 个、油桃 38 个、蟠桃 13 个、油蟠桃 5 个。胚挽救技术成功应用于极早熟桃培育，标志性品种有春蕾、锦绣、早露蟠桃、瑞光 2 号、曙光等[5-7]。这一阶段我国桃育种整体水平与发达国家有 20～30 年的差距。

3. 并跑阶段

2000 年至今我国桃育成品种 425 个，其中普通桃 276 个、油桃 98 个、蟠桃 39 个、油蟠桃 12 个。桃功能基因组学研究取得了重要进展，分子标记辅助选择成功应用于桃育种。不同类型的标志性品种有春美[8]、映霜红[9]、中油 4 号[10]、中农金辉[11]、中蟠桃 11 号[12]、中油蟠 7 号[13]、中油蟠 9 号[14]、满天红等。这一阶段我国桃育种整体水平与欧美发达国家基本持平。2007 年成立了中国园艺学会桃分会，2008 年启动国家桃产业技术体系。

二、育种目标

1. 优质

从内在品质到外观品质，甜、香、硬、大、艳是优质育种的基本目标。

在不同历史时期，这5个指标的侧重顺序有所不同。

(1)"甜"是首要目标。西方国家以高糖高酸为主，我国以高糖低酸为主，风味甜是我国与欧美品种最大的差别。我国桃的可滴定酸含量(w)一般在0.4 mg/100g FM以下，固酸比在20以上，近年来还在向高甜(可溶性固形物含量14%以上、固酸比50以上)方向发展。

(2)"香"是主要目标。优异地方品种有天然的香气、香味，部分育成品种香气、香味丢失。培育"土桃"的野桃味、水蜜桃的清香、黄肉桃的浓香是现代育种的重要目标。

(3)"硬"是关键目标。耐贮运性是我国与欧美品种的主要差距所在。肉质育种经历了从软溶质，到硬溶质、不溶质、硬质的过程，果实的贮运性不断加强。目前育种目标趋向于软硬适中的慢溶质。

(4)"大"是主流目标。大果是我国及其他亚洲国家桃育种的主流指标，单果质量在180 g以上。极早熟品种的指标应适当降低，中晚熟品种的指标要适当提高。果实大小育种目标美国为150 g，欧洲为130 g。

(5)"艳"是重要目标。育种初期的目标是白里透红，目前以着色均匀、色泽鲜艳为主要目标。全红型是重要目标，纯黄型、纯白型为特色目标，"纯"色系更加艳丽。目前，市场纯黄色主要依靠黄肉桃套袋实现。

2. 多样

(1)普通桃。普通桃是大众化类型，具有适应性强的特点。白肉鲜食普通桃育种的主要育种目标是延长供应期和替代地方品种、国外品种；黄肉鲜食普通桃的主要育种目标是外观艳丽、风味香甜、果肉少或无红色素，成熟期配套，套袋不返红色。目前短毛普通桃品种也成为育种目标。

(2)加工桃。黄肉桃的抗褐变能力比白肉桃好，其色泽也更为艳丽；黏核品种近核处不易产生红色素、不易褐变，可提高制罐利用率；不溶质品种制罐块形好、不易产生毛边。因此，制罐桃的基本育种目标是黄肉、黏核、不溶质、极丰产。目前重点是提高色卡等级。

(3)油桃。油桃因外观亮丽、食用方便而受到人们的喜爱，但油桃果面缺乏茸毛保护，易生锈、裂果重、易感病。由于油桃基因的遗传多效性，果实偏小、产量偏低，我国油桃的育种初期目标是将欧美品种的酸变为甜，目前目标是优质、抗性、成熟期配套等综合性状的提升。

(4)蟠桃。蟠桃品种的主要问题是果顶不闭合引起裂果重(裂核、裂顶)、果柄处撕皮、果实小、肉质软，其重点育种目标是果顶平、抗裂果、硬溶质。由于传统地方品种主要是白肉蟠桃，因此近年来黄肉蟠桃是主要育种目标。

(5)油蟠桃。集蟠桃、油桃特点于一身的油蟠桃，集中了油桃和蟠桃的优势，风味更好，但也集中了两者的不足，裂果更重、果实更小、产量更低。

因此油蟠桃的育种难度更大，育种目标是抗裂果、果实大、产量高，其中抗裂果可通过果顶变平和增加果实厚度实现。

(6)观赏桃。我国传统地方名特优观赏桃的需冷量在900 h以上，开花期晚。育种的主要目标是降低需冷量，提早花期，增加树形、花型、花色的多样性，培育树形高大、直立、雄蕊、雌蕊败育的品种或鲜食、加工兼用品种。

3. **广适**

(1)抗病虫。我国桃生长发育成熟季节与湿热同季，对品种的广普抗性要求比欧美国家更高。尽管桃抗性育种尚未大规模开展，但育成品种不能易感特殊性病害是基本要求。抗桃蚜、抗褐腐病、抗细菌性穿孔病、抗流胶病等已是重要目标。

(2)低需冷量。低需冷量育种的实质是适应低纬度地区的暖冬气候，是生态适应性问题。我国桃需冷量研究始于20世纪80年代，比美国晚50多年。过去30多年间，我国桃主要育成品种的需冷量由800 h以上降低到约600 h为主，但低需冷量优良品种仍然较少。需冷量<400 h、早熟、大果、树势中庸是低需冷量桃的育种目标。

(3)抗寒性。我国长江流域和黄河流域地方品种和日本品种的抗寒性较强，而欧美品种的抗寒性一般。因此，早期地方品种和日本品种的杂交后代抗寒性强，而近年来融入更多欧美品种后抗寒性有减弱的趋势。晚熟品种的抗寒性弱，而晚熟品种是北方桃的主力，因此晚熟、抗寒是主要育种目标。珲春桃等是重要的抗寒育种材料。

4. **熟期配套**

桃果皮薄、柔软多汁，不耐贮运，为时令鲜果，主要依赖不同成熟期品种的配套来延长市场供应期。因此，培育早熟、中熟、晚熟成熟期配套的品种一直是育种的主线。

(1)早熟品种的选育重点是品质。早熟品种果实发育期短，营养积累少，往往风味淡、果实小、肉质软；早熟桃种胚发育不良，要依赖胚挽救技术。优质早熟品种培育一直是桃育种的重点。

(2)中熟品种的选育重点是替代。育种初始时期，生产中的中熟品种以地方品种和国外品种为主，地方品种的主要问题是适应范围窄、花粉不育、肉质软等。因此，中熟品种育种的目标是替代地方品种和国外品种，提升综合品质。

(3)晚熟品种的选育重点是外观。晚熟桃果实发育期长，裂果重、果锈重、病虫重、品相差是主要问题。2000年以来，涌现了一批优良极晚熟品种，如中华寿桃[15]、映霜红、中秋红蜜等。晚熟品种的快速发展也得益于套袋栽培技术的应用。

5. 简约

桃产业中劳动力成本占整个生产成本的60%以上，其中修剪和套袋分别占20%和40%，不断上升的劳动力成本成为桃产业发展的制约性因素。我国桃品种基本实现了自花授粉，节省了劳动力成本。半矮化、柱形、长节间、单花芽（减轻疏花疏果的劳动力成本）、免套袋纯色成为桃的重要育种目标。

6. 营养

以红肉桃为代表的功能性成分育种成为重要的育种目标，且已育成了部分优良品种。由于红肉桃富含花色苷，而花色苷是酚类，红肉桃的育种目标是要降低涩味。花色苷要在酸性环境下显色，因此要打破红肉与酸的关联。目前大红袍等品种的花色苷属于后期积累型，只有充分成熟才能更红，因此还要解决红肉与成熟度的关系问题。

三、育种亲本

1. 基础亲本

我国地方名特优亲本种质中，普通桃有早上海水蜜、白花水蜜等，油桃有喀什黄肉李光，蟠桃有奉化蟠桃、撒花红蟠桃、晚蟠桃、扁桃等。日韩品种亲本主要有大久保、白凤、兴津油桃、早黄金、罐桃五号等。欧美品种亲本主要有NJN76、五月火、阿姆肯、早红2号、丽格兰特、理想等。利用我国地方品种较好的抗性和本地适应性、欧美品种较好的商品性，是亲本选配的基本原则。

2. 亲本变迁

主要亲本经历了以地方品种为主，到日韩品种和欧美品种融入，再到多代杂交创新种质的过程。

（1）早期亲本种质匮乏，基本上是以"地方品种×地方品种"的方式育种，这是1989年以前的亲本特征。西北农学院1957年利用西农水蜜与眉县冬桃杂交，1963年育成西农18号和西农19号；江苏省农业科学院1961年利用白花水蜜与早上海水蜜杂交，1975年育成雨花露；上海市农业科学院1985年育成的锦绣，亲本为白花与云署1号（五云×小暑）。该时期也有利用"地方品种×日本品种"育种的，如北京市农林科学院1961年利用大久保与兴津油桃杂交，1975年育成京玉。该时期育成品种多为杂交F_1代。

（2）"国外品种×国内品种"是1990—2010年育种的亲本特征。20世纪80年代开始利用育成品种作为亲本进行杂交育种。北京市农林科学院林果所1981年利用京玉与NJN76杂交，1997年育成瑞光2号；1988年利用京玉与A369杂交，1994年育成早红珠[16]。中国农业科学院郑州果树研究所1989年利用丽格兰特与瑞光2号杂交，1999年育成曙光；1992年利用瑞光2号与五月火杂交，育成中油4号；1995年利用瑞光2号与阿姆肯杂交，2008年育成中农金辉。该时期育成品种多为杂交F_2、F_3代。

(3)"高代杂交种质×优良品种"是2011年以来育种的亲本特征。我国桃育成品种主要是杂交2～4代，少有5代品种，最高达6代。杂交育种60多年来平均10年1代。图3-1所示为中油蟠15号的系谱关系，中油蟠15号为杂交6代品种。

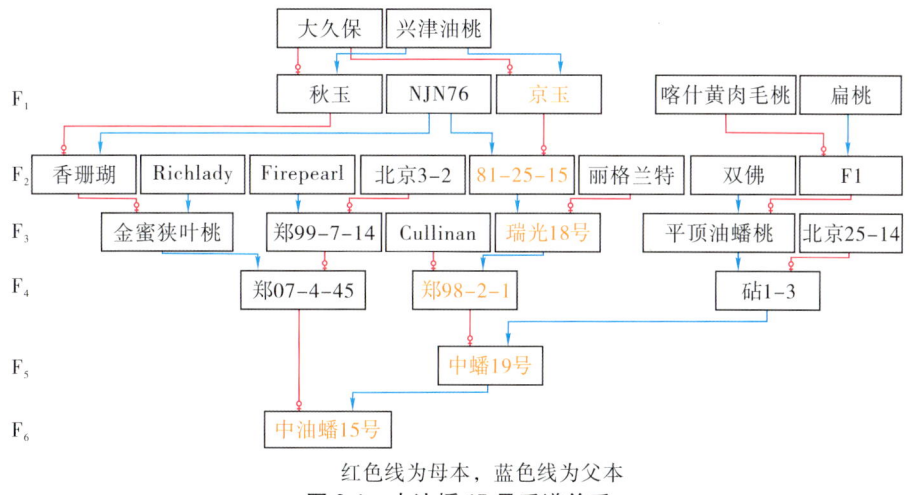

图 3-1　中油蟠15号系谱关系

四、育种技术

1. 杂交为主，实生次之，芽变为辅

在已知育种方式的649个桃品种中，杂交育成的品种数有419个，占64.56%，是我国桃育种最主要的方式；实生次之，有151个，占23.27%；芽变79个，占12.17%（图3-2）。

2. 胚挽救技术在早熟育种中的作用

中国科学院北京植物所和北京市农林科学院1963年以早生水蜜与橘早生杂交，经胚挽救后得到京早3号[17]，这是我国最早报道的通过桃胚挽救技术获得的品种。上海市农业科学院1984年育成的极早熟品种春蕾，实现了早熟桃果实发育期的突破，是我国极具影响力的品种之一。之后，胚挽救技术持续完善，不断突破56 d的桃果实发育期。目前胚挽救技术为我国早熟和极早熟桃品种培育的常规技术。

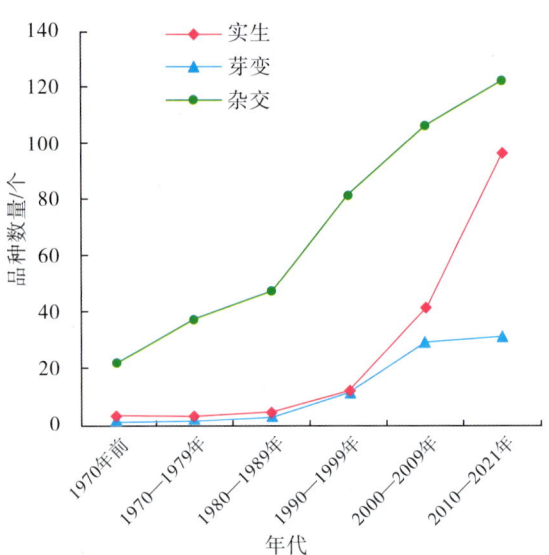

图 3-2　不同年代各选育方法育成的桃品种数量

3. 分子标记辅助育种技术的应用

2000 年以后，桃分子标记辅助育种技术研究成为热点。目前，我国建成了较为完善的桃 SSR 分子标记品种鉴定技术体系，开发出果形、果皮毛、果肉颜色、肉质、黏离核、抗桃蚜等相关性状的分子标记技术，并在育种中应用，这方面的研究已经跨入世界领先行列。

五、育种单位

我国共有 42 个单位开展桃品种培育，主要单位及育成品种的统计见表 3-3。从表中可以看出，中国农业科学院郑州果树研究所、北京市农林科学院和江苏省农业科学院园艺研究所育成的品种类型较为齐全，上海市农业科学院园艺研究所的极早熟桃和鲜食黄肉桃特色明显，大连市农业科学院在制罐桃育种早期优势很强。民间育种较为活跃的包括山东省青州市益民果树研究所、山东省莒县桃树研究所、山东省蓬莱蓬仙果树研究所、河南省浚县冬桃研究所和湖北省老河口市春雨苗木果品合作社等。

六、性状分布

1. 品种类型分布

在我国育成的 683 个新品种中，包括普通桃 476 个、油桃 136 个、蟠桃 54

表 3-3　主要育种单位育成品种概况

单位	总计	果实类型及数量					
		普通桃	油桃	蟠桃	油蟠桃	加工桃	观赏桃
中国农业科学院郑州果树研究所	99	27	30	12	12	6	12
北京市农林科学院	71	19	26	18	1	5	2
江苏省农业科学院园艺研究所	45	25	5	4	2	8	1
山东省果树研究所	22	18	4	—	—	—	—
西北农林科技大学	20	14	6	—	—	—	—
上海市农业科学院园艺研究所	20	13	3	2	—	2	—
大连市农业科学院	17	9	—	1	—	7	—
河北科技师范学院	14	13	1	—	—	—	—
河南农业大学	10	10	—	—	—	—	—
山西省农业科学院果树研究所	9	6	3	—	—	—	—
中国农业大学	9	9	—	—	—	—	—
浙江省农业科学院园艺研究所	9	5	—	—	—	4	—
河北省农林科学院石家庄果树研究所	10	7	3	—	—	—	—
甘肃省农业科学院林果研究所	10	9	1	—	—	—	—
青岛市农业科学院	4	4	—	—	—	—	—
山东农业大学	3	—	3	—	—	—	—

注："—"表示未检索到。

个、油蟠桃 17 个（图 3-3）。普通桃品种数量最多，占育成品种总数的 69.69%，依然是我国桃育种的主流，油桃占 19.91%，蟠桃和油蟠桃分别占 7.91% 和 2.49%。普通桃、油桃和蟠桃的占比分别约为 70%、20% 和 10%，这与育种持续时间、育种难度有关。

2. 品种成熟期占比

在已知成熟期的 455 个品种中，极早熟、早熟、中熟、晚熟、极晚熟品种数量的比例如图 3-4 所示，依次为 5.4%、34.5%、26.8%、21.5% 和 11.6%，以早熟最多，中熟、晚熟居中，极早熟和极晚熟较少，这也与其育种难度有关。在郑州地区，桃的成熟期可达 150 d。

第三章 我国桃品种遗传改良

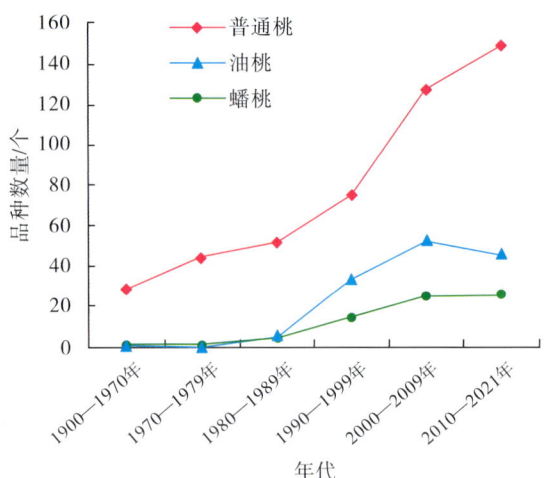

图 3-3　不同年代育成桃各果实类型品种数量分布

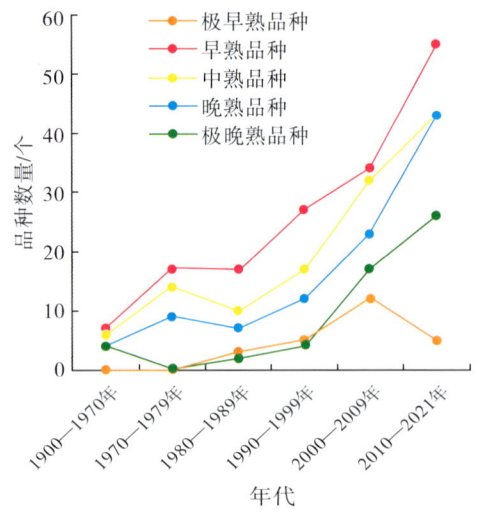

图 3-4　不同年代育成桃各成熟期品种数量分布

3. 果肉颜色占比

如图 3-5 所示，在已知果肉颜色的品种中，白肉品种 398 个，黄肉品种 176 个，分别占 69.34% 和 30.66%。普通桃中的白肉和黄肉品种分别为 306 个和 92 个，比例约为 3.3∶1；蟠桃同样是白肉品种居多，约为黄肉品种的 2.5 倍；油桃中白肉和黄肉品种数量相差不大，均有 60 个左右；油蟠桃中的黄肉品种比白肉品种多 1 倍。整体来看，普通桃以白肉品种居多，油桃则以黄肉品种居多。

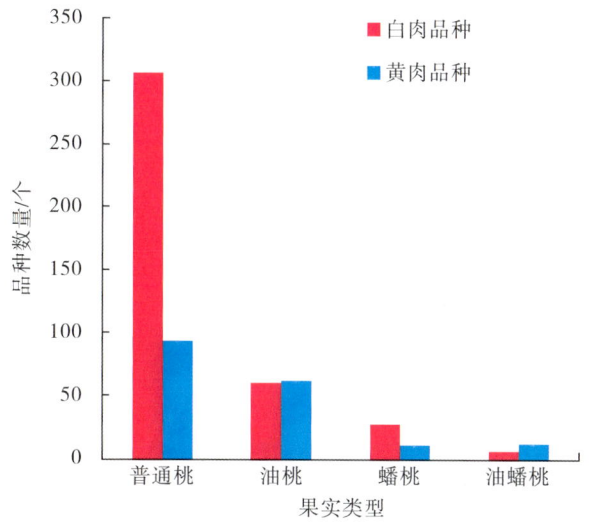

图 3-5　不同果实类型育成桃果肉颜色分布

4. 单果质量、可溶性固形物含量占比

整体上，平均单果质量随育种时间逐步上升。桃单果质量 1970 年之前为 137.05 g，近 10 年增加到 236.09 g，50 年增加了 72.27%，育成品种的平均单果质量显著增加。可溶性固形物含量随时间出现先降低后上升的趋势，20 世纪 80 年代最低，为 11.34%（加工桃的品种较多），近 10 年达到最高值（蟠桃和油蟠桃的品种数量显著增加），为 13.62%，50 年增加了 20%。可溶性固形物含量的增加显著少于单果质量的增加，这与育种中更注重果实大小有关（图 3-6）。

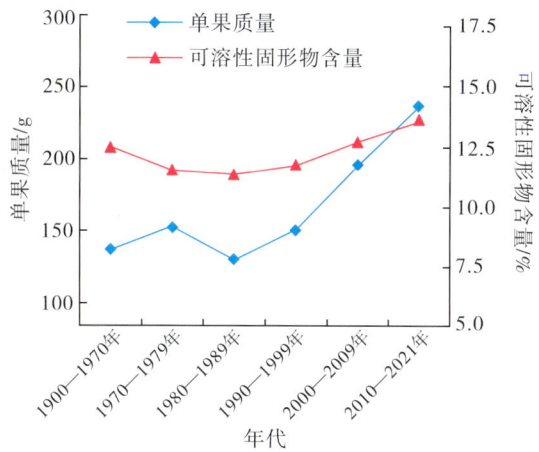

图 3-6　不同年代育成桃单果质量和可溶性固形物含量

不同果实类型育成桃在单果质量和可溶性固形物含量上存在差异(图 3-7)。普通桃、油桃、蟠桃和油蟠桃的单果质量均值分别为 192.15 g、158.05 g、173.91 g 和 125.3 g,普通桃果个最大,油蟠桃最小。普通桃、油桃、蟠桃和油蟠桃的可溶性固形物含量分别为 12.61%、12.61%、12.96% 和 14.05%,蟠桃和油蟠桃不仅外观特殊,比普通桃更甜是其快速发展的品质原因。

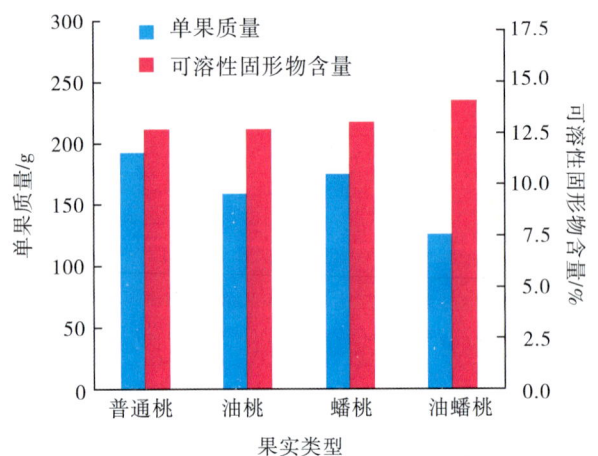

图 3-7 不同果实类型育成桃单果质量和可溶性固形物含量

5. 肉质类型分布

已知肉质类型的桃品种中,软溶质品种占 22.60%,硬溶质品种占 62.16%,不溶质品种占 13.01%,半不溶质品种占 1.71%,硬质品种(仅在普通桃和油桃中出现,共 3 个)仅占 0.51%。不同果实类型育成桃中,均以硬溶质品种所占的比例最大(图 3-8)。

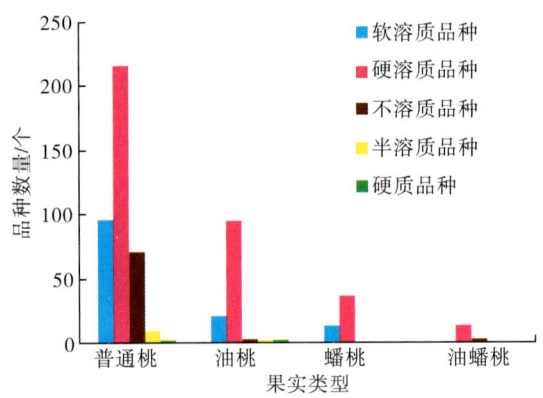

图 3-8 不同果实类型育成桃肉质类型分布

6. 黏核、离核比例

在已知核黏离性的 629 个育成桃品种中，黏核品种 419 个，占 66.61%；离核品种 137 个，占 21.78%；半离核品种 73 个，占 11.61%（图 3-9）。

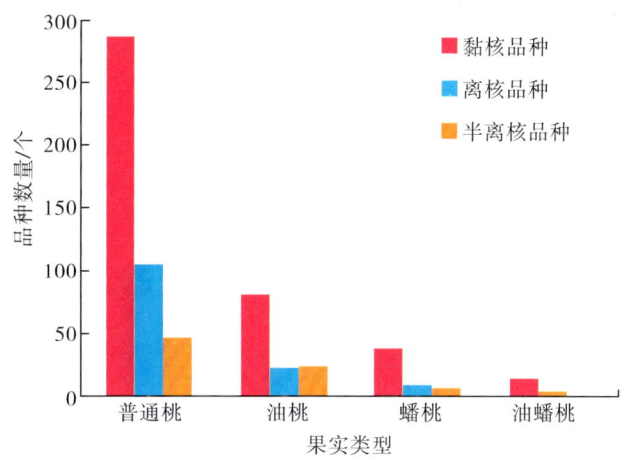

图 3-9　不同果实类型育成桃黏离核性分布

第二节　不同果实类型育种进展

一、鲜食普通桃育种

1. 育种历史

20 世纪 50 年代以前，桃 6 月下旬才开始成熟，多为地方硬肉桃品种，果实以小、硬为主，例如五月鲜、六月白；中熟品种主要是日本品种白凤和大久保，品种单一，成熟期集中；晚熟品种则大多是地方良种，如白花水蜜、肥城桃、奉化玉露、深州水蜜以及部分冬桃品种，栽培区域性强。从 20 世纪 60 年代开始，我国就将早熟、优质、大果确定为早熟桃育种的主要目标，中熟桃育种的主要目标是取代日本品种，晚熟桃的育种目标是增强适应性。2000 年后，我国普通桃生产基本实现了早、中、晚成熟期配套。

2. 育种亲本

桃主要育种亲本系谱图见图 3-10、图 3-11 和图 3-12。

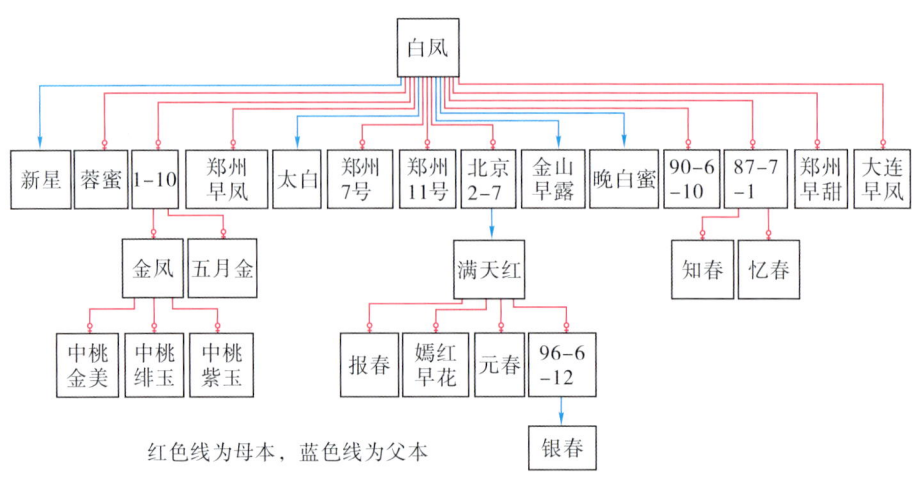

图 3-10　以白凤为亲本育成的普通桃品种

3. 遗传特点

美国、法国等欧美国家基本明确了桃的树形、叶片、花、果实等 52 个质量性状和数量性状的孟德尔遗传特点，奠定了桃育种经典遗传学基础。我国重点通过对杂种群体果实的外观、品质、成熟期、花形等性状的系统观察鉴定，总结遗传趋向，开展基因型分析。

4. 标志性品种

1975 年育成的雨花露是 20 世纪 80~90 年代主要早熟栽培品种，同年育成的中晚熟品种京玉至今仍是我国北方中晚熟桃的主要栽培品种，且是我国油桃育种的基础品种。1985 年育成的极早熟水蜜桃品种春蕾，是我国第一个规模化发展的极早熟品种，同年育成的锦绣黄肉桃[18]，是我国鲜食黄桃的第一大栽培品种。2008 年育成的早熟品种春美，是目前普通桃的主要栽培品种。1998 年育成的中华寿桃、2010 年育成的极晚熟品种映霜红，是民间育种典型代表。2013 年育成的中桃红玉，是我国育成较早的低需冷量全红型鲜食桃品种[19]。近年来，霞脆、黄金蜜桃 1 号和锦香发展良好[20-22]。

目前，我国普通桃育种形成了中国农业科学院郑州果树研究所的"中桃"系列，江苏省农业科学院的"霞晖"系列，上海市农业科学院的"锦"字系列，以及北京市农林科学院的"瑞"字系列。

二、加工桃育种

1. 育种历史

20 世纪 60 年代，我国罐桃工业迅速发展，但专用品种缺乏，存在着黄桃

第二节 不同果实类型育种进展

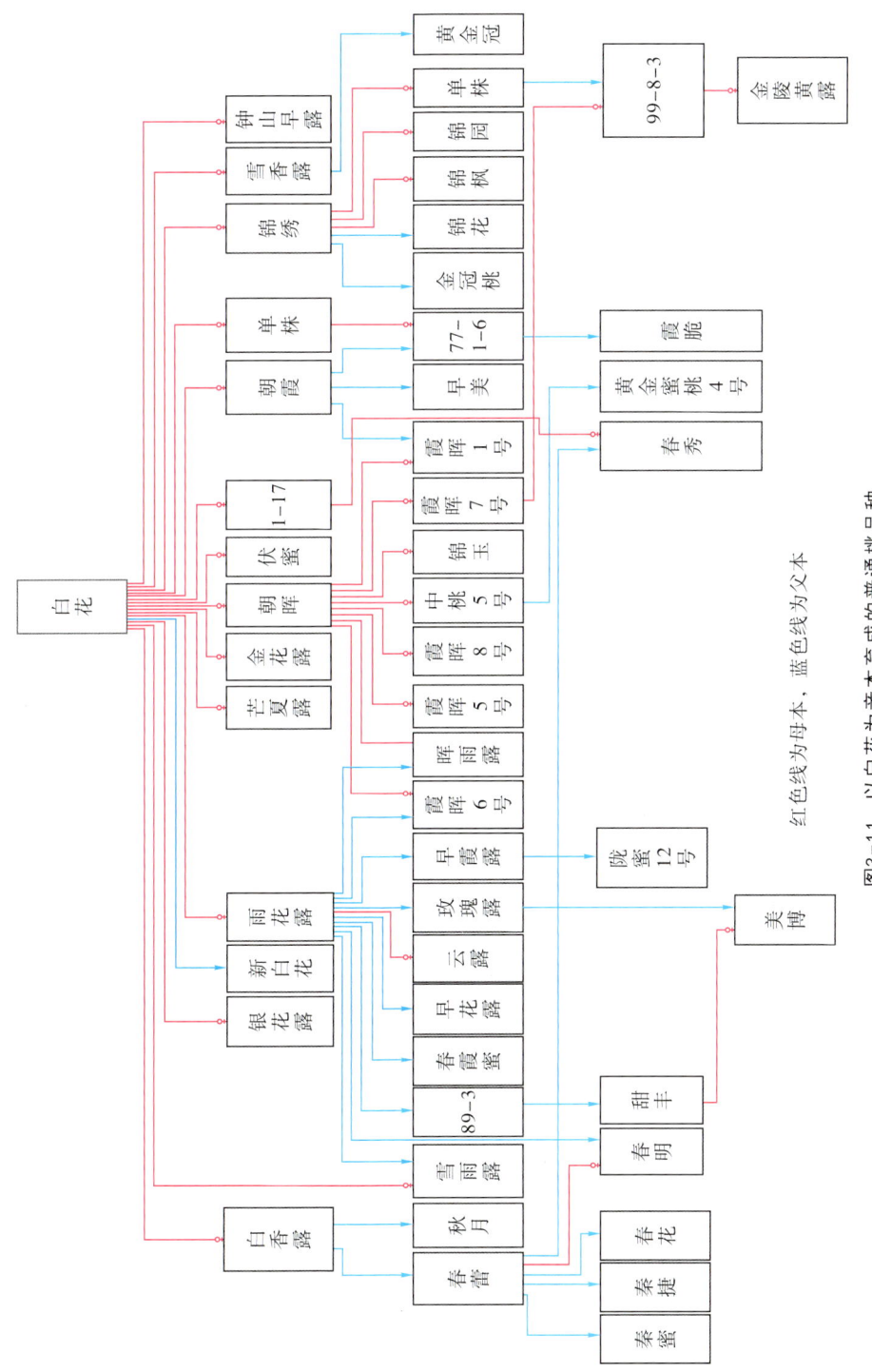

图3-11 以白花为亲本育成的普通桃品种
红色线为母本，蓝色线为父本

第三章 我国桃品种遗传改良

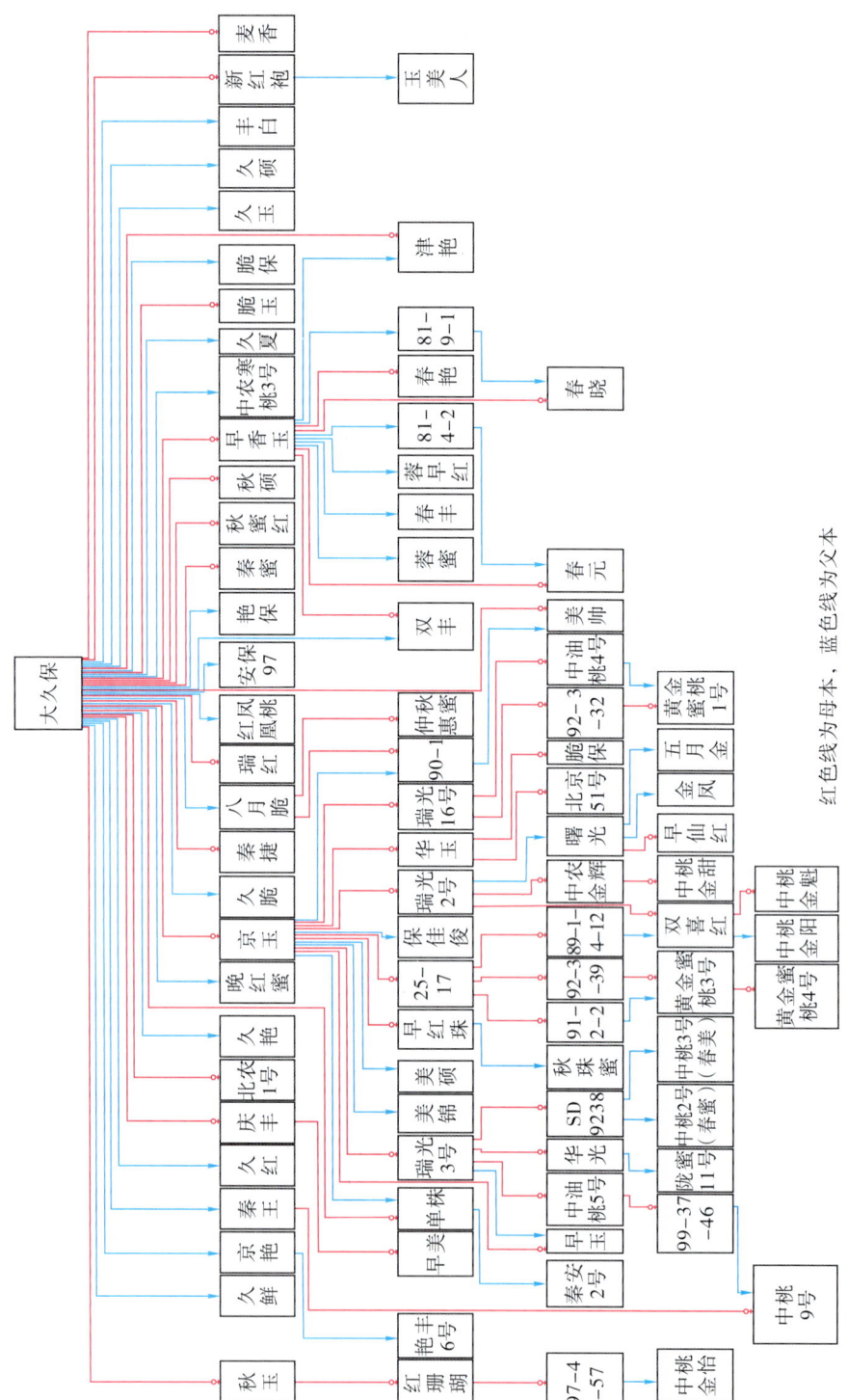

图3-12 以大久保为亲本育成的普通桃品种

不黄、白桃不白、块形小、香味淡、品质差等问题。70年代以后，基本形成了我国罐桃品种的配套体系，大连市农业科学院育成丰黄[23]、连黄[24]、桂黄，浙江省奉化罐头厂选育了奉罐1号、奉罐2号、奉罐3号[24-25]，浙江省农业科学院培育了浙金1号、浙金2号、浙金3号[26-27]，江苏省农业科学院育成了金晖、金旭、金艳、金莹[28-29]，北京市农林科学院育成燕丰[30]等，中国农业科学院郑州果树所育成郑黄2号、郑黄3号、郑黄4号、郑黄5号[31-33]（图3-13），这些品种曾在不同时期、不同地域发挥了积极作用，现在生产中已少有种植。2000年后我国罐桃的栽培面积呈下降趋势，主要原因是出口量减少，成品成色等级不足等质量因素是制约出口的关键因素。2008年国家桃产业技术体系启动以来，设立了特色与加工桃育种岗位，培育出了中罐桃系列加工桃品系，目前正在进行区试。

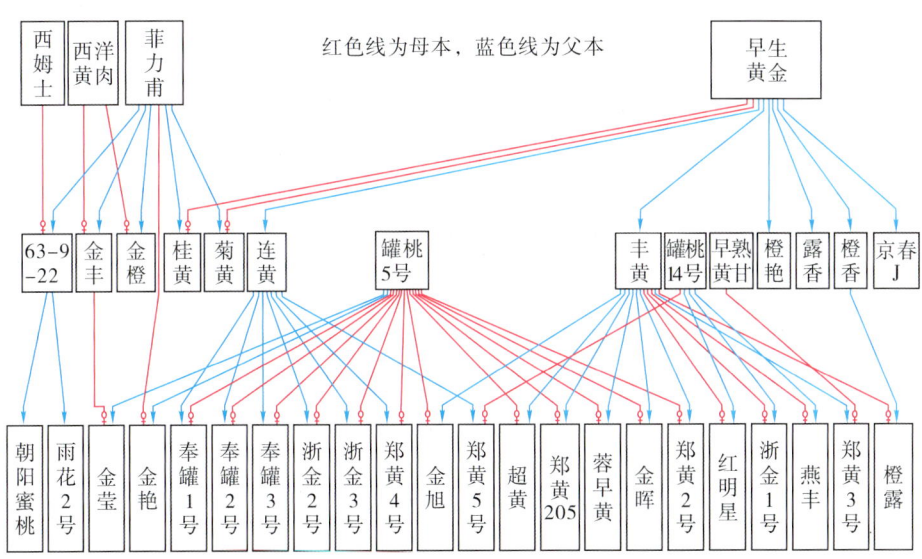

图3-13 以早生黄金、罐桃5号、菲力甫、罐桃14号为亲本育成的加工桃品种

2. 主要亲本

从早生黄金中选育出丰黄、连黄，这两个品种奠定了我国罐桃的育种基础，几乎所有的品种均直接或间接来自丰黄和连黄。

3. 标志性品种

丰黄、连黄是大连市农业科学研究所于1960年用早生黄金实生培育的中熟罐藏加工品种，具有黄肉、黏核、不溶质的特性。丰黄、连黄是我国最早育成的不溶质加工品种，被广泛种植，并以其为亲本育成了一批加工品种，是我国制罐黄桃的标志性品种。

三、油桃育种

1. 育种历史

油桃原产我国西北地区，但因其果实小、商品性差，少有栽培。20世纪初欧美国家就开展了油桃育种，但育成品种风味酸，不适合我国消费者。1981年北京市农林科学院率先在我国开始油桃育种，利用京玉与NJN76油桃品种为亲本，1988年育成瑞光2号和瑞光3号。80年代后期到90年代初，中国农业科学院郑州果树研究所以从国外引进的丽格兰特、五月火、阿姆肯、早红2号等品种为亲本育成一系列品种[34]，1998年育成极早熟甜油桃品种曙光、华光和艳光。同期，北京市农林科学院培育出早红珠、丹墨等品种。上述品种在90年代掀起了我国甜油桃品种热。2000年以来，中国农业科学院郑州果树研究所育成了中油系列品种[35-36]，北京市农林科学院育成了瑞光系列品种[36-38]，上海市农业科学院育成了沪油系列品种[39-41]，江苏省农业科学院育成了紫金红系列品种[42-44]。

2. 主要亲本

以五月火、阿姆肯、早红2号等品种为亲本育成了一系列油桃新品种（图3-14至图3-17）。

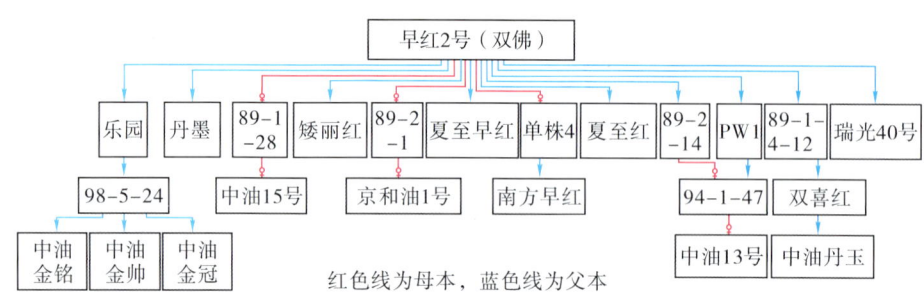

图3-14　以早红2号为亲本育成的油桃品种

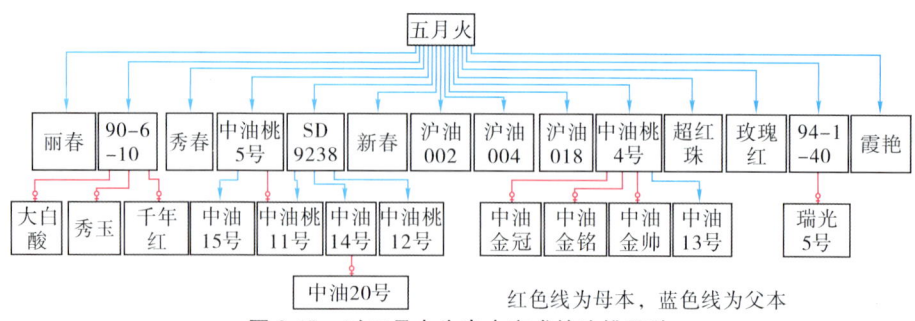

图3-15　以五月火为亲本育成的油桃品种

第二节 不同果实类型育种进展

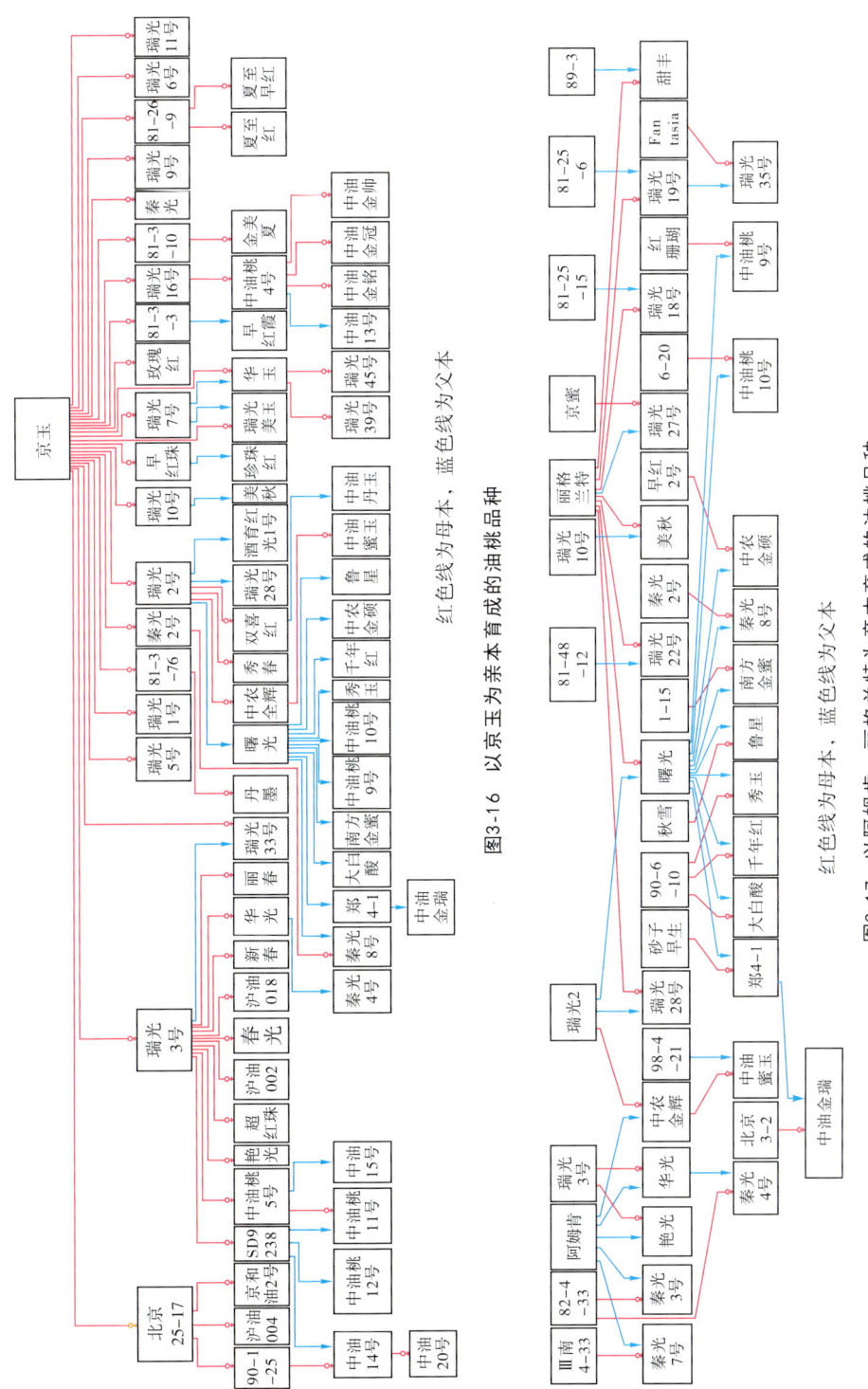

图3-16 以京玉为亲本育成的油桃品种
红色线为母本，蓝色线为父本

图3-17 以阿姆肯、丽格兰特为亲本育成的油桃品种
红色线为母本，蓝色线为父本

3. 遗传特点

对照普通桃，发现油桃对单果质量有 16.79% 的遗传减效性，对可溶性固形物含量有 11.20% 的遗传增效性，即油桃品种可提高风味品质，但不易获得大果品种。有毛-无毛杂合体的普通桃茸毛长度比纯合普通桃短，果皮着色比纯合普通桃好，依此提出油桃遗传多效性理论，可创制普通桃-油桃杂合体，培育出短毛、全红、高甜普通桃品种[45-46]。

4. 标志性品种

1988 年育成的瑞光 2 号和瑞光 3 号是我国油桃育种的基础品种，1998 年育成的曙光成为我国第一个大面积推广油桃品种，2003 年育成的双喜红是我国主要的早熟油桃品种[47]，2005 年育成的中油桃 4 号是我国目前栽培面积最大的油桃品种，2008 年育成的中油桃 8 号[48]是目前我国主要的晚熟油桃栽培品种。2009 年育成的中农金辉是我国桃设施栽培面积最大的品种，在主产区大连该品种占桃设施栽培面积的 60%，也是其露地栽培的主栽品种[49-50]。

四、蟠桃、油蟠桃育种

1. 育种历史

蟠桃外观独特、食用方便、味道甘甜、可食率高，深受人们的喜爱，但其果顶开裂、果实小、肉质软，严重制约了蟠桃产业的发展。蟠桃种胚发育不良，杂交种子成苗率低，也限制了常规蟠桃育种。我国蟠桃杂交育种始于 20 世纪 60 年代，至今共育成蟠桃品种 68 个。1974 年江苏省里下河地区农业科学院育成扬州 124 蟠桃，1988 年陕西省果树所育成早熟品种新红早蟠桃[51]，1997 年江苏省农业科学院育成早熟品种早魁蜜和早硕蜜[52]；北京市农林科学院育成瑞蟠系列品种，中国农业科学院郑州果树研究所育成中蟠系列、中油蟠系列品种。

2. 主要亲本

以撒花红蟠桃、奉化蟠桃、晚蟠桃、扁桃等为亲本育成了一系列蟠桃品种（图 3-18）。

3. 遗传特点

姜全等[53]提出蟠桃显性纯合致死，即不存在 SS 基因型植株，蟠桃基因型为杂合体 Ss。后来国外证明蟠桃是纯合不孕，即植株可存在，果实不存在；但蟠桃均为杂合体 Ss 的论述，对指导蟠桃育种具有指导意义。Monet[54]提出蟠桃与甜相关，王力荣等[45-46]进一步研究发现，蟠桃对单果质量有 39.04% 的遗传减效性，对可溶性固形物含量有 11.2% 的遗传增效性；首次提出油桃和蟠桃的遗传多效性在油蟠桃中有累加作用，油蟠桃对单果质量有 46.34% 的遗

第二节 不同果实类型育种进展

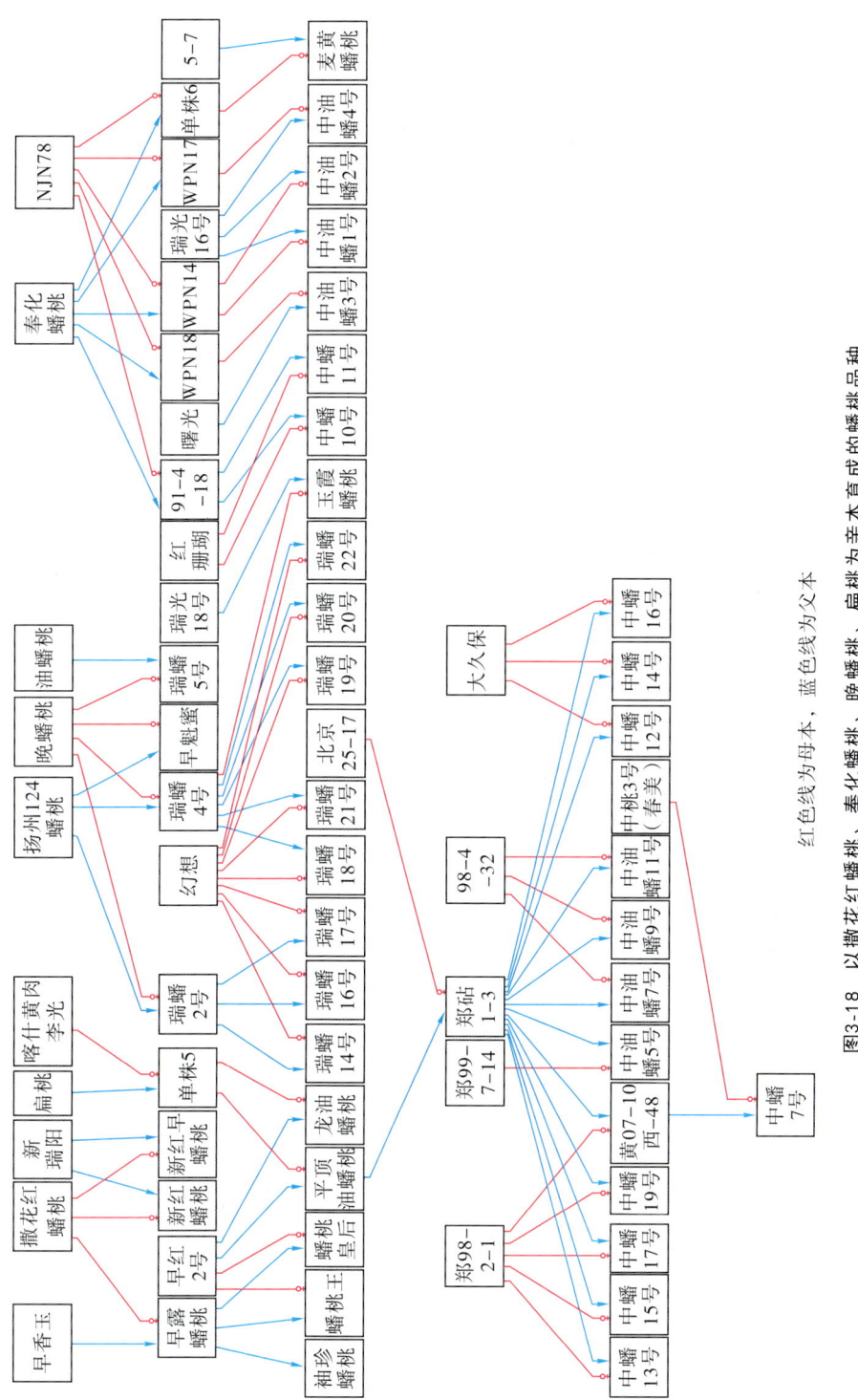

图3-18 以撒花红蟠桃、奉化蟠桃、晚蟠桃、扁桃为亲本育成的蟠桃品种

红色线为母本，蓝色线为父本

传减效性，对可溶性固形物含量有 27.64% 的遗传增效性。继而提出蟠桃、油蟠桃的遗传多效性理论，即利用蟠桃、油蟠桃育种是显著提升桃风味品质的重要方式，对指导桃的育种工作发挥了重要作用。在整个发育过程中，蟠桃的茸毛长度始终小于普通桃，因此果形扁平基因在一定程度上降低了果皮毛的长度。

4. 标志性品种

1989 年育成的极早熟品种早露蟠桃，曾是我国早熟蟠桃的主要栽培品种。2014 年育成的黄肉中熟品种中蟠桃 11 号，是目前我国蟠桃第一大栽培品种。2017 年育成的中油蟠 7 号和中油蟠 9 号，引领油蟠桃产业发展，栽培面积位居同类前 2 位。中蟠桃 13 号、中蟠桃 17 号、中油蟠 5 号、瑞蟠 21 号和金霞油蟠[55]也获得一定发展。

五、观赏桃育种

1. 育种历史

20 世纪 90 年代，我国观赏桃育种起步，主要育种目标集中在提早花期、观赏鲜食兼用品种。提早花期主要利用白花山碧桃，而观赏鲜食兼用品种主要用红寿星和白凤的后代。2000 年以后，观赏桃的主要育种目标是增加树形、花型、花色的多样性。

2. 主要亲本

以白花山碧桃、红寿星及菊花桃为亲本育成一系列观赏桃品种(图 3-19)。

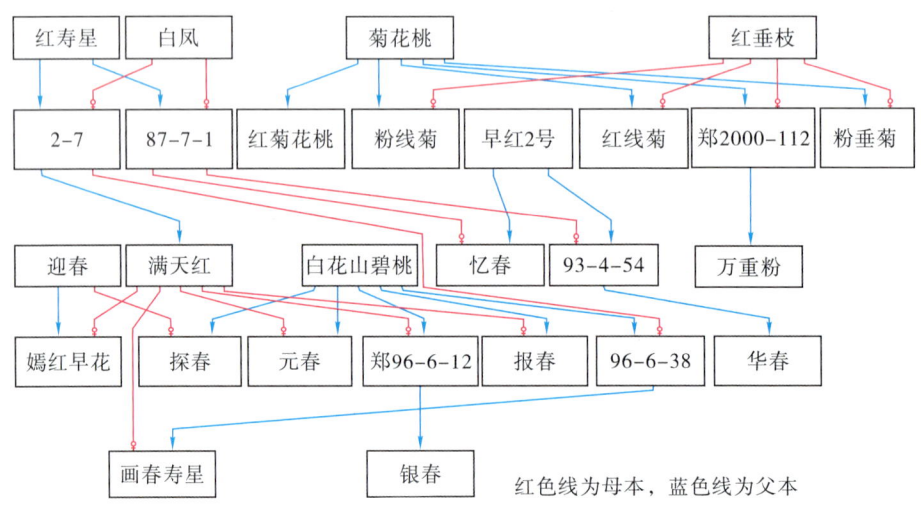

图 3-19 以白花山碧桃、红寿星及菊花桃为亲本育成的观赏桃品种

3. 遗传特点

我国首次明确了菊花花形由 2 对隐性基因($chchch2ch2$)控制,其中蔷薇形对菊花形为显性,铃形与菊花形杂交表现为蔷薇形;盘龙形与直立形由 1 对等位基因($Br2/br2$)控制,其中盘龙形基因型为 $br2br2$;垂枝形与开张形由 1 对隐性基因($wewe$)控制[56]。

4. 标志性品种

2008 年育成的花果兼用品种满天红[57],是我国目前推广面积最大的育成观赏桃品种;红菊花桃[58]和洒红龙柱桃[59]特色明显,前景广阔。

第三节 几点思考

一、未来育种目标

1. 提高风味品质

现在消费者普遍反映"桃不好吃"和"桃没桃味",其成因主要有:

(1)遗传因素。在育成品种中,与果实香气相关的内酯和醛类物质的含量比野生种质降低了 18.3%~90.7%,这可能是造成现代桃香气降低的主要原因。

(2)肉质类型。肉质育种经历了软溶质到硬溶质、不溶质,再到硬质的过程,肉质越来越硬、挂树期越来越长、耐贮运性越来越好,其生理原因是乙烯释放量越来越少,而乙烯是诱导风味物质的前提物质,其减少会导致风味物质的减少。

(3)成熟期。生产中早熟品种比例提高(包括设施栽培),是造成风味口感降低的另一主要因素。

(4)果实套袋。套袋栽培的果实可溶性固形物含量降低了 1%~2%。

(5)果实早采。为早上市获得更好的经济效益,过分提早了采收时间。

2. 培育免套袋品种

套袋改变了果实的外观品质,减轻了病虫害防治过程中的果实污染,增加了抵御降雨等不利气象因素的能力。套袋栽培还降低了晚熟品种、油桃品种,尤其是极晚熟品种的育种难度。但套袋栽培显著增加了劳动力成本,因此,在劳动力成本不断攀升的条件下,免套袋品种的培育是未来育种的方向之一。

3. 解决同质化问题

我国桃育成品种数量多、同质化严重问题突出，在生产中应用的桃育成品种超过 200 个，栽培面积逾 2 万 hm² 的约 20 个。育成品种中约 1/3 为实生选种和芽变选种获得，后代取得突破的概率小；杂交育种不仅产生性状重组，还可产生新突变，远缘亲本杂交还可以产生杂种优势。遗传距离远缘的亲本杂交育种是解决同质化问题的重要手段之一。

二、育种亲本

标志性品种的培育主要依赖优异的亲本种质。桃原产我国，从野生资源到地方品种，再到育成品种，驯化瓶颈明显。现代桃育种犹如一个倒金字塔，基础亲本的遗传背景十分狭隘，这导致育成品种抗性、风味物质等位点丢失严重。野生种质是经过自然选择、进化赋予人类的最宝贵遗产，地方名特优品种是几千年来人类驯化成果的结晶，需加大发掘、利用野生和地方品种新种质的力度，扩大遗传背景，找回种质的抗性、野味和土味。应发掘、利用高糖、早上糖种质，使得即便是提早采收，后熟后也能保证果实的风味品质。应利用厚皮种质育种，使得在果肉柔软多汁的情况下也能保证果实的贮运性。目前利用的亲本种质，相对我国丰富的桃种质资源来说只是冰山一角，发掘、创新与利用优异种质的潜力十分巨大。

三、育种技术

仅有胚挽救技术在我国桃育种工作中得到了广泛、有效的利用。目前，桃功能基因组学、优异基因发掘与分子育种技术取得了长足进步，如何将最新研究成果应用到育种工作中，是育种工作取得突破的关键。

1. 分子标记辅助选择实用化

建立杂交遗传大群体，借助分子标记辅助选择育种技术，在苗期进行一票否决式性状的筛选，可以显著提高选择效率。目前，果形（扁平或圆形）、果皮毛（有毛或无毛）、果肉颜色（白肉或黄肉）、肉质（溶质或不溶质）、抗桃蚜、抗南方根结线虫等特性的分子标记已经成熟，大规模分子标记早期选择的应用指日可待。

2. 突破全基因组选择育种技术

过去 10 多年，桃基因组学研究取得了突破性的进展，完成了桃及其野生近缘种的全基因组测序和 1 000 多份桃基因组重测序，构建了桃变异组图谱，明确了野生种向栽培种的进化路线，重构了地方品种群的演化关系，明确了优异种质的进化地位，确定了生态型与基因组的关联基因位点，确定了果实大小、糖组分、酸组分等主要品质性状的驯化区段与主效 QTLs 等位点，为全基因组选择育种技术的突破奠定了良好的基础。

3. 突破桃基因编辑和转基因技术

桃再生体系的建立是桃功能基因验证、基因编辑以及转基因品种落地的核心技术，因此，要加快桃再生体系的研究，突破桃基因编辑和转基因的关键技术。

4. 突破李属植物远缘杂交技术

在桃新品种培育中，应开展桃与扁桃、杏、李、梅等李属植物远缘杂交育种的研究，如利用杏的香气、梅的抗湿性、李的贮运性、扁桃的抗旱性，进一步拓展遗传背景。关键是突破远缘杂交不亲和障碍，获得真正的树种间杂交种，创造新型核果类果品。

参 考 文 献

[1] 汪祖华，庄恩及. 中国果树志：桃卷[M]. 北京：中国林业出版社，2001.
[2] 王力荣，朱更瑞，方伟超. 中国桃遗传资源[M]. 北京：中国农业出版社，2012.
[3] 陈青华，姜全，郭继英，等. 京玉桃在我国桃育种中的应用[J]. 江苏农业科学，2009（3）：185-187.
[4] 江祖华，汤秀莲，郭洪. 桃极早熟新品种雨花露的选育[J]. 江苏农业科学，1982(2)：38-40.
[5] 庄恩及，吴钰良，徐祝英，等. 特早熟桃春蕾及其在国内应用[J]. 中国果树，1987(1)：4-7.
[6] 姜全，郭继英，郑书旗. 油桃新品种瑞光 2 号和瑞光 3 号[J]. 中国果树，1998(3)：5-6.
[7] 宗学普，张贵荣，左覃元，等. 早熟甜油桃新品种曙光、华光、艳光[J]. 中国果树，1999(1)：10-12.
[8] 牛良，刘淑娥，鲁振华，等. 早熟桃新品种春美的选育[J]. 果树学报，2011，28(3)：540-541.
[9] 崇有道. 晚熟抗寒桃优良品种映霜红[J]. 西北园艺，2011(2)：40-41.
[10] 王志强，刘淑娥，牛良，等. 油桃新品种'中油桃 4 号'[J]. 园艺学报，2003，30(5)：631.
[11] 朱更瑞，王力荣，方伟超，等. 油桃早熟新品种中农金辉的选育[J]. 中国果树，2010(6)：1-3.
[12] 陈昌文，朱更瑞，王力荣，等. 蟠桃新品种'中蟠桃 11 号'[J]. 园艺学报，2015，42(10)：2089-2090.
[13] 王力荣，陈昌文，朱更瑞，等. 中熟油蟠桃新品种'中油蟠 7 号'的选育[J]. 果树学报，2020，37(7)：1102-1105.
[14] 王力荣，方伟超，陈昌文，等. 早中熟油蟠桃新品种'中油蟠 9 号'的选育[J]. 果树学报，2020，37(6)：942-944.

第三章 我国桃品种遗传改良

[15]刘明，吴绍行，丁国琦，等. 极晚熟桃新品种中华寿桃[J]. 中国果树，1999(3)：8-9.

[16]王虞英，袁中衡，冯德志，等. 极早熟甜油桃新品系：早红珠、丹墨、早红霞[J]. 中国果树，1995(3)：18-19.

[17]中国科学院北京植物研究所五室形态组，北京市农业科学研究所林业室果树组. 早熟桃的培育[J]. 植物学杂志，1974(4)：23-25.

[18]庄恩及，吴钰良，徐祝英，等. 黄桃新品种锦绣[J]. 中国果树，1985(3)：29-30.

[19]王力荣，朱更瑞，方伟超，等. 低需冷量桃新品种'中桃红玉'的选育[J]. 中国果树，2021(3)：79-80.

[20]杜平，马瑞娟，俞明亮，等. 桃新品种霞脆的选育[J]. 中国果树，2005(5)：1-2.

[21]鲁振华，牛良，崔国朝，等. 早熟黄肉桃新品种'黄金蜜桃1号'的选育[J]. 果树学报，2020，37(9)：1434-1436.

[22]叶正文，苏明申，张学英，等. 早熟黄桃新品种锦香的选育[J]. 果树学报，2005，22(4)：434-435.

[23]中国果树编辑部. 罐藏黄桃新品种'黄露''丰黄'鉴定会在大连召开[J]. 中国果树，1984(4)：61.

[24]曹容毅，张林祥. 优良的制罐黄桃品种奉罐1号[J]. 作物品种资源，1989(3)：15.

[25]曾容毅，张林祥. 优良的制罐头用桃品种奉罐2号[J]. 作物品种资源，1984(4)：34.

[26]胡征令，王津娥，王信法，等. 早熟黄桃新品种浙金1号[J]. 中国果树，1990(2)：17-18.

[27]胡征令，吴顺法，王津娥，等. 早熟加工黄桃新品种'浙金2号'[J]. 中国果树，1993(3)：19-20.

[28]汪祖华，汤秀莲，郭洪，等. 早中熟罐藏黄桃新品种'金旭'与'金晖'[J]. 中国果树，1990(2)：19-21.

[29]汤秀莲，郭洪，汪祖华，等. 中晚熟罐藏黄桃新品种金莹和金艳的选育[J]. 江苏农业科学，1995(2)：48-49.

[30]张克斌，傅惠芬，吴碧美. 罐桃新品种'燕丰'[J]. 北京农学院学报，1992，7(2)：105-108.

[31]宗学普，张贵荣，沈裕生，等. 早熟罐桃新品种郑黄3号[J]. 中国果树，1989(3)：17-19.

[32]张贵荣，宗学普，沈裕生，等. 罐藏桃新品种'郑黄4号'[J]. 果树科学，1990(3)：176-178.

[33]张贵荣，宗学普，沈裕生，等. 晚熟罐桃新品种郑黄5号[J]. 果树科学，1996(2)：130-131.

[34]王力荣，朱更瑞，左覃元，等. 油桃优异种质早红2号的评价与利用[J]. 植物遗传资源学报，2001，2(4)：44-48.

[35]王志强，刘淑娥，牛良，等. 油桃新品种中油桃11号的选育[J]. 果树学报，2010，27(5)：848-849.

[36]方伟超，王力荣，朱更瑞，等. 黄肉油桃新品种中油金帅的选育[J]. 果树学报，2021，38(9)：1615-1617.

[37]郭继英，姜全，赵剑波，等. 中熟油桃新品种'瑞光33号'[J]. 园艺学报，2012，39(4)：795-796.

[38]赵剑波，任飞，姜全，等. 油桃中熟新品种'瑞光45号'的选育[J]. 中国果树，2019

[39] 叶正文, 苏明申, 张学英, 等. 早熟油桃新品种沪油002的选育[J]. 果树学报, 2007, 24(4): 561-562.

[40] 苏明申, 叶正文, 张学英, 等. 早熟甜油桃新品种沪油桃004的选育[J]. 果树学报, 2010, 27(3): 471-472.

[41] 叶正文, 苏明申, 张学英, 等. 早熟油桃新品种沪油018的选育[J]. 果树学报, 2005, 22(5): 591-592.

[42] 俞明亮, 马瑞娟, 杜平, 等. 早熟油桃新品种紫金红1号的选育[J]. 果树学报, 2008, 25(1): 134-135.

[43] 俞明亮, 马瑞娟, 许建兰, 等. 油桃新品种紫金红2号的选育[J]. 果树学报, 2011, 28(6): 1126-1127.

[44] 马瑞娟, 俞明亮, 许建兰, 等. 早熟油桃新品种'紫金红3号'的选育[J]. 果树学报, 2017, 34(11): 1493-1495.

[45] 王力荣, 束怀瑞, 陈学森, 等. 桃不同果实类型的品质和产量性状的差异研究[J]. 园艺学报, 2008, 35(11): 1567-1572.

[46] 王力荣. 油桃、蟠桃的遗传多效性及育种利用价值探讨[J]. 果树学报, 2009, 26(5): 692-698.

[47] 朱更瑞, 王力荣, 方伟超, 等. 早熟油桃品种'双喜红'[J]. 园艺学报, 2004, 31(2): 275.

[48] 牛良, 刘淑娥, 鲁振华, 等. 晚熟油桃新品种'中油桃8号'[J]. 园艺学报, 2011, 38(1): 185-186.

[49] 张政, 董思佳, 关海春. 大连产区桃产业调研[J]. 北方果树, 2017(2): 51-53.

[50] 张政, 关海春. 大连市桃产业发展报告[J]. 落叶果树, 2017, 49(3): 21-23.

[51] 于成哲, 韩明玉, 田玉命, 等. 早熟蟠桃新品种'新红早蟠桃'[J]. 中国果树, 1990(1): 20-21.

[52] 马瑞娟, 俞明亮, 汤秀莲, 等. 蟠桃新品种早硕蜜和早魁蜜[J]. 中国果树, 1999(4): 7-8.

[53] 姜全, 郭继英, 郑书旗, 等. 蟠桃果形遗传分析[J]. 果树科学, 2000, 17(S): 1-4.

[54] Monet R. Peach genetics: past present and future[J]. Acta Horticulturae, 1989, 9(254): 49-58.

[55] 马瑞娟, 俞明亮, 杜平, 等. 油蟠桃新品种'金霞油蟠'[J]. 园艺学报, 2009, 36(3): 459.

[56] 王力荣, 王蛟, 朱更瑞, 等. 桃若干重要特异性状的遗传趋向分析[J]. 园艺学报, 2017, 44(2): 223-232.

[57] 朱更瑞, 王力荣, 方伟超. 花果两用观赏桃新品种满天红的选育[J]. 果树学报, 2008, 25(3): 440-441.

[58] 王力荣, 朱更瑞, 方伟超, 等. 观赏桃新品种'红菊花桃'[J]. 园艺学报, 2011, 38(10): 2033-2034.

[59] 朱更瑞, 王力荣, 方伟超, 等. 观赏桃品种'洒红龙柱桃'[C]//中国园艺学会桃分会第三届学术研讨会论文集. 北京: 中国园艺学会桃分会, 2011.

第四章　桃功能基因组与优异基因发掘研究进展

基因组学出现于20世纪80年代,是对生物体所有基因进行集体表征、定量研究及不同基因组比较的一门交叉学科。进入21世纪,随着高通量测序技术的快速发展,基因组学在生物学领域得到了广泛应用。利用基于高通量测序技术的全基因组组装和重测序工作,对于分析基因组进化历史、发掘优异基因应用于分子育种,以及解析重要性状的调控网络,均起到了巨大的推动作用。桃作为重要的果树树种,在世界范围内的研究较多,这方面也取得了许多重大突破。

第一节　基因组特征

1. 基本特征

桃是二倍体植物($2n=16$),基因组大小约为230 Mb,约为模式物种拟南芥的2倍。因其基因组小、童期短,桃通常被认为是蔷薇科植物功能基因组研究的模式物种。桃自交亲和,与其他果树树种比较,其基因组杂合率相对较低。Cao等[1]对中国地方特色品种早上海水蜜进行了基因组测序,测得其基因组杂合度为0.28%;Guan等[2]对瑞油蟠1号进行了测序,测得其基因组杂合度为0.22%。桃的基因组显著低于葡萄(7%)[3]、梨(1.02%)[4]和杏(0.9%)[5]等。桃表型性状丰富,较低的杂合率不仅为性状基因挖掘提供了便利,也为桃作为蔷薇科模式物种提供了支撑。近年来,随着测序技术的快速发展、测序成本的不断降低,基于重测序开展的桃基因组学研究发展迅速,已完成的重测序材料超过1 000份,基于此构建了高密度的桃基因组变异图谱[6-7],变异类型涵盖传统的分子标记[如简单重复序列标记(simple sequence repeats，SSR）]和新一代分子标记[如单核苷酸多态性（single nucleotide polymorphism，SNP）、插入/缺失（insertion-deletion，InDel）和结构变异（structure variation，SV）等类型]。

2.SSR 特征

SSR 是在基因组上广泛分布的简单重复序列多态性，因为其具有共显性、扩增简单等优点，目前在研究中仍然被广泛应用。在早期的研究中，研究者多采用对细菌人工染色体（bacterial artificial chromosome，BAC）文库进行测序后进行筛查获得[8]，这些 SSR 位点多上传在 GDR 数据库（https：//www.rosaceae.org/），数量在 300 个左右。随着二代测序技术的出现，研究者可以对全基因组水平的 SSR 位点进行筛查，从而鉴定并开发出多态性高、易于扩增的位点供研究者使用。

Chen 等[9]从 GDR 下载了 118 965 个李属植物的表达序列标签（expressed sequence tag，EST），经过组装后得到 12 618 个重叠群，从中鉴定出 4 770 个 SSRs，同时从没有组装的 EST 中鉴定出 9 029 个 SSRs。研究发现，这些 SSRs 大多属于三碱基和二碱基重复，分别占到 SSRs 总数的 37.4% 和 28.0%。针对上述 4 770 个和 9 029 个位点成功设计出 3 695 对和 6 849 对引物（21 088 个引物序列），但比对到桃参考基因组后，仅有 16 885 个引物序列能够比对到染色体上。以 500 kb 区间为单位分析这些 SSRs 在染色体上的分布，发现在 8 条染色体上每区间平均含有 10.8 个 SSRs。Wang 等[10]利用桃的叶片、花和果实的转录组测序数据，鉴定出 17 979 个 SSRs，其中三碱基重复的位点数最多，达到总数的 36.5%；二、四、五和六碱基重复的 SSRs 分别占到总数的 32.5%、17.6%、6.5% 和 6.9%。在碱基类型中，CT/TC 类型最为丰富，占到 57.2%；AG/GA、AT/TA、AC/CA 和 GT/TG 则分别占到 27.4%、10.2%、3.1% 和 2.0%。分析这些 SSRs 在基因组上的分布表明，在非翻译区（untranslated region，UTR），二碱基重复的 SSRs 最多，占到 42.0%，其中主要是 CT/TC 和 AG/GA 类型；在蛋白质编码区（coding sequence，CDS），三碱基重复的 SSRs 最多，占到 68.2%，主要包括 AAG/AGA/GAA 和 CTT/TCT/TTC 类型。Guan 等[11]利用 6 份桃种质进行高深度重测序，共检索到 141 895 个 SSRs，其分布密度为 634.43/Mb。在检索到的 SSR 中，共有 44 种不同的 SSR 重复基元，除单碱基重复外，二碱基重复最多，有 56 575 个，三、四、五和六碱基重复分别有 11 158 个、2 102 个、3 074 个和 1 790 个。在二碱基重复的 SSRs 中，含 AT/TA 重复单元的数量最多，有 18 160 个，占二碱基重复的 32.1%。在三碱基重复的 SSRs 中，含 AAT/ATA/TAA 重复单元的数量最多，有 1 651 个，占三碱基重复的 14.8%。对 SSRs 进行注释发现，SSRs 主要分布在基因间区，25 037 个(17.64%)SSRs 分布在基因区。在基因区，内含子区域的 SSR 数量最多，其次是 CDS 区，UTR 区最少。其中 CDS 区的单碱基重复数目最多(51.7%)，二碱基重复次之(28.27%)；而 UTR 区的二碱基重复数目最多(46.36%)，未检测到 CG/GC 重复单元。分析 SSRs 在染色体上的分布表明，SSRs 在 1 号染色体的 3~3.3 Mb 区间、2 号染色体的 17~17.1 Mb 区间和 5 号染色体的 18.2~18.3 Mb 区间的数量最为丰富，而在 5 号染色体的 7.1~7.6 Mb 区间内的数量较少。

3. SNP 特征

SNP 在基因组上广泛分布，The International Peach Genome Initiative[12]利用 11 份普通桃种质和 4 份野生近缘种进行重测序，鉴定到 953 357 个高质量的 SNPs，分析 SNP 在染色体的分布，发现 SNP 多样性最高的区间位于第 2 染色体的顶端和第 4 染色体的末端。2016 年，Cao 等[13]利用 74 份普通桃及 10 份野生近缘种进行重测序，鉴定到 4 567 069 个高质量的 SNPs，对这些 SNPs 进行功能注释的结果表明，26.9% 的 SNPs 位于基因区，10.0% 位于 CDS，在 CDS 上的 SNPs 中，非同义突变 SNPs 与同义突变 SNPs 的比值为 1.31，高于拟南芥的 0.83[14]，与大豆的 1.37[15]、水稻的 1.29[16]相近。2019 年，Li 等[17]利用 480 份桃种质进行重测序，鉴定到 4 980 259 个高质量的 SNPs，其中 17.8% 的 SNPs 位于编码区，包括 457 988 个非同义突变 SNPs 和 430 034 个同义突变 SNPs，非同义突变 SNPs 与同义突变 SNPs 的比值为 1.07。2021 年，Guan 等[2]以包含 95 个地方品种和 265 个育成品种的自然群体为材料，鉴定出 16 658 391 个高质量的 SNPs，其中 16.7% 位于基因区，4.9% 位于编码区。在位于编码区的 SNPs 中，1 535 154 个为非同义突变 SNPs，1 433 967 个为同义突变 SNPs，非同义突变 SNPs 与同义突变 SNPs 的比值同样为 1.07。这些 SNPs 会导致基因的功能发生变化，如在 Guan 等[2]的研究中，作者发现在 22 763 个基因上鉴定出 222 709 个 SNPs，其中 29 295 个 SNPs 能够导致 9 141 个基因终止密码子提前，2 806 个 SNPs 能导致 1 093 个基因的起始密码子改变，3 314 个 SNPs 可以导致 3 154 个基因转录本延长。

4. InDel 特征

InDel 主要包含长度较短的插入(Insertion)和缺失(Deletion)类型的变异。在 Cao 等[13]的研究中，研究者从 84 份来源广泛的种质中鉴定出 870 420 个 InDels，其中位于基因区的占 29.8%，但绝大多数位于内含子区，位于编码区的仅占总数的 2.3%，4 175 个 InDels 能够导致 1 562 个基因编码框的改变。Cao 等[1]利用早上海水蜜进行了基因组组装，通过与 Lovell 基因组进行比对，鉴定出 162 655 个 InDels，分析它们在基因组上的分布，发现其与其他变异

(如 SNP 和 SV)有相同的规律,即均在第 2 染色体的顶端和第 4 染色体的末端分布密度较高。在其他研究中,虽然也鉴定出数量不等的 InDels,如 Li 等[17]在 480 份桃种质中鉴定出 1 026 375 个 InDels,Tan 等[18]在 417 份桃种质中鉴定出 577 154 个 InDels,但这些研究都较少进行其基因组分布特征的分析。

5. SV 特征

SV 一般是指长度超过 50 bp 的基因组遗传变异,包括大的插入、缺失、倒位、易位等,其在基因组中同样广泛存在,并且与许多重要农艺性状相关。例如,桃果皮毛性状是由于 *PpeMYB25* 基因内部的 1 个转座子插入引起基因功能丧失,从而形成油桃性状[19],除此之外,果肉颜色[20]、果形[7]等性状的形成均与 SV 有关。

Guo 等[7]通过对 336 份桃种质进行重测序,鉴定了 202 273 个 SVs,其中包括 121 527 个大的插入缺失突变,10 728 个复制,8 336 个转置,以及 61 682 个易位。研究发现,这些 SVs 存在于基因组 98%(26 361 个)的基因中,其中 20 721 个位于 CDS 区,3 505 个位于内含子,2 135 个位于启动子区。只有参与一些基础代谢如叶绿体功能的基因没有发现 SVs,暗示这些基因在桃进化过程中受到固定。Guan 等[2]通过对 149 份桃种质进行重测序,鉴定出 27 734 个 SVs,包含 15 138 个缺失、10 882 个插入、1 558 个复制、156 个转置,它们约占基因组的 16.10%。对这些 SVs 进行注释表明,51.27%(14 218 个)的 SVs 位于基因间区,3 485 个位于 CDS 区的 SVs 能够影响 4 299 个基因功能。研究发现,位于启动子区的 SVs 数量明显高于位于 CDS 区。以 30 kb 为 1 个滑窗计算 SVs 在染色体上的分布,共鉴定出 500 个区间内超过 10 个 SVs 的热点区域。

第二节 起源与进化

我国是桃的起源地,栽培历史悠久,种质资源丰富。桃的 4 个野生近缘种光核桃(*P. mira*)、甘肃桃(*P. kansuensis*)、山桃(*P. davidiana*)和新疆桃(*P. ferganensis*)仅在我国有野生自然群体的分布[21]。

在基因组学出现之前,研究者利用孢粉学、细胞学、生化标记(同工酶)和 DNA 分子标记等技术对桃进行过研究,但对于甘肃桃和山桃的进化地位存在争议。例如汪祖华和周建涛[22]通过对 103 个桃品种和 3 个桃近缘野生种的花粉粒进行孢粉学研究,推测甘肃桃较原始,而毛桃、山桃和新疆桃的亲缘关系相近。随后,宗学普等[23]利用不连续 SDS 电泳系统分析桃属植物花粉蛋白，郭振怀等[24]采用涂抹压片法研究桃属4个种的染色体计数和核型，均得出甘肃桃较山桃更为原始的结论。在传统分子标记技术出现后，对桃的进化路线又有了新的发现。如程中平等[25]利用RAPD分子标记技术进行研究后指出，在桃及其近缘野生种中，最原始的为光核桃，其次为山桃，接下来是甘肃桃，再次又是3个山桃类型，最后是新疆桃和毛桃。但俞明亮等[26]利用SSR分子标记技术进行研究后却发现，山桃可能相对于光核桃更为原始。

随着基因组测序的完成，利用全基因组重测序技术，发掘出海量的SNPs和InDels等遗传变异信息，为进一步解析桃的起源进化奠定了物质基础。对于桃野生近缘种出现的时间，Yu等[27]认为应该在247万年前，起源于中国西南部山区的亚热带林区，该结果与Su等[28]通过分析云南昆明市桃核化石得出的结果（距今260万年）较为接近。而对于桃野生近缘种的进化关系，Cao等[13]利用84份种质进行重测序，通过基于SNPs的系统发育树，提出光核桃最为原始，其次是山桃，再次是甘肃桃，而新疆桃则属于普通桃的一个地理类群。Yu等[27]同样认为在桃及其近缘种中，最原始的为光核桃，其次为山桃、甘肃桃和普通桃，但同时也发现在光核桃和甘肃桃间存在着遗传渐渗。

对于桃栽培种的驯化，Li等[17]通过分析桃的驯化瓶颈，认为栽培桃的驯化可能发生于距今约8 600年前。该结果早于之前Zheng等[29]利用放射性碳测年法得出的结论，发现与现代育成品种最为接近的桃核来自距今4 300~5 300年前的良渚文化。桃驯化后形成了各具特色的地方品种群或生态型，群体基因组学研究表明，地方品种群的进化由低到高依次为华南亚热带生态型、云贵高原生态型、长江中下游生态型、东北高寒生态型、华北平原生态型、西北干旱生态型。华北平原生态型和西北干旱生态型与野生近缘种的遗传距离最远，说明其驯化程度最高，也最接近现代栽培品种[17]。

栽培种在国外的传播大约发生在公元前1~2世纪，18世纪50年代从中国直接引入美洲的桃地方品种上海水蜜，在美国乃至世界桃育成品种中占据着核心地位。大规模基因组测序研究表明，来自我国新疆、河西走廊地区的地方品种与西方培育品种的亲缘关系最近，证明桃最先确实是经我国西北地区传到国外去的[17]。而且，对不溶质基因型进行分布分析，结果表明不溶质基因在西北地区具有高频率分布，也说明欧洲桃源自我国西北地区[17]。类似的，欧美品种群以黄肉桃为主，而我国地方品种中80%以上的黄肉桃在西北地区，也为桃由西北地区传到国外提供了间接证据[21]。

第三节　优异基因的发掘与标记开发

一、质量性状

1. 树形

树形是果树地上部分的总体形态，可分为矮化、开张、柱形和垂枝等，由遗传基础决定。其中，矮化性状由多个基因控制，包括 *Dw*、*Dw2*、*Dw3*、*N* 以及 *Tssd* 等。桃的 2 个矮化性状 Dw 和 Dw2 表现为节间短、出现分枝的高度低，但叶片和果实正常。而 Dw3 性状则由 Chaparro 等[30]在 1994 年报道，表现为叶片和枝干狭窄。研究者利用 9 个不同的 F_2 群体，定位了 14 个农艺性状及 2 个同工酶标记，发现矮化性状 Dw3 与狭叶性状连锁，但没有发现连锁的分子标记。1995 年，利用 1 个来自矮化普通桃 54P455 与扁桃 Padre 杂交的 F_2 群体，Foolad 等[31]构建了包含 107 个标记、覆盖 800 cM 的连锁图谱，将矮化性状 Dw 定位在第 5 连锁群，紧密连锁的 RFLP 被标记为 PC8。2005 年，Yamamoto 等[32]利用 126 株 Akame×Juseito 杂交的 F_2 群体，构建了包含 SSR 标记的共 178 个位点的图谱，将 Dw 定位在第 6 连锁群的末端。2016 年，Hollender 等[33]在筛查第 6 连锁群末端定位区间发现，Dw 性状位点由 *PpeGID1c* 基因中存在的 1 个无义突变引起，该基因第 162 位氨基酸突变为终止密码子，导致桃树体矮化。Cheng 等[34]则发现 *PpeGID1c* 基因中存在另 1 个有义突变，可导致 GID1c 上第 191 位丝氨酸突变为苯丙氨酸，导致植物生长抑制蛋白 PpDELLA1 的大量积累。同时，利用上述 2 个变异位点对 12 份桃矮化资源进行基因分型，表明其矮化表型与 2 个位点具有较好的对应关系。为了进一步验证 *PpeGID1c* 是 *Dw* 的关键基因，研究者依据之前的 162 位的 SNP 开发了标记，但是没能在构建的包含 77 株的 F_2 群体上发现分离。但是，发现在该基因上存在 1 个距上述位点 87 bp 的、新的 SNP，与矮化性状共分离。

2016 年，Lu 等[35]定位了 1 个新的温敏性的半矮化标记，利用基于简化基因组测序的 BSA 法，研究者将该性状定位在桃第 3 染色体上 750 kb 的区间（2.35～3.10 Mb）。

对于柱形性状，Chaparro 等[30]利用表型和同工酶标记进行了柱形性状的定位，发现该性状与单/重瓣花性状连锁。利用开发的 SSR 标记，研究者将柱形性状定位在 Jersey Pilla×KV7119 图谱的 2 个标记 pchgms1 和 KAG/CAT10 之间。Sajer 等[36]利用 1 个来自 2 个柱形性状杂合体的 92 株 F_2 群体，根据前人的研究结果[37]，采用来自第 2 连锁群上的 19 个 SSR 标记进行了连锁分析，将其定位在第 2 连锁群的末端；进而通过 AFLP 进行区间的加密，最后通过对连锁标记进行测序并比对到参考基因组，将柱形基因位点压缩到染色体 2 的 17～18 Mb 区间内。在优异基因鉴定方面，研究者发现，桃中 TAC1 基因在桃分枝角度的形成中起决定作用，普通型桃中 PpeTAC1 的表达量最高，其分枝角度最大；而在直立型桃中，PpeTAC1 为杂合型，其表达量较普通型显著下降，表现为枝条直立向上；柱型桃中 PpeTAC1 基因不表达[38]。

垂枝受到 1 个隐性基因控制，早在 1994 年，Dirlewanger 和 Bodo[39]利用 270 株的 1 个 F_2 群体，构建了 1 个包含 52 个 RAPD 标记、覆盖 350 cM 的图谱，将垂枝基因定位在第 2 连锁群上，但没有锚定标记，并不能直接对应染色体编号。对该性状的遗传研究发现[40]，柱形对垂枝具有上位性效应，当这 2 个位点均表型纯合时，植株表现为柱形；当柱形基因位点为杂合而垂枝位点为纯合时，植株表现为枝条向外扩展，下垂不明显。Pascal 等[41]利用 Weeping Flower Peach×Pamirskij 5 的 89 株后代的 F_2 群体，将 pl 定位在第 3 连锁群的 44.1 cM，位于 MA039a 和 SSRLG3_16m46 标记之间。利用 BSA 测序法，Hollender 等[42]将垂枝性状定位到第 3 染色体上 14.2～16.2 Mb 的区间，该区间包含 256 个关键基因。其中，转录组分析表明 ppa013325m 在垂枝和普通型桃中具有明显的差异表达，后续研究表明，在该基因 5′端存在 1 个 1 374 bp 的缺失是导致桃垂枝表型出现的原因。

2. 果形

桃的果形可分为圆形（即圆桃）和扁平形（即蟠桃）2 种类型。在遗传上，桃果实扁平对圆形受 1 对等位基因控制，其中扁平形对圆形为显性[43]。在生理上，2 种果形差异形成的主要原因是蟠桃果实纵向细胞数目少于圆桃，从而形成扁平果形[44]。

利用 Ferjalou Jalousia×Fantasia 的 F_2 群体，Dirlewanger 等[45]将蟠桃果形首次定位在第 6 连锁群。2006 年，在添加了 SSR 标记后，Dirlewanger 等[46]利用同样的群体，将蟠桃果形定位在第 6 连锁群的末端，与 2 个 SSR 标记 MA014a 和 MA040a 共分离。随后，Picanol 等[47]选择另外的群体对上述结果进行了验证，发现 UDP98-412 在预测蟠桃表型时，准确率高达 98.4%，可以作为一个高效标记进行分子标记辅助育种。Micheletti 等[48]利用 9 K 的 SNP 芯片，完成了 1 580 份桃种质的基因分型，通过关联分析，研究者将果形性状定位在第 6 染色体的 Chr.6：23 101 004 至 Chr. 26 601 733 bp 间。利用129份桃种质的重测序，Cao等[6]发现，与桃果形关联的SNP位点位于第6染色体的25 060 196 bp，该位点在477份种质中进行验证准确率为100%，然而该SNP位于候选基因的内含子，可能并不是导致目标基因表达的关键变异。

2020年，研究人员利用基因组结构变异SVs数据进行全基因组关联分析，在第6染色体的26 847.5 kb至28 517.5 kb区间内鉴定到1个长度1.67 Mb染色体倒位变异与蟠桃果形共分离，并结合番茄转基因，验证了关键基因 *PpOFP1* 控制蟠桃果形，最终明确了蟠桃果形形成的机制[7]。

3. 果皮茸毛

果皮毛的有无是桃果实的一个重要质量性状，可根据该性状将桃分为油桃和毛桃两种类型。早在1994年，Chaparro等[30]就利用NC174RL×Pillar群体进行连锁分析，鉴定到1个与果皮毛性状连锁的RAPD标记OPZ-03，连锁距离为23.4 cM。1998年，研究者利用Ferjalou Jalousia×Fantasia群体[45]，将果皮毛性状定位在第5染色体的末端，与RFLP标记AC-CAA1连锁。2006年，Dirlewanger等[46]将该位点定位在第5染色体的末端，位于1个SSR标记CPSCT030（5.4 cM）和1个RFLP标记PC115（1.4 cM）之间。Vendramin等[19]利用Contender×Ambra群体，选择12个SNPs进行果皮毛性状位点的加密，将该区间压缩到1.1 cM的区间，对应桃第5染色体大约635 kb的区间。Micheletti等[48]利用9 K的SNP芯片对1 580份桃种质进行关联分析，发现与果皮毛性状关联的SNPs位于第5染色体的16 774 236 bp处。Cao等[6]利用129份种质的重测序进行关联分析，获得与果皮毛性状关联的位点位于第5染色体的17 576 893 bp，表型变异解释率达到80.6%。

在候选基因发掘方面，Vendramin等[19]从第5染色体的定位区间中筛选出1个MYB基因 *PpeMYB25*（在桃基因组V1.0版本中基因编号为 *ppa023143m*），发现在该基因第3个外显子上存在1个转座子插入，推测其可能导致了果皮毛性状的突变。将该标记在杂交群体和自然群体中验证，均表明该标记与表型共分离。在开花前的不同时期，选择花芽进行表达分析，发现该基因仅在毛桃Contender中表达，且在花前1周表达达到高峰，而在油桃Ambra中不表达。

4. 肉质

传统的桃分为溶质型、不溶质型和硬质（Stony Hard，SH）型，随着研究的深入，溶质桃又可细分为软溶质型、硬溶质型与慢软型，三者的果实均会变软，只是软化的时间不等。软溶质型成熟后即变软，如白凤等；硬溶质型成熟后果实有一定的硬度，通常能维持5～7 d，如白花等；慢软型果实前期硬度较大，后期会逐步软化，挂树期通常能达10～15 d，如晴朗、Sweet

第四章 桃功能基因组与优异基因发掘研究进展

Dream、Big Top等。而美国育种家Ramming等[49]又报道了1种新的类型"慢成熟"型,其果实延迟成熟,即使在秋天落叶后果实仍较硬,果皮保持绿色,我国的一些地方品种如青州蜜桃也有类似的表型。

与溶质型桃表现为果实最终会软化相反,不溶质型桃果实后期不软化。在遗传上,二者由1对显隐性基因(M/m)控制,且溶质(M)对不溶质(m)为显性遗传[50]。Lester等[51]通过Southern分析,发现在2个编码内源PG基因上存在1个RFLP多样性位点,该位点可以将自然群体和杂交群体中的溶质类型从不溶质类型中筛选出来,Western杂交技术也表明在溶质桃Flavorcrest和Fragar中存在endoPG蛋白,而在不溶质桃Carolyn中不存在。2005年,Peace等[52]利用Dr. Davis×Georgia Belle的F_1群体和Georgia Belle的自交群体,分析了不同种质上5个$endoPG$基因的分型,发现至少包含1个$endoPG$基因的单个位点,通过组成至少3个有效等位基因,共同决定了果实肉质和黏离核性状。Gu等[53]报道,在桃肉质位点内存在2个串联排列基因$PpendoPGF$和$PpendoPGM$,这2个基因均编码多聚半乳糖醛酸酶,且具有较高的同源性;其中$PpendoPGF$既控制溶质也控制黏离核性状,$PpendoPGM$控制果肉溶质。该基因位点有3种单体型:H1(同时含有$PpendoPGF$与$PpendoPGM$)、H2(仅有$PpendoPGM$)、H3(2个基因都缺失)。在表型上,包含有H1的个体(H1H1、H1H2、H1H3)表现为离核或半离核且为溶质,包含有H2的个体(H2H2、H2H3)表现为黏核溶质型,仅含H3的个体(H3H3)为黏核不溶质型。

硬质型最早在日本被发现[54],最初取名为Stony Hard(SH),意思是果实像石头一样硬,典型的品种为有明白桃。遗传分析表明,硬质由单基因控制,溶质(M)对硬质(SH)为显性。在生产中,由于硬质由隐性基因控制,大多数桃不表现该性状。硬质型桃的特点是果实硬度大,挂树期长,风味后期会下降。Pan等[55]通过比较溶质桃Goldhoney3和硬质类型有明白桃成熟过程中生长素调控基因的表达模式,筛选出1个生长素合成途径的限速酶基因$PpYUC11$(类黄素单加氧酶基因),发现该基因的表达水平与成熟阶段溶质型桃和硬质型桃果实中IAA含量高度一致,通过对该基因内含子中的TC微卫星位点重复数量分析,发现该等位基因有4种分型,即重复数为24、26、29与20,含有前3种情形的表现为非硬质型,当第4种类型表现为纯合即$(TC)_{20}(TC)_{20}$时,果实表现为硬质型。

慢成熟性状(SR)的果实类型最早由Brecht等[56]在1984年报道,慢成熟的桃产生较少的乙烯和二氧化碳,在树上可以一直保持到落叶后。慢成熟型性状的遗传则最早由Ramming[49]报道,该基因由隐性基因sr控制。利用AFLP标记和BSA分析,研究者获得了1个连锁距离为5.6 cM的分子标记。

随后，该性状被定位在桃基因组的第4连锁群，与成熟期性状连锁[57]。对成熟期性状进行加密，鉴定出1个NAC基因，其上存在着1个26.6 kb的缺失突变，是导致慢成熟表型的原因[58]。2016年西班牙学者Meneses等[59]利用重测序开发了1个慢成熟性状的共显性分子标记，用该标记在2个杂交群体上进行分型，表明该标记可以产生2种与正常成熟共分离的不同大小的带型，而第3种带型则表现为慢成熟，即该标记可以用于桃慢成熟性状的早期筛选。

近几年，溶质桃又细分出慢溶质型SMF(Slow-melting flesh)[60]，欧洲的主栽品种Big Top属于该类型。Serra等[61]利用Armking和Nectaross分别与Big Top进行杂交，构建了2个分离群体，利用高密度的SNP图谱，研究者鉴定出3个QTLs，其中第4和5连锁群上的QTLs与2个性状(成熟期和硬度)相关，第4连锁群上的QTL出现在溶质类型亲本中，而第5连锁群上的QTL则出现在慢溶质的Big Top中；另外一个位于第6连锁群上的QTL与成熟期相关，出现在溶质类型Armking中。2021年，Cheng等[62]利用BSA分析，在第4染色体上鉴定出2个相邻的QTLs，通过转录组分析，发现在果实的不同发育阶段，参与生长素代谢的通路明显富集，在定位区间内鉴定出29个候选基因，推测可能与慢溶质性状形成相关。

5. 果肉颜色

桃果肉颜色有白、黄、红、绿等不同类型，其中白色对黄色为显性，通常作为一个质量性状进行研究，由类胡萝卜素含量决定；红肉和绿肉是果实中分别积累花色素苷和叶绿素的白肉类型，常作为一个数量性状进行分析；白肉桃则是一种不积累显色物质的果实类型。在桃上，Bliss等[63]利用包含161个标记的Texas×Earlygold图谱，将果肉白/黄性状位点(Y)定位在第1连锁群。2013年，利用6 654个高密度的SNPs，进行2个群体Pop-DF(桃Dr. Davis×桃和扁桃的杂种F8, 1-42)和Pop-DG(桃Dr. Davis×桃Georgia Belle)的基因型分型，构建了分别包含1 278个和738个SNPs的图谱，共同图谱包含588个标记，覆盖454.8 cM。其中，黄肉性状与第1连锁群上、分布在19个区段的30个SNPs连锁，对应500 kb的区间(Chr. 1: 25 584 537～26 004 830 bp)。Cao等[6]利用全基因组关联分析，将白/黄肉性状定位在第1染色体，关联的SNPs位于24 968 892 bp，表型变异解释率为30.2%。

关于类胡萝卜素含量的关键基因，研究发现果肉呈现黄色是类胡萝卜素代谢通路上结构基因 PpCCD4 突变的结果，PpcCCD4 直接调控参与了包括β-胡萝卜素在内的几种着色类胡萝卜素的降解，该基因的突变造成了功能丧失，使黄色类胡萝卜素不降解且大量积累[64]。Brandi等[65]利用1份黄肉的Redhaven和1份白肉的突变体Redhaven Bianca进行研究，发现CCD4基因的表达在白肉的Redhaven Bianca果实成熟时显著高表达。Falchi等[20]分析了

21个黄肉桃和14个白肉桃种质的 $PpCCD4$ 基因型，发现至少3种类型的变异可最终导致结构基因 $PpCCD4$ 的功能丧失：一种是由于移码突变导致了转录提前终止，一种是由单碱基突变导致转录提前终止，一种是由于转座子的插入造成转录终止。Ma 等[66]利用连锁图谱，定位了桃白/黄肉的连锁区间，通过转录组分析再次确认 CCD4 是决定桃果实肉色的关键基因。研究同时表明，CCD4 还可以协同调控叶片上叶脉的黄色；在该过程中，1个在果实中不表达的 LCYE 基因则可能同样参与了叶片类胡萝卜素含量的形成。

6. 花瓣颜色

桃花颜色的变化主要与花青素的积累有关，可分为红、粉和白等不同类型。2001年，Yamamoto 等[67]利用 Akame 和 Juseitou 杂交的 F_2 群体，构建了包含9个形态标记以及83个 DNA 标记（包括 RAPD、AFLP、ISSR 和 RFLP 标记）的图谱，将花色的粉/浅粉定位在第4连锁群，与果肉近核处颜色性状紧密连锁。Yamamoto 等[32]继续利用该群体，构建了包含178个标记（其中包含94个 SSRs）的图谱，将花色性状定位在第3连锁群的末端，与2001年 Yamamoto 定位的第4连锁群为同一连锁群，与 SSR 标记 MA040a 连锁；而果肉近核处颜色则位于该连锁群的中部，与花色性状相隔21 cM。

对于花色关键基因，Cheng 等[68]利用1个同时开红花和粉花的嵌合体种质 Hongbaihuatao 进行蛋白组分析，发现1个编码花色素苷转运基因（$Riant$）的蛋白在红花中表达，但在嵌合体中几乎检测不到。该 Riant 在外显子3包含1个插入缺失突变，在白花中，该基因最后1个外显子上的2 bp 插入导致翻译终止；而粉色和红色花在该位点为杂合，其中1个出现了2 bp 的缺失，另外1个出现1个1 bp 的插入。Southern 杂交表明，该基因在桃基因组仅有1个拷贝。将该基因转入拟南芥 tt19 突变体，可以回补花色素苷含量缺失的表型。2021年，Lu 等[69]通过遗传分析表明，非白/白花性状为单基因控制。利用 BSA 分析，该性状被定位在桃第3染色体的0～1.18 Mb 之间。利用151株 F_2 群体，该位点被精细定位到535.97～552.03 kb 区间，在其中鉴定出1个关键基因 $Pp3G013600$，编码谷胱甘肽 S-转移酶，该基因即为 Cheng 等[68]鉴定的 Riant 基因。测序显示，在该基因第3个外显子存在1个2 bp 的插入或者5 bp 的缺失，导致终止密码子的提前，将编码氨基酸长度从215个降低到167个或者175个。在128份桃种质中进行基因分型，验证了该位点与花色表型相关。

7. 花型

根据花瓣的轮数，桃花花型可以分为单瓣和重瓣。Rajapakse 等[70]最早利用 RFLP 标记定位了花型（单/重瓣）性状，但由于没有锚定标记，无法进行染色体定位，且连锁距离较远。Sosinski[37]利用开发的 SSR 标记，对 New

Jersey Pillar×KV77119群体进行花型(单/重瓣)性状的定位,获得紧密连锁标记pchgms1,对应在第2染色体的21.3 Mb处。2009年,曹珂等[71]利用红垂枝与其近缘野生种白花山碧桃的52株F$_1$杂交群体,构建了包含206个标记的遗传连锁图谱,得到2个与单/重瓣连锁的AFLP标记EACT-MCTT-147和EAGC-MCTG-1250,连锁距离达到20.6 cM。Cao等[6]利用129份种质的重测序数据进行关联分析,将单/重瓣定位在第2染色体,关联的SNPs位于21 480 531 bp,表型变异解释率为25.6%。Cai等[72]从基因组上鉴定出9个*ABCE*调控基因,8个*MADS-box*基因和1个*AP2/EREBP*基因,转录组分析表明,其中4个基因在单瓣和重瓣桃花中差异表达,在拟南芥上异位表达*PpAP1*增加了花瓣数目,暗示该基因可能是参与花瓣数目形成的关键基因。

依据花瓣形状,桃花形又可以分为铃形和蔷薇形。Ogundiwin等[73]利用罐桃Dr. Davis和鲜食桃Georgia Belle的杂交群体,将花形(铃形/蔷薇形)定位在该群体连锁图谱的第8条连锁群的中端,位于SSR标记CPPCT006(scaffold_8:13659021..13659379)的下方。Fan等[74]利用378株BY01p6245的F$_2$群体构建遗传图谱,鉴定到的花形(铃形/蔷薇形)性状的定位结果与Ogundiwin等[73]一致。Micheletti等[48]利用9 K的基因组芯片对在全世界范围内收集的1 580份桃种质进行了分型,采用关联分析的方法将花形(铃形/蔷薇形)定位到第8染色体4.3 Mb的范围内,其中关联信号最明显的SNP所在位置为scaffold_8:13 756 987。2016年,Cao等[6]进行关联分析,将铃形/蔷薇形定位在第8染色体,关联的SNPs位于该染色体的13 740 117 bp,表型变异解释率为82.0%。

8. 花粉育性

Chaparro等[30]发现花粉育性受到*Ps*和*Ps2*基因的控制,研究者发现在花粉可育的种质White Glory的2个杂交群体中,后代分离比不符合3:1,即该种质可能含有与之前报道的桃花粉不育基因(*Ps*)不同的基因*Ps2*,后者与垂枝和白花性状连锁。Dirlewanger等[45]利用Ferjalou Jalousia×Fantasia的F$_2$群体,将*Ps*定位在第8连锁群(对应桃的第6染色体),位于AFLP标记AC-CAT3和AA-CAT4之间。Jun等[75]利用115株Yumyeong×Baekhyang的F$_1$群体,发现RAPD标记UBC405与花粉育性共分离。2006年,Dirlewanger等[46]继续利用Ferjalou Jalousia×Fantasia杂交群体,将花粉育性标记进行了重定位,紧密连锁的标记FG40,连锁距离为4.8 cM。2010年,曹珂等[76]利用138株瑞光19×Summergrand的F$_1$群体为试材,将花粉育性基因定位在第6连锁群,与CPDCT013和CPSCT012紧密连锁。2021年,Huang等[77]采用201份桃种质进行关联分析,鉴定出与花粉育性关联的SNP位于第6染色体的2 116 368 bp,在关联区间鉴定出1个候选基因

$PpABCG26$。

9. 核仁风味

桃核仁的风味与扁桃核仁的风味类似，也分为苦仁和甜仁。Gregory[78]利用120个包含RAPD、ISSR和SSR的标记，通过对93株来自扁桃Nonpareil×Lauranne的F_1群体进行扩增，构建了遗传图谱，将苦/甜仁性状定位在连锁群B，与ISSR标记$(AG)_8$YC-1786距离49.1 cM。Sánchez-Pérez[79]利用1个来自R1000×Desmayo Largueta包含167株后代的扁桃群体，将苦/甜仁性状定位于第5连锁群，与6个SSR标记紧密连锁。Cao等[6]利用129份桃种质进行重测序，然后进行关联分析，得到的与桃的苦/甜仁性状关联的标记位于第5连锁群的12 622 852 bp，表型变异解释率为78.1%。在上述自然群体中，该标记在118个苦仁的分型为T/T或A/T，而在11个甜仁中10个分型为A/A，1个分型为T/T，表明该标记的准确率达到99.2%。有关桃核仁风味的研究较少。

二、数量性状

1. 单果质量

桃的单果质量是一个数量性状，其基因在1到8连锁群（染色体）都有定位。Dirlewanger等[45]利用1个非酸的普通桃种质Ferjalou Jalousia与酸的油桃Fantasia杂交的F_2群体，1995年和1996年连续两年进行了农艺性状评价，采用同工酶标记、RFLPs、RAPDs、IMAs和AFLPs等传统分子标记，将两年的单果质量性状均定位在第6连锁群，连锁距离分别距顶端95 cM和92 cM，显著连锁的标记分别为PC2和PGL1。Etienne等[80]同样利用上述群体，进行了第3年（1998年）性状评价，鉴定出的单果质量QTLs同样位于第6连锁群，连锁标记为FG25，对表型变异的解释率高达52%。Quilot等[81]利用1份野生的山桃种质P1908与黄肉油桃Summergrand杂交的1个近似BC_2群体，构建了1个包含80个标记、590 cM的遗传连锁图谱，对2001年和2002年的表型性状进行评价，将果实鲜质量定位在连锁群1、2、4、5和7，连锁的标记分别为PC102、CC115、CC129、AG108和CFF11。Eduardo等[57]利用344个SSRs对2个杂交群体（Bolero×OroA，B×O；Contender×Ambra，C×A）进行扩增，利用2007年和2008年的表型评价结果，在C×A图谱上，2年重复定位在第4和第6连锁群，峰值分别出现在40.5~42.3 cM和29.0~36.1 cM，连锁标记分别为MD和UDP412，表型变异解释率分别为22.5%~31.5%和11.8%~17.6%。在B×O群体的B图谱上，单果质量性状2年重复定位在第4连锁群，峰值出现在54.9 cM，连锁标记为 EndoPG，表型变异解释率为 7.9%～14.1%。在 B×O 群体的 O 图谱上，单果质量性状 2 年重复定位在第 6 连锁群，连锁标记为 UDP021，表型变异解释率为 9.6%～10.8%。2015 年，Linge 等[82]首次采用 9 K 的 SNP 芯片，对 117 株来自 PI91459(NJ weeping)与 Bounty 杂交的群体进行分型，构建了包含 1 148 个标记、全长 536.6 cM 的遗传图谱，利用 2011 年和 2012 年的单果质量评价数据，获得 18 个 QTLs，其中年度间重复的位点达到 7 个，分别位于第 1 连锁群的 30.86 cM、100.78 cM，第 2 连锁群的 5.02 cM、第 3 连锁群的 50.22 cM、第 5 连锁群的 11.68 cM、第 6 连锁群的 28.76 cM、第 7 连锁群的 40.15 cM，对应基因组的第 1 染色体的 11.81 Mb、46.73 Mb，第 2 染色体的 5.47 Mb、第 3 染色体的 16.95 Mb、第 5 染色体的 6.29 Mb、第 6 染色体的 18.32 Mb、第 7 染色体的 15.29 Mb。2016 年，Zeballos 等[83]同样利用 9 K 的 SNP 芯片，对 1 个来自 Venus 和 Big Top 杂交的油桃 F_1 群体连续 4 年的表型评价结果进行分析，在连锁群 1、4、8 上鉴定出了连锁的 QTLs，但该群体小(仅有 75 株)，最后构建的 2 个亲本的图谱分别仅有 160 个和 208 个标记。综上所述，虽然在桃的 8 个连锁群上，均有单果质量 QTLs 定位的报道；但在上述报道的 QTLs 定位中，遗传连锁图谱标记数目少、定位区间大，难以通过图位克隆发掘单果质量的关键基因。

在完成基因组测序后，不少研究采用高密度 SNPs 结合全基因组关联分析(GWAS)的方法进行单果质量 QTLs 定位的研究。2016 年，Cao 等[6]利用 129 份桃种质重测序鉴定出的 4 063 377 个 SNPs，对 2007 年和 2010 年的单果质量表型进行了 GWAS 分析，在全基因组水平并没有鉴定到显著的关联位点。当降低阈值后，在桃的 8 条染色体均鉴定出关联位点，在研究者重点关注的受到育种选择的单果质量关联位点中，注释出 88 个基因，其中编码果胶甲酯酶、果胶甲酯酶抑制子以及 β-呋喃果糖苷酶和生长调节因子(*growth-regulating factor*，GRF)的基因，被认为是后期研究的候选基因。2019 年，Cao 等[84]利用更大的群体(313 份桃种质)进行重测序，鉴定出的 988 306 个高质量 SNPs，对该自然群体连续 3 年的单果质量性状进行了 GWAS 分析，在第 2 和第 6 染色体共鉴定出 5 个关联位点，其中在桃第 6 染色体 3.4 Mb 的关联区段内，发现 *Prupe.6G046800* 基因在果实发育的前期表达，与细胞分裂期一致。该基因的同源蛋白在拟南芥上可催化色氨酸合成芥子油苷的前体物吲哚乙醛肟(生长素 IAA 的前体物质)。因此，推测该基因可能通过调控 IAA 的合成影响细胞分裂，从而控制单果质量性状。Shi 等[85]利用简化基因组测序技术，完成了 202 株来自 Shahong 和 Hongfurong 杂交群体的测序，构建的图谱包含 7 998 个 SLAF 标记，图谱全长 1 098.79 cM。与单果质量连锁的 QTLs 有 4 个，其中 2 个位于第 4 连锁群，物理位置分别为 15.08～16.71 Mb

和 6.32 Mb；1 个位于第 5 连锁群，对应位置为 7.32～7.82 Mb；1 个位于第 6 连锁群，对应位置为 28.16 Mb。在定位区间内，共注释有 130 个候选基因，主要包括氨基酸合成和内质网上蛋白加工的基因。

2. 果实可溶性固形物含量

果实可溶性固形物含量(SSC)是重要的果实品质性状，与果实风味紧密相关。Dirlewanger 等[45]利用 Ferjalou Jalousia×Fantasia 群体，将 1995 年的表型定位在第 4 连锁群的 6 cM，连锁标记为 AC-CAG5/AA-CG3；将 1996 年的表型定位在第 6 连锁群的 94 cM，连锁标记为 PC2。Quilot 等[81]利用山桃后代 P1908 和普通桃 Summergrand 的杂交群体，获得了 2 个年度间重复的 QTLs 和 1 个仅在 2002 年检测到的 QTL，其中年度间重复的位点分别位于第 4 连锁群，连锁标记为 CC129，以及第 5 连锁群，连锁标记为 AG108 和 AG46。仅在 2002 年检测到的 QTL 位于第 2 连锁群，标记为 CFM5。Eduardo 等[57]在 Bolero×OroA 群体和 Contender×Ambra 群体中，在第 1 个群体上检测出 2 个年度间重复的连锁位点，分别位于第 3 连锁群的 5.1 cM 和第 4 连锁群的 48.3 cM，连锁标记分别为 EMPaS02B 和 EndoPG，贡献率分别为 6.6% 和 9.3%。在第 2 个群体上获得了年度间重复的 SSC 连锁标记，均位于第 4 连锁群的 42.3 cM，连锁标记为 MD，贡献率达到 73.9%～76.1%。2016 年，Cao 等[6]利用 GWAS，在全基因组水平没有鉴定出与 SSC 关联的位点，当降低阈值，在除了第 5 染色体的其他 7 条染色体共鉴定出 24 个关联位点，最显著的位点分别位于第 1 染色体的 18.15 Mb、第 3 染色体的 9.10 Mb 和第 4 染色体的 8.87 Mb。在与驯化区间重叠的 3 个单果质量关联位点中，共注释出 60 个基因，但没有编码糖运输和代谢相关的基因。2020 年，Shi 等[85]利用 Shahong×Hongfurong 群体，鉴定出 18 个与 2015 年和 2016 年 SSC 表型连锁的标记。其中分布在第 1 连锁群的 10 个 QTLs 位于 41.10～42.73 cM(对应第 1 染色体的 13.17～15.29 Mb)、66.90～67.27 cM(对应第 1 染色体的 24.24～24.28 Mb)、75.74～77.56 cM(对应第 1 染色体的 25.90～26.76 Mb)、91.99～120.79 cM(对应第 1 染色体的 29.24～42.67 Mb)；2 个第 4 连锁群的 QTLs 位于 149.15～149.93 cM(对应第 4 染色体的 28.14～30.19 Mb)；2 个第 5 连锁群的 QTLs 位于 27.45～31.00 cM(对应第 5 染色体的 0.85～1.09 Mb)；4 个第 6 连锁群的 QTLs 位于 29.97～37.89 cM(对应第 6 染色体的 4.72～5.15 Mb)。在这 18 个 QTLs 内，注释有 540 个候选基因，多参与次生代谢物、蔗糖、甘露糖和脂肪酸的合成。研究者选择了 2 个分别编码 ATP-柠檬酸裂解酶 A-2 和 O-糖基水解酶家族 17 蛋白的基因，在不同 SSC 的种质中进行表达分析，发现这 2 个基因在不同种质间差异表达，且与 SSC 呈负相关。Rawandoozi 等[86]利用 9 K 的 SNP 芯片，对 7 个 F_1 群体的基因型进行评价,在第 5 连锁群的 60～72 cM 鉴定出 1 个 QTL,表型变异解释率为 17%～39%。

3. **果实糖组分**

在桃果实中,糖组分主要包括蔗糖、果糖、葡萄糖和山梨醇,它们是果实 SSC 的主要成分,决定着果实的风味。利用 Ferjalou Jalousia×Fantasia 群体,Dirlewanger 等[45]鉴定出蔗糖的 QTLs 在 1995 年位于第 5 连锁群的 9 cM,而 1996 年则位于第 5 和第 6 连锁群,分别位于 43 cM 和 95 cM;葡萄糖的 QTLs 在 1996 年位于第 8 连锁群的 3 cM,1995 年没有鉴定到连锁的区间;果糖的 QTLs 在 1995 年位于第 3、第 4 和第 5 连锁群,分别位于 54 cM、11 cM 和 37 cM,而 1996 年位于第 4 和第 8 连锁群,分别位于 0 cM 和 6 cM;山梨醇的 QTLs 在 1995 年位于第 1 和第 6 连锁群,分别位于 108 cM 和 10 cM,而 1996 年则位于第 6 连锁群的 4 cM。Quilot 等[81]利用 2001 年和 2002 年的表型数据,将糖组分定位在 *Prunus davidiana* clone P1908×Summergrand 群体构建的图谱上。其中,蔗糖 2001 年的表型定位在第 6、第 7 连锁群,连锁标记分别为 CFF8′和 Pchcms2,2002 年的表型定位在第 3 和 7 连锁群,连锁标记分别为 CC20 和 CFF10;葡萄糖 2001 年的表型定位在第 2、第 7 连锁群,连锁标记分别为 CC115 和 Pchcms2,2002 年定位在第 4、第 5、第 7 连锁群,连锁标记分别为 CFF4、FG26 和 AG104;果糖 2001 年的表型定位在第 1 连锁群,连锁标记为 PC102,2002 年定位在第 1、第 2、第 4、第 7 连锁群,连锁标记分别为 PC102、CFM5、CFF4 和 Pchcms2;山梨醇 2001 年的表型定位在第 2 连锁群,连锁标记为 AC6,2002 年定位在第 5 连锁群,连锁标记为 AG46。综上可以看出,第 7 连锁群的 Pchcms2 附近是该群体糖组分 QTLs 的热点区域。2016 年,Zeballos 等[83]利用 9 K 的 SNP 芯片,评价了 Venus×Big Top 群体,鉴定出与蔗糖相关的 QTLs 在 2010 年位于第 4 连锁群的 11 cM,而 2007 年和 2009 年则位于第 5 连锁群的 5 cM 和 17 cM;与葡萄糖相关的 QTLs 在 2007 年位于第 4 连锁群的 48 cM;果糖的 QTLs 在 2007 年位于第 4 和第 5 连锁群的 48 cM 和 54 cM,2008 年位于第 1 和第 2 连锁群的 23 cM 和 3 cM;山梨醇的 QTLs 在 2007 年和 2009 年均位于第 4 连锁群的 46 cM,2008 年位于第 4 连锁群的 49 cM,2010 年位于第 4、第 5 连锁群的 54 cM 和 40 cM。即在该群体中,与糖组分相关的 QTLs 多位于第 4 和第 5 连锁群。Cao 等[84]利用 313 份种质重测序鉴定的 988 306 个 SNPs,进行了连续 3 年桃果实糖组分的关联分析,除蔗糖外共鉴定出 22 个关联信号,其中果糖定位在第 2 和第 3 染色体的 6.6 Mb 和 11.8 Mb;葡萄糖定位在第 1、第 3、第 8 染色体,其中第 1、第 3 染色体的关联位点分别位于 18.8～21.5 Mb 和 24.1 Mb,第 8 染色体的关联位点位于 1.2 和 7.8 Mb;仅有山梨醇定位出年度间重复性好的关联位点,位于第 4 染色体的 11.3～13.0 Mb。

在候选基因发掘方面，Zanon 等[87]通过分析 3 个参与质外体装载/卸载的膜定位 Suc/H+共转运蛋白基因（SUTs）在桃果实中的表达，发现 *PpSUT1* 在果实组织中几乎检测不到，*PpSUT2* 主要在韧皮部细胞中表达，而 *PpSUT4* 是最丰富的转录物，在薄壁组织和韧皮部组织中都表达，推测 *PpSUT2* 和 *PpSUT4* 可能参与了韧皮部中蔗糖的运输、向库器官的卸载以及质外体的转运，其中位于液泡膜上的 *PpSUT4* 能在桃果实糖代谢中起到更为关键的作用。Vimolmangkang 等[88]分析了 4 份种质的参与糖代谢和转运的基因的表达，发现 2 个蔗糖裂解酶基因（*SUS4* 和 *NINV8*）、1 个蔗糖再合成基因（*SPS3*）、3 个糖转运相关基因（*SUT2*、*SUT4* 和 *TMT2*）在桃果实中特异表达，同时它们的表达量与果实中蔗糖的积累呈正相关。Cao 等[84]针对年度间重复性好的山梨醇 QTLs，在其区间内鉴定出 180 个基因，通过转录组分析发现有 10 个基因在 2 个混合池间差异表达，其中 *Prupe.4G191900* 在果实发育时期的表达与山梨醇的含量密切相关，可能是该物质的候选基因。Aslam 等[89]通过分析果实发育期糖含量以及 30 个参与蔗糖代谢和转运基因的表达变化，推测细胞质中蔗糖的积累与 *PpSPS4*（*Prupe.1G159700*）密切相关，而液泡中果糖和葡萄糖的积累则与果实发育后期 *PpVAINV2*（*Prupe.5G075600*）基因对蔗糖的降解作用有关。Peng 等[90]针对桃第 5 染色体上 QTL 内 1 个关键的糖含量相关基因 *PpTST1*（*Prupe.5G006300*）进行分析，发现该基因第 3 个外显子存在 1 个非同义的 G/T 突变与糖含量密切相关。*PpTST1* 定位在液泡膜上，而上述突变并不影响该基因的亚细胞定位。*PpTST1* 的表达模式与糖积累相关，瞬时沉默该基因明显抑制了桃果实中的糖积累。

4. 果实酸组分

桃果实中的有机酸主要是苹果酸、柠檬酸、奎宁酸和琥珀酸等，它们决定着果实的酸度。早期研究中，性状评价主要是通过口感评价、测定 pH 值或可滴定酸含量来进行，该性状也被作为一个质量性状进行定位，非酸为显性。利用 Ferjalou Jalousia×Fantasia 群体在 1995 年和 1996 年的酸组分表型，Dirlewanger 等[45]将 pH 值定位在第 5 和第 6 连锁上，年度间重复性好；而可滴定酸则定位在第 1、第 5 和第 6 连锁群，同样具有较好的年度重复性。Etienne 等[80]同样利用上述群体，将 pH 值和可滴定酸含量定位在第 5 连锁群，表型变异解释率分别为 90% 和 44%。Boudehri 等[91]还是利用上述群体，利用 1 024 个 AFLP 标记进行后代混合池间的筛查，鉴定出与酸含量（D）位点连锁的标记 34 个，均位于第 5 连锁群。利用其中 6 个连锁的 SCAR 标记和 3 个 SSR 标记，该研究进行了酸含量位点的加密，通过在 1 718 个单株上扩增，位点被缩小到位于 CPPCT040 和 D-Scar0 之间 0.4 cM 的区间。最后，通过构建 1 个 BAC 文库，将该位点区间定位到第 5 染色体 766～993 kb 间的 227 kb 区间内。Cao 等[6]利用 129 份桃种质的重测序进行关联分析,将非酸/酸性状定位在桃第 5 染色体,关联的 SNP 位于 541 075 bp,表型变异解释率为 71.3%。

对于酸组分,研究者则多按照数量性状进行分析。Dirlewanger 等[45]将苹果酸的 QTLs 在 1995 年定位于第 1、第 5 和第 6 连锁群的 106 cM、32 cM 和 7 cM,而在 1996 年则定位于第 5 和第 6 连锁群,分别位于 26 cM 和 7 cM;柠檬酸的 QTLs 在 1995 年定位于第 5、第 6、第 9 连锁群的 9 cM、6 cM 和 6 cM,在 1996 年则定位在第 5、第 6 连锁群的 9 cM 和 9 cM;奎宁酸的 QTLs 在 1995 年定位于第 1 连锁群的 43 cM,在 1996 年没有鉴定出连锁位点。总之,第 5 和第 6 连锁群上的苹果酸和柠檬酸位点在年度间重复性好。在 Quilot 等[81]构建的 *Prunus davidiana* clone P1908×Summergrand 图谱上,他们同时也进行了 2001 年和 2002 年酸组分的 QTLs 定位工作。其中,苹果酸 2001 年的表型定位在第 5、第 6 连锁群,连锁标记分别为 AG46 和 CFF8′,2002 年的表型定位在第 2、第 3 和第 5 连锁群,连锁标记分别为 pchgms1、CC8 和 AG46;柠檬酸 2001 年的表型定位在第 1、第 3 连锁群,连锁标记分别为 PC35 和 UDP96-008,2002 年定位在第 3、第 7 连锁群,连锁标记分别为 UDP96-008 和 AG104;奎宁酸 2001 年的表型定位在第 1、第 7 连锁群,连锁标记分别为 PC30 和 CFF10,2002 年定位在第 1、第 5 连锁群,连锁标记为 CFF17 和 Pchgms4。Cao 等[84]利用 313 份种质,进行了连续 3 年桃果实酸组分的关联分析,鉴定出 4 个柠檬酸、14 个苹果酸和 2 个奎宁酸关联位点。柠檬酸的关联位点位于第 4、第 6 和第 8 染色体上;苹果酸关联位点位于染色体 2 和 5 上,且年度间具有较好的重复性,分别位于 5 Mb 和 1 Mb;奎宁酸的关联位点位于染色体 2 和 8 上。

在优异基因发掘方面,Cao 等[6]发现与非酸/酸性状关联的 SNP 位于基因 *ppa006413m* 和 *ppa006339m* 之间。通过选择 2 份酸含量不同的种质进行表达分析,*ppa006339m* 基因的表达在 2 份种质中有差异,且与酸含量变化呈正相关。基因注释表明,该基因编码 1 个生长素运输相关的蛋白。Wang 等[92]利用大红袍×曙光的 F₁ 群体以及 4 个不同酸含量品种的转录组测序数据,发现 3 个共同上调的差异表达基因位于第 5 染色体上的酸含量定位区间内,其中仅 *Prupe.5G008400* 与酸含量表达相关,被认为是 pH 值的候选基因。Zheng 等[93]研究发现,在低酸品种果实发育后期,γ-氨基丁酸(GABA)合成限速酶-谷氨酸脱羧酶基因(*GAD*)的表达水平上升,以及促进苹果酸向液泡转运的苹果酸转运体基因 *ALMT9* 显著下调,促进了柠檬酸降解。而丙酮酸脱氢酶激酶基因(*PDK*)和丙酮酸激酶基因(*PK*)的上调表达以及乙醇脱氢酶基因(*ADH1*)的下调表达也可能通过"丙酮-乙酰辅酶 A-柠檬酸途径"影响柠檬酸的合成。同时，在高酸品种的果实发育后期，NAD-MDH1 是苹果酸合成途径中的限速酶编码基因，该基因可促进苹果酸大量积累并最终导致果实酸化。

5. 果实花色素苷

花色素苷，是自然界一类广泛存在于植物中的水溶性天然色素，它使水果、蔬菜、花卉等呈现出缤纷的色彩。花色素苷作为一种强有力的抗氧化剂，能够清除人体内产生的自由基，因而具有重要的生物学功效。利用红肉桃品种 Summergrand 的杂交群体，Quilot 等[81]将红肉性状定位在桃的第 1 和第 3 连锁群，表型变异解释率分别为 13% 和 26%。之后，Lin-Wang 等[94]根据苹果 MYB10 基因克隆了桃 PpMYB10 基因，图谱定位分析结果显示，桃第 3 连锁群红肉性状 QTLs 区段的主效基因就是 PpMYB10。Gillen 等[95]利用加拿大的一份红肉桃品种 Harrow Blood（因颜色深红，又称血桃）的杂交群体，将红肉性状基因（命名为 bf）定位在第 4 连锁群顶端。Shen 等[96]利用另外一份血桃品种五月鲜的杂交群体，将红肉性状基因（命名为 DBF）定位在第 5 连锁群顶端（Chr5：594087..610895 nt）。2015 年，Zhou 等[97]利用大红袍与曙光的杂交群体，将第 5 连锁群的位点加密到 200 kb 的范围内。综上所述，桃花色素苷性状是由位于不同染色体上的多基因控制的数量性状。

对于花色素苷合成的关键基因，在模式植物上研究较多，通常认为其由结构基因和调控基因控制，后者主要是 3 类编码 MYB、bHLH 和 WD40 转录因子的基因组成转录因子复合体，协同调控结构基因的表达，控制花色素苷的时空积累。Ravaglia 等[98]根据苹果 MdbHLH3 序列设计了桃 PpbHLH3 基因的表达引物，发现在油桃 Stark Red Gold 果实的发育过程中，虽然 DFR 和 UFGT 基因的表达确实受 PpMYB10 和 PpbHLH3 基因产物复合体的正调控，但是果肉中花色素苷的含量却与 PpbHLH3 基因表达不相关。研究者同时参考拟南芥 WD40 类基因 TTG1 序列，设计桃 WD40 类基因（ppa008187m）的表达引物，但却发现在光照诱导果皮花色素苷合成的过程中，该基因的表达没有出现 PpMYB10 那样明显的变化，因此认为与花色素苷的合成不相关。Rahim 等[99]在全基因组上鉴定出 6 个 MYB10 类基因以及 3 个 bHLH 类基因，表达分析表明，MYB10.1 和 MYB10.3 在果实不同部位与花色素苷的含量正相关，同时与结构基因 CHS、F3H 和 UFGT 的基因表型相关。将 MYB10.1 和 MYB10.3 转化烟草，同样验证了其可以与 bHLH3 共表达促进花色素苷合成关键基因 NtCHS、NtDFR 和 NtUFGT 的表达。Zhou 等[97]通过转录组分析，在第 5 染色体的定位区间发现 1 个 NAC 基因（ppa022238m），其在红肉和白肉品种中的表达存在显著的差异，认为是控制红肉性状的候选基因，随后的瞬时转化烟草和桃果肉证实，PpBL 作为关键转录激活子与 PpNAC1 形成二聚体，上调 PpMYB10.1 表达，通过影响

$PpDFR$ 与 $PpUFGT$ 的表达，控制花色素苷含量[97]。Cao 等[100]通过进行 2 份花色素苷含量有明显差异的种质白凤和天津水密的转录组测序，鉴定出 183 个果实发育后期的差异表达基因，进一步分析这些基因在 30 份种质的果实发育后期表达，发现其中 66 个基因与花色素苷的含量显著相关，其中 22 个基因参与了花色素苷的合成和调控。2019 年，Zhou 等[101]从桃果肉中鉴定出 1 个花色素苷的 MYB 抑制因子，命名为 $PpMYB18$，该基因在果实成熟期和早期均有表达，可被后期花色素苷合成的激活因子 $PpMYB10$ 激活，同时又能够与 $PpMYB10$ 竞争结合 $PpbHLH$，以平衡桃果肉中花色素苷的积累。最近的研究，揭开了 $PpBL$ 基因遗传变异与花色素苷合成的关系，研究表明，其基因的启动子上存在 1 个逆转座子插入，与红肉性状共分离[102]。

三、抗性性状

1. 桃蚜

在抗蚜种质资源鉴定方面，20 世纪 80～90 年代，法国先后筛选出 3 份抗蚜材料：桃砧木品种 Rubira、垂枝花桃（weeping flower peach，WFP）和山桃单株 $P.\ davidiana$ P1908。2001 年，王力荣等[103]对郑州桃圃中的 419 份桃属资源进行抗桃绿蚜鉴定，共鉴定出山桃、寿星桃和碧桃 3 类共 15 份抗蚜虫资源。

研究发现桃树对蚜虫的抗性分为 2 类：一类是单基因显性控制的抗性，另一类是多基因控制的抗性。桃种质 WFP 和 Rubira 分别由 2 个显性单基因控制，即 $Rm1$ 和 $Rm2$，两者对桃绿蚜的抗性均为排趋性，表现为蚜虫在人工接种 3～4 d 后离开寄主植物，并且在蚜虫感染 2～3 d 后蚜虫侵食部位出现红色超敏坏死病斑[104-105]。粉寿星（$P.\ persica$ var. $densa$ Makino）对蚜虫的抗性是由单基因 $Rm3$ 显性控制的排趋性抗性[106]。尽管 $Rm1$、$Rm2$ 和 $Rm3$ 都定位在桃 1 号染色体的狭窄区间（$Rm1$ 位于 43.62～46.50 Mb，$Rm2$ 位于 45.08～46.23 Mb，$Rm3$ 位于 45.66～46.12 Mb），但只有 $Rm2$ 控制的诱导系统抗性被证明[107-108]。Niu 等[109]以 Shouxing Tao 后代分离群体中的高抗和高感单株为材料，在桃绿蚜侵染 3～72 h 后进行转录组分析，结果表明，$Rm3$ 控制的抗性主要依赖于蚜虫取食后数小时内防御相关通路和信号元件的诱导表达，而苯丙素/黄酮类通路产生的特异性次生代谢产物对蚜虫与桃绿蚜的相互作用具有重要的影响。

与单基因控制的抗性相比，多基因控制的抗性更难被克服，而且效果更持久[110]。山桃后代 P1908 对蚜虫的抗性为韧皮部特异抗性，对寄生蚜虫的取食和繁殖能力产生影响，受到多基因控制。研究表明，控制其抗性的 8 个

QTLs 分布在 7 条连锁群上，其主效抗性位点 *MP.SD-3.1* 位于 3 号染色体的分子标记 AG106 附近[111]。

2. 根结线虫

根结线虫是桃的一种重要病害，国内外研究者筛选出一系列抗根结线虫砧木品种，如 Nemguard、Nemared、Guardian、Hansen2168 和筑波系列砧木等。我国桃砧木抗性的研究起步较晚，但也选育出不少优异种质，如朱更瑞等[112]研究发现，寿星桃1号和红根甘肃桃1号对南方根结线虫免疫，山桃、光核桃和毛桃中存在抗性基因型植株。

对于抗性基因的定位和发掘，Claverie 等[113]分别将桃种质 Shalil 和 Nemared 的抗根结线虫基因 *RMia557* 和 *RMia Nem* 定位在第2条连锁群的近端粒区。而 Dirlewanger 等[114]将 *RMia* 基因定位到李属参考图谱 T×E 图谱的第2连锁群上。Duva 等[115]通过构建 *RMia* 基因的精密图谱，将该基因加密至第2染色体的2个标记 A20 SNP 和 SNP_APP91 之间共 92 kb 的区域内。郭瑞[116]利用 SSR 标记构建了红根甘肃桃1号×贝蕾(Bailey)的连锁图谱，将红根甘肃桃1号抗南方根结线虫基因定位在第2条染色体的顶端。Cao 等[117]利用抗病基因类似物 RGA 标记重构了红根甘肃桃1号和贝蕾桃的遗传连锁图，将红根甘肃桃1号抗南方根结线虫基因 *PkMi* 定位到第2染色体的顶端，位于 RGA 标记 NBS29(Chr2：1.7 Mb)和 NBS3(Chr2：7.4 Mb)之间。张倩[118]利用上述群体构建抗、感基因混合池进行 BSA 测序，同时利用单核苷酸多态性(SNP)标记进一步加密，发现 SNP3(Chr2：4905737 bp)、SNP5(Chr2：5397749 bp)和 SNP7(Chr2：5582276 bp)与抗性紧密连锁。通过转录组分析，从抗性位点区间内鉴定出1个 NBS 基因 *ppa020745m*，随着侵染时间延长表达量上升，被认为是编码 *PkMi* 的关键基因。刘扩展[119]通过转基因，对 *PkMi* 基因在番茄中进行了异源验证，并发现该基因启动子区 35 bp 的突变可能导致该基因在不同抗性植株上出现表达差异。

3. 需冷量

需冷量(chilling requirement，CR)是指打破落叶果树休眠所需的有效低温时数，如果需冷量不能得到满足，则植株不能完成正常休眠全过程，将导致花器官畸形或败育[120]，也可导致果实形状变长[121]。

桃需冷量是由多基因控制的数量性状[122-123]，基于遗传群体的连锁分析已定位到多个 QTLs。

研究者利用在墨西哥南部发现的桃非休眠突变体 *evergrowing*(*evg*)，从中鉴定到6个串联排列的 MADS-box 转录因子(*DAM1~6*，*Dormancy-associated MADS-box*)，位于1号染色体末端，且在 *evg* 突变体中不表达，推测其可能与需冷量相关[124]。Fan 等[123]利用 378 个杂交 F_2 代群体和 127 个 SSR

和 AFLP 标记，发现了 1 个与需冷量和开花时间强烈相关的 QTL 位点，该位点与 EVG 共定位，表型变异解释率为 40.5%～44.8%，重叠区域包括桃 PpDAM5 和 PpDAM6 基因。随后，Zhebentyayeva 等[125]在原来的基础上增加了 19 个 SSR 标记以提高标记覆盖度，共定位到 10 个需冷量相关 QTLs，包含 1 号染色体末端的位点(1.5 Mb)和 2 个新位点。随着桃基因组的公布和 SNP 标记的广泛应用，Romeu 等[126]利用 107 个 V6(950 h)和 Granada(300 h)杂交 F_1 代和 254 个 SNP 标记，定位到 4 个需冷量关联 QTLs，包含 1 号染色体上的主效位点(12.5 Mb)，同时鉴定到 1 个新位点；Bielenberg 等[127]基于简化基因组测序技术，利用 57 个 Hakuho(900 h)和 UFGold(400 h)杂交的 F_2 代，构建了包含 201 个 SNPs 标记的遗传图谱，共鉴定到 10 个需冷量相关 QTLs，也包含 1 号染色体上的主效位点(3.9 Mb)及 2 个新鉴定位点。综上所述，目前共定位了 13 个需冷量 QTLs，但利用不同群体定位的结果均包含了 1 号染色体末端的主效 QTL，这说明该位点在需冷量分子调控通路中具有重要作用。

随着需冷量的积累，DAM 基因的表达大体呈现先升高后下降的趋势，与休眠的诱导、维持以及解除的时间进程相一致；同时，植物体内 ABA 的含量也是先升高后降低，而 GA 的含量变化则与此相反。而在休眠的诱导阶段，低温胁迫关键基因 CBF 能够诱导 DAM 基因表达，使植物进入休眠状态；在休眠的解除阶段，则与 DAM 基因负调控 FT 的表达有关；此外 miRNA 也被报道参与了休眠的调控[128]。通过酵母单杂筛库的方法，PpDAM3 和 PpDAM5 能够调控 ABA 信号的关键响应基因 ABI5 的表达，为 DAM 参与 ABA 信号转导奠定基础[129]。表观调控同样影响 DAM 基因的表达，DAM 基因启动子区及编码区 H3K27me3 水平增加，染色质状态发生改变[130]。

参 考 文 献

[1] Cao K，Yang X W，Li Y，et al. New high-quality peach (*Prunus persica* L. Batsch) genome assembly to analyze the molecular evolutionary mechanism of volatile compounds in peach fruits[J]. The Plant Journal，2021，108：281-295.

[2] Guan J T，Xu Y G，Yu Y，et al. Genome structure variation analyses of peach reveal population dynamics and a 1.67 Mb causal inversion for fruit shape[J]. Genome Biology，2021，22：13.

[3] The French-Italian Public Consortium for Grapevien Genome Characterization. The grapevine genome sequence suggests ancestral hexaploidization in major angiosperm phyla[J]. Nature，2007，449：463-467.

[4] Wu J, Wang Z W, Shi Z B, et al. The genome of the pear (Pyrus bretschneideri Rehd.)[J]. Geonome Research, 2013, 23: 396-408.

[5] Jiang F C, Zhang J H, Wang S, et al. The apricot (*Prunus armeniaca* L.) genome elucidates Rosaceae evolution and beta-carotenoid synthesis[J]. Horticulture Research, 2019, 6: 128.

[6] Cao K, Zhou Z K, Wang Q, et al. Genome-wide association study of 12 agronomic traits in peach[J]. Nature Communications, 2016, 7: 13246.

[7] Guo J, Cao K, Deng C, et al. An integrated peach genome structural variation map uncovers genes associated with fruit traits[J]. Genome Biology, 2020, 21: 258.

[8] Georgi L L, Wang Y Y, Vergniaux D, et al. Construction of a BAC library and its application to the identification of simple sequence repeats in peach [*Prunus persica* (L.) Batsch][J]. Theoretical and Applied Genetics, 2002, 105: 1151-1158.

[9] Chen C X, Bock C H, Okie W R, et al. Genome-wide characterization and selection of expressed sequence tag simple sequence repeat primers for optimized marker distribution and reliability in peach[J]. Tree Genetics & Genome, 2014, 10: 1271-1279.

[10] Wang L, Zhao S, Gu C, et al. Deep RNA-Seq uncoversthe peach transcriptome landscape[J]. Plant Molecular Biology, 2013, 83: 365-377.

[11] Guan L P, Cao K, Li Y, et al. Detection and application of genome-wide variations in peach for association and genetic relationship analysis[J]. BMC Genetics, 2019, 20: 101.

[12] The International Peach Genome Initiative. The high-quality draft genome of peach (Prunus persica) identifies unique patterns of genetic diversity, domestication and genome evolution[J]. Nature Genetics, 2013, 45: 487-494.

[13] Cao K, Zheng Z, Wang L, et al. Comparative population genomics reveals the domestication history of the peach, Prunus persica, and human influences on perennial fruit crops[J]. Genome Biology, 2014, 15(7): 415.

[14] Clark R M, Schweikert G, Toommajian C, et al. Common sequence polymorphisms shaping genetic diversity in Arabidopsis thaliana[J]. Science, 2007, 317(5836): 338-342.

[15] Lam H M, Xu X, Liu X, et al. Resequencing of 31 wild and cultivated soybean genomes identifies patterns of genetic diversity and selection[J]. Nature Genetics, 2010, 42(12): 1053-1059.

[16] Xu X, Liu X, Ge S, et al. Resequencing 50 accessions of cultivated and wild rice yields markers for identifying agronomically important genes[J]. Nature Biotechnology, 2012, 30: 105.

[17] Li Y, Cao K, Zhu G, et al. Genomic analyses of an extensive collection of wild and cultivated accessions provide new insights into peach breeding history[J]. Genome Biology, 2019, 20: 36.

[18] Tan Q P, Li S, Zhang Y Z, et al. Chromosome-level genome assemblies of five Prunus species and genome-wide association studies for key agronomic traits in peach[J]. Horticulture Research, 2021, 8: 213.

[19] Vendramin E, Pea G, Dondini L, et al. A unique mutation in a MYB gene cosegregates with the nectarine phenotype in peach[J]. Plos One, 2014, 9(10): e90574.

[20] Falchi R, Vendramin E, Zanon L, et al. Three distinct mutational mechanisms acting on a single gene underpin the origin of yellow flesh in peach[J]. Plant Journal for Cell & Molecular Biology, 2013, 76(2): 175-187.

[21] 王力荣, 朱更瑞, 方伟超. 中国桃遗传资源[M]. 北京: 中国农业出版社, 2012.

[22] 汪祖华, 周建涛. 桃种质的亲缘演化关系研究——花粉形态分析[J]. 园艺学报, 1990, 17(3): 161-168.

[23] 宗学普, 俞宏, 王志强, 等. 桃属植物种间亲缘关系及演化研究——花粉蛋白SDS电泳分析[J]. 园艺学报, 1995, 22(3): 288-290.

[24] 郭振怀, 葛会波, 王秀伶, 等. 桃属植物染色体核型及种间亲缘关系分析[J]. 园艺学报, 1996, 23(3): 17-20.

[25] 程中平, 陈志伟, 胡春根, 等. 利用分子标记对桃属植物种的识别及其亲缘关系分析[J]. 华中农业大学学报, 2001, 20(3): 199-204.

[26] 俞明亮, 马瑞娟, 许建兰, 等. 桃种间亲缘关系的SSR鉴定[J]. 果树学报, 2004, 21(2): 106-112.

[27] Yu Y, Fu J, Xu Y G, et al. Genome re-sequencing reveals the evolutionary history of peach fruit edibility[J]. Nature Communications, 2018, 9: 5404.

[28] Su T, Wilf P, Huang Y, et al. Peaches preceded humans: Fossil evidence from SW China[J]. Scicentific Reports, 2015, 5: srep16794.

[29] Zheng Y F, Crawford G W, Chen X G. Archaeological evidence for peach(*Prunus persica*) cultivation and domestication in China[J]. Plos One, 2014, 9(9): e106595.

[30] Chaparro J X, Werner D J, O'malley D, et al. Targeted mapping and linkage analysis of morphological isozyme, and RAPD markers in peach[J]. Theoretical and Applied Genetics, 1994, 87: 805-815.

[31] Foolad M R, Arulsekar S, Becerra V, et al. A genetic map of Prunus based on an interspecific cross between peach and almond[J]. Theoretical and Applied Genetics, 1995, 91(2): 262-269.

[32] Yamamoto T, Yamaguchi M, Hayashi T. An integrated genetic linkage map of peach by SSR, STS, AFLP and RAPD[J]. Engei Gakkai Zasshi, 2005, 74(3): 204-213.

[33] Hollender C A, Hadiarto T, Srinivasan C, et al. A brachytic dwarfism trait(dw) in peach trees is caused by a nonsense mutation within the gibberellic acid receptor PpeGID1c[J]. New Phytologist, 2016, 210(1): 227-239.

[34] Cheng J, Zhang M M, Tan B, et al. A single nucleotide mutation in GID1c disrupts its interaction with DELLA1 and causes a GA-insensitive dwarf phenotype in peach[J]. Plant Biotechnology Journal, 2019, 17(9): 1723-1735.

[35] Lu Z, Niu L, D CHAGNÉ, et al. Fine mapping of the temperature-sensitive semi-dwarf (Tssd) locus regulating the internode length in peach (*Prunus persica*)[J]. Molecular Breeding, 2016, 36(2): 20.

[36] Sajer O, Scorza R, Dardick C, et al. Development of sequence-tagged site markers linked to the pillar growth type in peach (*Prunus persica*)[J]. Plant Breeding, 2011,

131: 186-192.

[37] Sosinski B, Gannavarapu M, Hager L D, et al. Characterization of microsatellite markers in peach[*Prunus persica* (L.) Batsch][J]. Theoretical & Applied Genetics, 2000, 101(3): 421-428.

[38] Dardick C, Callahan A, Horn R, et al. PpeTAC1 promotes the horizontal growth of branches in peach trees and is a member of a functionally conserved gene family found in diverse plants species[J]. The Plant Journal, 2013, 75(4): 618-630.

[39] Dirlewanger E, Bodo C. Molecular genetic mapping of peach[M]. Springer Netherlands, 1994.

[40] Werner D J, Chaparro J X. Genetic Interactions of Pillar and Weeping Peach Genotypes[J]. HortScience, 2005, 40(1): 18-20.

[41] Pascal T, Aberlenc R, Confolent C, et al. Mapping of new resistance (Vr2, Rm1) and ornamental (Di2, pl) Mendelian trait loci in peach[J]. Euphytica, 2017, 213(6): 132.

[42] Hollender C A, Pascal T, Tabb A, et al. Loss of a highly conserved sterile alpha motif domain gene (WEEP) results in pendulous branch growth in peach trees[J]. Proceedings of the National Academy of Sciences of the United States of America, 2018, 115(20): E4690-E4699.

[43] Lesley J W. A genetic study of saucer fruit shape and other characters in the peach[J]. Proceedings of the American Society for Horticultural Science, 1940, 37: 218-222.

[44] Guo J, Cao K, Li Y, et al. Comparative transcriptome and microscopy analyses provide insights into flat shape formation in peach(*Prunus persica*)[J]. Frontiers in Plant Science, 2018, 8: 2215.

[45] Dirlewanger E, Pronier V, Parvery C, et al. Genetic linkage map of peach[*Prunus persica* (L.) Batsch] using morphological and molecular markers[J]. Theoretical and Applied Genetics, 1998, 97: 888-895.

[46] Dirlewanger E, Cosson P, Boudehri K, et al. Development of a second-generation genetic linkage map for peach [*Prunus persica* (L.) Batsch] and characterization of morphological traits affecting flower and fruit[J]. Tree Genetics & Genomes, 2006, 3(1): 1-13.

[47] Picanol R, Eduardo I, Aranzana M J, et al. Combining linkage and association mapping to search for markers linked to the flat fruit character in peach[J]. Euphytica, 2013, 190: 279-288.

[48] Micheletti D, Dettori M T, Micali S, et al. Whole-genome analysis of diversity and SNP-major gene association in peach germplasm[J]. Plos One, 2015, 10(9): e0136803.

[49] Ramming D W. Genetic control of a slow-ripening fruit trait in nectarine[J]. Canadian Journal of Plant Science, 1991, 71: 601-603.

[50] Bailey J S, French A P. The inheritance of certain characters in the peach[J]. Proceedings of the American Society for Horticultural Science, 1932, 29: 127-130.

[51] Lester D, Sherman W B, Atwell B J. Endopolygalacturonase and the melting flesh(M)

locus in peach[J]. American Society for Horticultural Science, 1996, 121(2): 231-235.

[52] Peace C P, Crisosto C H, Gradziel T M. Endopolygalacturonase: a candidate gene for freestone and melting fleshin peach[J]. Molecular Breeding, 2005, 16: 21-31.

[53] Gu C, Wang L, Wang W, et al. Copy number variation of a gene cluster encoding endopolygalacturonase mediates flesh texture and stone adhesion in peach[J]. Journal of Experimental Botany, 2016, 67(6): 1993-2005.

[54] Yoshida M. Genetical studies on the fruit quality of peach varieties. III. Texture and keeping quality[J]. Bulletin of the Tree Research Station(Series A 3), 1976(3): 1-16.

[55] Pan L, Zeng W, Niu L, et al. PpYUC11, a strong candidate gene for the stony hard phenotype in peach[*Prunus persica* (L.) Batsch], participates in IAA biosynthesis during fruit ripening[J]. Journal of Experimental Botany, 2015, 66(22): 7031-7044.

[56] Brecht J K, Kader A A, Ramming D W. Description and postharvest physiology of some slow-ripeningnectarine genotypes[J]. Journal of the American Society for Horticultural Science, 1984, 109: 596-600.

[57] Eduardo I, Pacheco I, Chietera G, et al. QTL analysis of fruit quality traits in two peach intraspecific populations and importance of maturity date pleiotropic effect[J]. Tree Genetics & Genomes, 2011, 7(2): 323-335.

[58] Nunez-Lillo G, Cifuentes-Esquivel A, Troggio M, et al. Identification of candidate genes associated with mealiness and maturity date in peach [*Prunus persica* (L.) Batsch] using QTL analysis and deep sequencing[J]. Tree Genetics & Genomes, 2015, 11: 86.

[59] Meneses C, Ulloa-Zepeda L, Cifuentes-Esquivel A, et al. A codominant diagnostic marker for the slow ripening trait in peach[J]. Molecular Breeding, 2016, 36(6): 77.

[60] Ciacciulli A, Cirilli M, Chiozzotto R, et al. Linkage and association mapping for the slow softening (SwS) trait in peach [*Prunus persica* (L.) Batsch] fruit[J]. Tree Genetics & Genomes, 2018, 14: 93.

[61] Serra O, Gine-Bordonaba J, Eduardo I, et al. Genetic analysis of the slow-melting flesh character in peach[J]. Tree Genetics & Genomes, 2017, 13: 77.

[62] Cheng C W, Guo J, Cao K, et al. Identification of candidate genes associated with slow-melting flesh trait in peach using bulked segregant analysis and RNA-seq[J]. Scientia Horticulturae, 2021, 286: 110208.

[63] Bliss F A, Arulsekar S, Foolad M R, et al. An expanded genetic linkage map of Prunus based on an interspecific cross between almond and peach[J]. Genome, 2002, 45(3): 520-529.

[64] Luan Y, Fu X, Lu P, et al. Molecular mechanisms determining the differential accumulation of carotenoids in plant species and varieties[J]. Critical Reviews in Plant Sciences, 2020, 39: 125-139.

[65] Brandi F, Bar E, Mourgues F, et al. Study of 'Redhaven' peach and its white-fleshed mutant suggests a key role of CCD4 carotenoid dioxygenase in carotenoid and norisoprenoid volatile metabolism[J]. BMC Plant Biology, 2011, 11(1): 24.

[66] Ma J J, Li J, Zhao J B, et al. Inactivation of a gene encoding carotenoid cleavage dioxygenase(CCD4) leads to carotenoid-based yellow coloration of fruit flesh and leaf midvein in peach[J]. Plant Molecular Biology Reporter, 2014, 32: 246-257.

[67] Yamamoto T, Shimada T, Imai T, et al. Characterization of morphological traits based on a genetic linkage map in peach[J]. Breeding Science, 2001, 51(4): 271-278.

[68] Cheng J, Liao L, Zhou H, et al. A small indel mutation in an anthocyanin transporter causes variegated colouration of peach flowers[J]. Journal of Experimental Botany, 2015, 66: 7227-7239.

[69] Lu Z H, Cao H H, Pan L, et al. Two loss-of-function alleles of the glutathione Stransferase(GST) gene cause anthocyanin deficiency in flower and fruit skin of peach (*Prunus persica*)[J]. The Plant Journal, 2021, 107: 1320-1331.

[70] Rajapakse S, Belthoff L E, He G, et al. Genetic linkage mapping in peach using morphological, RFLP and RAPD markers[J]. Theoretical & Applied Genetics, 1995, 90: 503-510.

[71] 曹珂, 王力荣, 朱更瑞, 等. 桃遗传图谱的构建及两个花性状的分子标记[J]. 园艺学报, 2009, 36(2): 179-186.

[72] Cai Y M, Wang L, Ogutu C O, et al. The MADS-box gene PpPI is a key regulator of the double-flower trait in peach[J]. Physiologia Plantarum, 2021, https://doi.org/10.1111/ppl.13561.

[73] Ogundiwin E A, Peace C P, Gradziel T M, et al. A fruit quality gene map of Prunus-eScholarship[J]. BMC Genomics, 2009, 10(1): 587.

[74] Fan S H, Bielenberg D G, Zhebentyayeva T N, et al. Mapping quantitative trait loci associated with chilling requirement, heat requirement and bloom date in peach(*Prunus persica*)[J]. New Phytologist, 2010, 185: 917-930.

[75] Jun J H, Chung K H, Jeong S B, et al. An RAPD marker linked to the pollen sterility gene ps in peach(*Prunus persica*)[J]. The Journal of Horticultural Science and Biotechnology, 2004, 79: 587-590.

[76] 曹珂, 王思倩, 朱更瑞, 等. 桃花粉育性与花药颜色的关系及其SSR分子标记[J]. 植物遗传资源学报, 2010, 11(6): 817-822.

[77] Huang Z Y, Shen F, Chen Y L, et al. Preliminary identification of key genes controlling peach pollen fertility using genome-wide association study[J]. Plants, 2021, 10: 242.

[78] Gregory D, Sedgley M, Wirthensohn M G, et al. An integrated genetic linkage map for almond based on RAPD, ISSR, SSR and morphological markers[J]. International Society for Horticultural Science, 2005, 694: 7.

[79] Sánchez-Pérez R, Howad W, Garcia-Msa J, et al. Molecular markers for kernel bitterness in almond[J]. Tree Genetics & Genomes, 2010, 6: 237-245.

[80] Etienne C, Rothan C, Moing A, et al. Candidate genes and QTLs for sugar and organic acid content in peach [*Prunus persica* (L.) Batsch][J]. Theoretical and Applied Genetics, 2002, 105(1): 145-159.

[81] Quilot B, Wu B H, Kervella J, et al. QTL analysis of quality traits in an advanced backcross

between Prunus persica cultivars and the wild relative species P. davidiana[J]. Theoretical and Applied Genetics, 2004, 109: 884-897.

[82] Linge C S, Bassi D, Bianco L, et al. Genetic dissection of fruit weight and size in an F$_2$ peach[*Prunus persica* (L.) Batsch] progeny[J]. Molecular Breeding, 2015, 35: 71.

[83] Zeballos J L, Abidi W, GIMÉNEZ R, et al. Mapping QTLs associated with fruit quality traits in peach [Prunus persica (L.) Batsch] using SNP maps[J]. Tree Genetics & Genomes, 2016, 12: 37.

[84] Cao K, Li Y, Deng C H, et al. Comparative population genomics identified genomic regions and candidate genes associated with fruit domestication traits in peach[J]. Plant Biotechnology Journal, 2019, 17: 1954-1970.

[85] Shi P, Xu Z, Zhang S, et al. Construction of a high-density SNP-based genetic map and identification of fruit-related QTLs and candidate genes in peach[*Prunus persica* (L.) Batsch][J]. BMC Plant Biology, 2020, 20(1): 438.

[86] Rawandoozi Z J, Hartmann T P, Carpenedo S, et al. Identification and characterization of QTLs for fruit quality traits in peach through a multi-family approach[J]. BMC Genomics, 2020, 21(1): 522.

[87] Zanon L, Falchi R, Santi R, et al. Sucrose transport and phloem unloading in peach fruit: potential role of two transporters localized in different cell types[J]. Physiologia Plantarum, 2014, 154: 179-193.

[88] Vimolmangkang S, Zheng H Y, Peng Q, et al. Assessment of sugar components and genes involved in the regulation of sucrose accumulation in peach fruit[J]. Journal of Agricultural and Food Chemistry, 2016, 64: 6723-6729.

[89] Aslam M M, Deng L, Wang X, et al. Expression patterns of genes involved in sugar metabolism and accumulation during peach fruit development and ripening[J]. Scientia Horticulturae, 2019, 257: 108633.

[90] Peng Q, Wang L, Ogutu C, et al. Functional analysis reveals the regulatory role of PpTST1 encoding tonoplast sugar transporter in sugar accumulation of peach fruit[J]. International Journal of Molecular Sciences, 2020, 21: 1112.

[91] Boudehri K, Bendahmane A, Cardinet G, et al. Phenotypic and fine genetic characterization of the D locus controlling fruit acidity in peach[J]. BMC Plant Biology, 2009, 9(1): 59.

[92] Wang Q J, Xu G X, Zhao X H, et al. Transcription factor TCP20 regulates peach bud endodormancy by inhibiting DAM5/DAM6 and interacting with ABF2[J]. Journal of Experimental Botany, 2020, 71(4): 1585-1597.

[93] Zheng B, Zhao L, Jiang X, et al. Assessment of organic acid accumulation and its related genes in peach[J]. Food Chemistry, 2020, 334: 127567.

[94] Lin-Wang K, Bolitho K, Grafton K, et al. An R2R3 MYB transcription factor associated with regulation of the anthocyanin biosynthetic pathway in Rosaceae[J]. BMC Plant Biology, 2010, 10: 50.

[95] Gillen A M, Bliss F A. Identification and mapping of markers linked to the Migene for root-knot nematode resistance in peach[J]. Journal of the American Society for Horticul-

tural Science, 2005, 130: 24-33.

[96] Shen Z J, Confolent C, Lambert P, et al. Characterization and genetic mapping of a new blood-flesh traitcontrolled by the single dominant locus DBF in peach[J]. Tree Genetics & Genomes, 2013, 9: 1435-1446.

[97] Zhou H, Wang K L, Wang H L, et al. Molecular genetics of blood-fleshed peach reveals activation of anthocyanin biosynthesis by NAC transcription factors[J]. The Plant Journal, 2015, 82(1): 105-121.

[98] Ravaglia D, Espley R V, Henry-Kirk R A, et al. Transcriptional regulation of flavonoid biosynthesis in nectarine (*Prunus persica*) by a set of R2R3 MYB transcription factors[J]. BMC Plant Biology, 2013, 68(13): 1471-2229.

[99] Rahim M D, Busatto N, Trainotti L. Regulation of anthocyanin biosynthesis in peach fruits[J]. Planta, 2014, 240: 913-929.

[100] Cao K, Ding T Y, Mao D M, et al. Transcriptome analysis reveals novel genes involved in anthocyanin biosynthesis in the flesh of peach[J]. Plant Physiology and Biochemistry, 2018, 123: 94-102.

[101] Zhou H, Wang K L, Wang F R, et al. Activator-type R2R3-MYB genes induce a repressor-type R2R3-MYB gene to balance anthocyanin and proanthocyanidin accumulation[J]. New Phytologist, 2018, 221(4): 1919-1934.

[102] Hara-Kitagawa M, Unoki Y, Hihara S, et al. Development of simple PCR-based DNA marker for the red-fleshed trait of a blood peach 'Tenshin-suimitsuto'[J]. Molecular Breeding, 2020, 40: 5.

[103] 王力荣, 朱更瑞, 方伟超, 等. 桃种质资源对桃蚜的抗性评价[J]. 果树学报, 2001, 18(3): 145-147.

[104] Sauge M H, Lacroze J P, Poessel J L, et al. Induced resistance by Myzus persicae in the peach cultivar 'Rubira'[J]. Entomologia Experimentalis et Applicata, 2002, 102(1): 29-37.

[105] Sauge M H, Mus F, Lacroze J P, et al. Genotypic variation in induced resistance and induced susceptibility in the peach-Myzus persicae aphid system[J]. Oikos, 2006, 113(2): 305-313.

[106] 牛良, 鲁振华, 曾文芳, 等. '粉寿星'对桃绿蚜抗性的遗传分析[J]. 果树学报, 2016, 34(5): 578-584.

[107] Lambert P, Canpoy J A, Placheco I, et al. Identifying SNP markers tightly associated with six major genes in peach [*Prunus persica* (L.) Batsch] using a high-density SNP array with an objective of marker-assisted selection (MAS)[J]. Tree Genetics & Genomes, 2016, 12(6): 121.

[108] 张南南, 鲁振华, 崔国朝, 等. 基于SNP标记桃抗蚜性状的基因定位[J]. 中国农业科学, 2017, 50(23): 4613-4621.

[109] Niu L, Pan L, Zeng W F, et al. Dynamic transcriptomes of resistant and susceptible peach lines after infestation by green peach aphids (Myzus persicae Sülzer) reveal defence responses controlled by the Rm3 locus[J]. BMC Genomics, 2018, 19(1): 846.

[110] Palloix A, Ayme V, Moury B. Durability of plant major resistance genes to pathogens depends on the genetic background, experimental evidence and consequences for breeding strategies[J]. New Phytologist, 2009, 183(1): 190-199.

[111] Sauge M H, Lambert P, Pascal T. Co-localisation of host plant resistance QTLs affecting the performance and feeding behaviour of the aphid Myzus persicae in the peach tree[J]. Heredity, 2012, 108(3): 292.

[112] 朱更瑞, 王力荣, 左覃元, 等. 桃砧木资源对南方根结线虫的抗性[J]. 果树科学, 2000, 17(S1): 36-39.

[113] Claverie M, Dirlewanger E, Cosson P, et al. High-resolution mapping and chromosome landing at the root-knot nematode resistance locus Ma from Myrobalan plum using a large-insert BAC DNA library[J]. Theoretical Applied Genetics, 2004, 109(6): 1318-1327.

[114] Dirlewanger E, Kleinhentz M, Laigret F, et al. Breeding for a new generation of Prunus rootstocks based on marker assisted selection: A European initiative[J]. Acta Horticulturae, 2004, 663: 829-834.

[115] Duval H, Hoerter M, Polidori J, et al. High-resolution mapping of the RMia gene for resistance to root-knot nematodes in peach[J]. Tree Genetics & Genomes, 2014, 10: 297-306.

[116] 郭瑞. 甘肃桃抗南方根结线虫基因的分子标记研究[D]. 呼和浩特: 内蒙古农业大学, 2009.

[117] Cao K, Wang L, Zhu G, et al. Construction of a linkage map and identification of resistance gene analog markers for root-knot nematodes in wild peach, Prunus kansuensis[J]. Journal of the American Society for Horticultural Science, 2011, 136: 190-197.

[118] 张倩. 红根甘肃桃1号抗南方根结线虫基因的定位与发掘[D]. 北京: 中国农业科学院, 2018.

[119] 刘扩展. '红根甘肃桃1号'PkMi基因功能验证与活性物质分析[D]. 北京: 中国农业科学院, 2020.

[120] 姜卫兵, 韩浩章, 戴美松, 等. 苏南地区主要落叶果树的需冷量[J]. 果树学报, 2005, 22(1): 75-77.

[121] Li Y, Fang W, Zhu G, et al. Accumulated chilling hours during endodormancy impact blooming and fruit shape development in peach (Prunus persica L.)[J]. Journal of Integrative Agriculture, 2016, 15(6): 1267-1274.

[122] 王力荣, 朱更瑞, 左覃元. 桃需冷量遗传特性的研究[J]. 果树科学, 1996, 13(4): 237-240.

[123] Fan S, Bielenberg D G, Zhebentyayeva T N, et al. Mapping quantitative trait loci associated with chilling requirement, heat requirement and bloom date in peach (Prunus persica)[J]. New Phytologist, 2010, 185(4): 917-930.

[124] Bielenberg D G, Wang Y, Li Z, et al. Sequencing and annotation of the evergrowing locus in peach [Prunus persica (L.) Batsch] reveals a cluster of six MADS-box transcription factors as candidate genes for regulation of terminal bud formation[J]. Tree

Genetics and Genomes,2008,4:495-507.

[125] Zhebentyayeva T N, Fan S, Chandra A, et al. Dissection of chilling requirement and bloom date QTLs in peach using a whole genome sequencing of sibling trees from an F_2 mapping population[J]. Tree Genetics and Genomes,2014,10(1):35-51.

[126] Romeu J F, Monforte A J, SÁNCHEZ G, et al. Quantitative trait loci affecting reproductive phenology in peach[J]. BMC Plant Biology,2014,14(1):52.

[127] Bielenberg D G, Rauh B, Fan S H, et al. Genotyping by sequencing for SNP-based linkage map construction and QTL analysis of chilling requirement and bloom bate in peach[Prunus persica (L.) Batsch][J]. PLoS One,2015,10(10):e0139406.

[128] Niu Q F, Li J Z, Cai D Y, et al. Dormancy-associated MADS-box genes and micro RNAs jointly control dormancy transition in pear(Pyrus pyrifolia white pear group) flower bud[J]. Journal of Experimental Botany,2016,67(1):239-257.

[129] 郇蕾,王旭旭,陈修森,等.桃ABA信号关键基因PpABI5酵母单杂交文库构建及其上游转录因子的筛选[J].植物生理学报,2017,53(7):145-152.

[130] Leida C, Conesa A, LLÁCER G, et al. Histone modifications and expression of DAM6 gene in peach are modulated during bud dormancy release in a cultivar-dependent manner[J]. New Phytologist,2012,193(1):67-80.

第五章 砧木品种培育与繁育技术

桃砧木是桃产业赖以发展的物质基础，是产业可持续发展的重要组成部分。生产上桃树普遍采用嫁接苗，砧木对树体的抗病虫性、耐逆性、环境适应性有重要的决定性作用。长期以来，世界各国桃苗木生产主要以实生砧木为主，实生砧木嫁接育苗占主导地位。在有丰富桃野生资源的中国，砧木培育工作起步较晚，选育品种较少，当前实生砧木占到桃苗木生产中应用砧木的99%以上。在没有野生资源的其他国家和地区，特别是欧美国家，开展砧木育种工作较早，选育出不同类型的实生砧木和无性系砧木，生产中实生砧木和无性系砧木随国家和地区差异应用各有侧重。在欧美等发达国家，扦插和组培砧木的嫁接育苗也应用较多，苗木的标准化工作做得较好。

第一节 国内进展

一、野生砧木特点

得益于我国丰富的野生桃和地方桃种质资源，我国桃砧木主要来自野生桃或较为原始的地方品种。由于长期自然选择，这些品种抗性较强，适应性广；由于自然实生，其基因型较为纯合，后代实生苗分离少，砧木苗生长相对整齐一致。因此，野生和地方品种资源为我国桃产业的发展奠定了良好的砧木基础。我国应用最广泛的桃砧木为毛桃，其次为山桃、新疆桃以及这些植物学种之间的自然杂交种等。

毛桃适应性最为广泛，是我国应用最广泛的栽培桃砧木，在全国桃区均有应用。山桃耐旱、耐寒、耐瘠薄性好，早期丰产性好，但不耐涝，根癌病发生严重，在我国黄河以北地区有应用。新疆毛桃在南疆、河西走廊的应用相对多，其适应性强、耐旱、耐瘠薄。生产上也有少量用光核桃、甘肃桃、陕甘山桃、扁桃、李、杏、毛樱桃等作桃砧木的。

1. 毛桃

毛桃[P. persica (L.) Batsch.]是栽培种桃的野生类型或地方品种(系)的统称。自然分布广泛，我国各地均有生长，在北方垂直分布以海拔700 m以下居多，云贵高原海拔2 300 m处也有分布。长势旺，适应性强，根系发达，嫁接亲和性好，耐涝性较好，是我国桃主产区普遍采用的砧木。目前用于生产的毛桃种子主产区在河南的洛阳、山东的青州、新疆的南疆、甘肃的天水、重庆的万州、广西的桂林等地。各地毛桃种子的适应性差别很大，南疆毛桃种子的发芽率高，耐旱、耐寒性强，嫁接亲和性好；山东青州蜜桃、冬雪蜜桃等桃砧木，要求沙藏时间较长，嫁接亲和性好，部分植株有矮化、小脚现象；河南平顶山鲁山一带的毛桃砧木，抗性强，适应性广，嫁接亲和性好，但种子需要较长时间沙藏，甚至有隔年出苗现象。因此，选择毛桃作砧木要明确其来源，要考虑砧木的一致性，最好选择当地的毛桃砧木。

2. 山桃

山桃(P. davidiana Franch.)长势较强，直根较深，耐旱、耐寒、怕涝，是北方地区使用的桃砧木。种子发芽率高，但易感根癌病，黏重土壤易发生流胶病。自然分布区域主要在我国华北、东北和西北地区，以太行山、伏牛山、燕山居多，山东、内蒙古等地也有分布，四川、云南、贵州的高海拔地区也有生长。垂直分布通常在海拔600~1 450 m，甘肃最高可达2 100 m，常见于向阳山坡灌丛中。目前山桃种子的主产区为河南的济源和林州、山西的晋城、河北的邯郸和怀来以及北京、天津等地。

3. 甘肃桃

甘肃桃(P. kansuensis Rehd.)长势中庸，耐旱、耐瘠薄，高抗根结线虫，其中的红根甘肃桃1号对南方根结线虫免疫[1]，甘肃、陕西、四川等省的干旱地区常采用其作砧木。主要分布在海拔1 000~2 300 m的山区，甘肃的庆阳和天水、陕西的长武和宝鸡、四川的阿坝、河南的卢氏等地有分布。

4. 新疆桃

新疆桃(P. ferganensis Kost. et Riab.)长势旺，耐旱、耐寒，但易感白粉病。李冬梅等[2]发现，新疆桃中存在抗根癌土壤杆菌和发根土壤杆菌的材料，但其抗性存在显著的分离现象。主要分布在新疆南疆的喀什、和田、阿克苏、库尔勒和甘肃河西走廊的酒泉、敦煌等地。种子发芽率高，在使用的新疆毛桃中存纯种新疆桃。

5. 光核桃

光核桃(P. mira Koehne)寿命长，长势旺，生长期长，在河南郑州地区秋季早霜来临时仍未停长，易受寒害。朱更瑞等[3]在郑州进行桃砧木比较试验时发现，光核桃枝干皮孔大，表皮粗糙，易遭红颈天牛为害，不抗根癌病和根结线虫病，生产上很少用作砧木。在西藏农牧科学院的桃品种比较园中，毛桃易受冻害，产生纵裂、流胶等症状，但光核桃表现出良好的耐寒性。主要分布在西藏的林芝、拉萨、昌都、日喀则和四川的阿坝等地，多生长在海拔1 700~4 200 m地域，以海拔2 300~3 800 m分布最多。西藏千年生的古老光核桃植株仍生长旺盛，正常结果[4]。

二、砧木品种选育进展

总体来说，我国桃砧木选育处于"评"的阶段，"育"处于起步阶段。

(一)抗性砧木评价

1. 抗根结线虫砧木评价

土壤根结线虫能够为害桃树根系，使之产生如珍珠粒一样的根结，危害桃树生长。根结线虫种类较多，为害桃树的主要有南方根结线虫(*Meloidogyne incognita*)、北方根结线虫(*M. hapla*)、花生根结线虫(*M. arenaria*)、爪哇根结线虫(*M. javanica*)和佛罗里达根结线虫(*M. floridensis*)等，南方根结线虫对桃树的危害最重。

中国农业科学院郑州果树研究所开展了桃砧木抗南方根结线虫的系统评价。左覃元等[5]报道，自1981年起，通过自然病圃和人工接种相结合的方法，开展了不同砧木抗根结线虫的研究，筛选出红寿星、红根甘肃桃和红垂枝3份高抗种质。朱更瑞[6]首次报道，红根甘肃桃1号对南方根结线虫免疫，对其进行遗传评价，发现红根甘肃桃1号免疫性状为质量性状，抗性由1对纯合显性基因控制[1]。继而，该团队以红根甘肃桃1号与高感品种贝蕾杂交的BC1代190株后代为试材，构建了红根甘肃桃的SRAP分子连锁图谱[7]；通过SSR分子标记将红根甘肃桃的抗性基因定位在桃第2条染色体上[8]。Cao等[9]进一步将抗性基因RGA标记在NBS29(Chr2：1.7 Mb)和NBS3(Chr2：7.4 Mb)之间。张倩[10]将标记进一步加密，发现SNP3(Chr2：4905737 bp)、SNP5(Chr2：5397749 bp)和SNP7(Chr2：5582276 bp)与抗性紧密连锁，通过转录组分析，从抗性位点区间内鉴定出1个NBS基因*ppa020745m*，被认为是编码PkMi的关键基因。刘扩展[11]通过转基因，对PkMi基因在番茄中进行了异源验证，并发现该基因启动子区35 bp的突变可能是导致该基因在不同抗性植株上出现表达差异的原因。叶航等[12]利用南方根结线虫悬浮液接种野生毛桃、筑波4号和筑波5号的种子实生苗及3份毛樱桃母株混合扦插苗，结果表明,筑波 4 号和筑波 5 号对南方根结线虫免疫,实生子代抗性不分离,但毛桃后代抗性分离,存在高抗和高感个体,毛樱桃混合苗存在免疫和高抗类型。该研究表明,可以进一步从毛桃中筛选高抗南方根结线虫材料。王灵燕等[13]研究了购自河北元氏县的毛桃、内蒙古包头市的长柄扁桃和内蒙古阿拉善盟的蒙古扁桃种子及日本培育的筑波 4 号和筑波 5 号种子苗对花生根结线虫的抗性,结果表明,实生个体间存在明显的抗性分离现象,均存在免疫和高抗基因型。王雯君等[14]利用内蒙古阿拉善盟的蒙古扁桃实生种子进行北方根结线虫抗性鉴定,结果表明,蒙古扁桃实生群体对北方根结线虫的抗性表现出显著的分离现象,免疫、高抗和中抗 3 种基因型分别占 23.3%、63.4%和 13.3%,说明蒙古扁桃对北方根结线虫具有较强的抗性。宫静静等[15]通过对筑波 4 号和筑波 5 号实生苗接种爪哇根结线虫进行调查,实生苗只存在免疫和高抗 2 种抗性等级,免疫株率分别为 98.9%和 94.4%,但 2 个砧木品种个体间均存在小范围的抗性分离现象,说明筑波 4 号、筑波 5 号高抗爪哇根结线虫,为优异的抗根结线虫砧木品种和抗性资源。曲艳华等[16]用新疆桃实生种子苗对花生根结线虫、爪哇根结线虫、北方根结线虫和南方根结线虫的抗性进行评价,认为新疆桃中对 4 种类型的线虫存在高抗基因型植株。

2. 抗根癌病砧木评价

根癌病是由土壤根癌农杆菌侵染诱发的重要根部病害,尤其在前茬种植过果树的土壤中多发。王志强[17]建立了鉴定桃属植物对根癌病敏感性的叶圆片转化系统,对原产我国的几个种进行了初步评价,并对来自桃属植物不同种的 6 700 个单株进行了接种鉴定,初步筛选出 4 个高抗根癌病的株系。刘常红等[18-20]研究了筑波 4 号、筑波 5 号、蒙古扁桃和长柄扁桃实生种子苗对根癌病的抗性,认为这些种质中均存在免疫和高抗基因型。李冬梅等[2]发现新疆桃对桃树根癌病的抗性存在显著的分离现象,对桃树根癌病免疫、高度抗病、中度抗病、低度抗病、感病和易感病型植株分别占群体总数的 1.32%、11.84%、52.63%、26.32%、6.58%和 1.32%,说明新疆桃为抗根癌病砧木资源。郝峰鸽等[21-22]采用嫁接苗枝条接种强致病力根癌土壤杆菌 AT4-3,对 38 份桃及其野生近缘种的 972 个单株的抗根癌病能力进行评价,结果表明,供试材料中不存在免疫个体,伏牛山望 10、蒙古扁桃 1 号、四道岭野生李 1 号、寿粉等为高抗根癌病种质;对 179 份栽培品种的抗根癌病能力进行评价,抗性表现较好且稳定的品种有二接白、肉蟠桃、绯桃、红桃、砂子早生、南山甜桃、深州离核水蜜、张黄 9 号、鸳鸯垂枝、临白 10 号等。

3. 耐非生物胁迫砧木评价

除了土壤中的线虫、微生物等对砧木的危害外,砧木的立地性还普遍受到涝害、干旱、盐碱、寒害等非生物胁迫的影响。发掘耐非生物胁迫强的砧木材料，将有助于桃砧木育种和桃树生产。

郭洪等[23]对包括核果类的3个种和变种的12个种类的桃砧木进行了淹水耐涝试验，研究根据淹水36 d砧木叶片的情况进行分类，李耐涝性极强，F4（欧洲李×桃）耐涝性较强，爱保太（大花）、新疆桃、梅、甘肃桃耐涝性中等，哈露红、蓓蕾、西伯利亚C、桃×扁桃、西洋黄肉耐涝性弱，爱保太（小花）耐涝性极弱。马焕普等[24]评价了山桃、毛桃、筑波4号和筑波5号砧木的耐涝性并观察了组织结构，初步认为筑波5号耐涝性最强，筑波4号和毛桃居中，山桃最弱。筑波5号的叶片气孔密度大，根、茎、叶的通气组织发达，显示出较强的水分蒸腾能力和耐淹水的结构特点；山桃叶片气孔密度低，根、茎的皮层和周皮发达，根、茎、叶的结构显示较强的贮水特点。马瑞娟等[25]以10个桃砧木品种1年生苗为材料，对其在持续淹水胁迫下叶片的光合特性进行测定，发现不同品种的各项光合生理指标变化幅度不同。以各项指标的耐涝系数作为衡量指标，利用主成分分析将8个单项光合指标综合成2个独立的综合指标，通过隶属函数分析将10个品种划分为3类：GF43和GF1869强耐涝，毛桃、毛桃2号、筑波5号、桃巴旦、陕西桃巴旦、Nemaguard和GF305中等耐涝，山桃不耐涝。郁万文等[26]对9份桃砧木种质进行了耐涝性评价，结果表明，不同种质的耐涝性由强到弱为GF43、毛樱桃、F4、GF677、筑波5号、毛桃、陕甘山桃、甘肃桃和山桃。

蔡志翔等[27]以8个桃砧木品种幼苗为材料，进行干旱生理研究，通过叶绿素含量、相对含水量、相对电导率和丙二醛含量4种生理指标测定，利用主成分分析，将8个桃砧木品种划分为3类：GF1869属强耐旱类型，筑波5号、GF43和山桃属中等耐旱类型，毛桃2号、毛桃、GF305和列玛格属弱耐旱类型。丁杰等[28]以瑞蟠4号-欧李和瑞蟠4号-毛桃的叶片为材料进行耐旱能力研究，认为欧李砧木对桃叶片的解剖结构具有显著的影响，并能提高桃的耐旱能力。

马凯等[29]对18种果树的耐盐性进行了比较，其中核果类材料的耐盐性强弱依次为中国樱桃、毛桃、毛樱桃、李、杏、梅。曲艳华等[30]对野生新疆桃实生苗进行抗酸碱盐性评价，结果表明，野生新疆桃为极强抗酸型、极强抗碱型和弱抗盐型树种，其抗性在个体间存在广泛的分离，可以从中筛选出抗性单株为生产所用。

4. 抗再植障碍砧木评价

再植障碍，又称连作障碍、再植病、重茬或忌地现象，通常指同种作物在同一地块连续种植导致植株生长受抑制、病虫害发生严重的现象。桃树是存在再植障碍的多年生落叶果树。再植障碍主要在幼树期发生，表现为生长缓慢、长势弱、小老苗、叶片黄化和根部病虫害及抗逆性弱等[31]。我国桃园面积逾86万hm²，是世界上桃栽培面积最大的国家，每年都有大量桃园面临更新再植。桃树再植障碍困扰着再植桃园的成功建园和后续生产，生产中亟需抗再植障碍砧木。

作为抗再植障碍砧木，法国培育的GF677被引入国内。GF677在四川盆地紫色页岩碱性土壤中表现出良好的抗黄化能力。四川农科院园艺所的研究[32-34]表明，GF677砧木在生长期叶绿素b含量高于普通毛桃，植株的抗氧化系统、养分状况和根系铁还原能力均强于毛桃，其通过增加生长根表面根毛的数量和密度，增加了对土壤养分的吸收，保证了铁元素的同化与吸收，并且通过分泌某些酸性物质提高了根际土壤的有效铁含量，降低了pH值和碳酸根离子的含量，从而保证了植株在碱性胁迫下的正常生长。王新卫等[35]报道了中国农业科学院郑州果树研究所培育的桃多抗砧木中桃抗砧1号，其具有抗再植障碍、抗土壤根结线虫、耐旱性强和耐瘠薄的特点。中桃抗砧1号在沙土重茬地和黏土瘠薄重茬地均具有较强的抗再植障碍能力，表现为生长快、长势旺、叶片不黄化和根系发达。

(二)矮化砧木评价

桃树营养生长旺盛，每年需要通过夏剪和冬剪来确保合理树形和果园通风透光，修剪掉枝条实质上是一种养分浪费。除修剪外，大部分果园生产中还通过喷洒调控剂来控制旺长。矮化砧木能够降低树势和生长量，可以减少修剪量和化控成本。下述材料作为桃的砧木具有一定的矮化效果，但长期亲和性还需要进一步观察。

1. 毛樱桃

毛樱桃[*Prunus tomentosa*（Thunb.）Wall.]主要产自我国华北、东北地区，西南地区也有分布。植株较小，耐寒，耐旱，用作桃砧木矮化作用显著，果实早熟。但不同桃品种与毛樱桃砧木的嫁接亲和性存在差异，且单株间差异大，多数出现小脚现象，后期黄化，根蘖多，寿命短，在定植5年后出现死树等现象[1,3]。胡征龄等[36]在杭州红黄壤缓坡地用罐桃5号品种嫁接在毛樱桃砧木上，7年生树累计死株率达74.34%。对其优良株系进行纯化后才能应用于生产。

2. 榆叶梅

榆叶梅(*P. triloba* Lindl.)主要分布在东北、西北地区，以辽宁、黑龙江、吉林、新疆为多，各地均有庭院、道路绿化栽培，耐寒、耐旱，用作桃砧木有矮化作用，可增强品种的耐寒性。张运涛等[37]通过调查橘早生品种嫁接到榆叶梅、山桃、山杏砧木上的3年生树，发现以榆叶梅作砧木的树体高度只有山桃的 2/3 左右。

3. 李

中国李（*P. salicina* Lindl.）分布很广，东北地区有用小黄李、华南地区和华东地区用柰李作桃的砧木。李耐寒、耐湿能力强，作桃砧木可增强桃树的耐湿性、耐寒性，减少流胶病的发生，并有一定的矮化作用。

(三)新品种选育

迄今我国正式报道的桃砧木新品种有 3 个。豫农矮砧 1 号[38]是河南农业大学 1992 年在毛桃实生后代中发现的矮化变异品种，其成年树冠不到毛桃的 1/2，用其作砧木的成年树树冠仅为对照的 2/3。但因不能结实，阻碍了豫农矮砧 1 号在生产中的应用。中桃砧 1 号[39]是中国农业科学院郑州果树研究所以山桃 1 号和毛桃 1 号为亲本杂交选育的抗重茬桃砧木品种，其具有根系发达、苗木整齐、健壮、嫁接亲和性好的特点。中桃抗砧 1 号[35]是郑州果树研究所利用 96-7-6[北京 2-7(红寿星×白凤)×乐园]和红根甘肃桃 1 号为亲本培育的无性系多抗砧木品种，通过多年的比较试验，表明其对南方根结线虫和再植障碍均具有高度抗性，在瘠薄、干旱土壤中长势旺，与普通桃品种嫁接亲和性良好，对果实品质无不良影响。中桃抗砧 1 号的无性繁殖技术已基本解决，生产的砧木和嫁接苗已开始供应生产，在国内多个产区进行的砧木比较试验表明，该砧木抗再植障碍能力突出，也具有一定的耐缺铁性黄化能力。

三、砧木苗木繁育技术

1. 实生砧木

我国生产中的桃砧木基本为种子实生苗。《桃苗木》(GB 19175—2010)中明确规定了实生砧包括普通桃、山桃、甘肃桃、新疆桃和光核桃砧木，其中普通桃为野生类型或品种化砧木。根据我国桃苗木生产现状，《桃苗木生产技术规程》(NY/T 3763—2020)中规定了桃苗木的苗圃建立、苗木培育、苗木出圃、包装与贮运、育苗档案管理的要求，根据主要砧木类型种质的需冷量，对砧木种子的层积处理时间进行了详细规定(表 5-1)。

2. 无性系砧木繁育技术

对于杂交获得的桃砧木品种，利用其种子进行实生繁殖时，优良性状往往会发生分离，会产生不具有砧木优良性状的后代。生产中，通过砧木的组织培养技术和扦插繁殖技术来克服实生繁殖后代优良性状分离的缺点，为桃砧木的快速生产奠定了基础。但桃属于无性繁殖难生根树种，在组织培养(组培)和扦插过程中均存在生根率低的问题。不同的基因型其繁殖难度存在差异。

表 5-1 主要桃砧木种子的适宜层积时间

砧木种类	需冷量/h	适宜层积时间/d
毛桃 Prunus persica (L.) Batsch.	850~950	100~120
山桃 Prunus davidiana (Carr.) Franch.	400	60~80
甘肃桃 Prunus kansuensis Rehd.	400	60~80
新疆桃 Prunus ferganensis Kost. et Riab.	750~850	90~100
光核桃 Prunus mira Koehne	650	80~90

因此，对于特定的砧木品种，应研发其对应的无性繁殖技术。组织培养对生产设施和人员操作有一定的要求，一旦开发出合适的培养基，其可以不受时间和场地的限制，在短时间内能繁殖出大批量的砧木苗。组培繁殖育苗主要由初代培养、继代培养、生根培养和炼苗移栽等技术环节组成，其技术核心为培养基配方的开发。目前，我国已能通过组织培养繁殖 GF677 等桃砧木[40-41]。

扦插繁殖是一种古老而实用的无性繁殖技术，在林业植物繁殖方面应用较多。桃树属于扦插生根相对较难的植物，其扦插生根受到砧木基因型、插条质量、生长调节剂处理、扦插时期和环境温湿度控制等多方面因素的影响。最好选择易于繁殖的砧木，以降低生产成本，便于生产应用。我国从 20 世纪 90 年代初就开始了桃砧木扦插繁殖的试验探索，截至目前，除李子外，桃砧木的大规模扦插繁殖尚有困难，仍需继续探索。

第二节 国外进展

一、国外砧木应用

国外广泛应用的桃砧木主要有 Nemaguard、GF677、筑波 4 号、筑波 5 号等。美国生产上应用的桃砧木主要有 10 个，分别是 Nemaguard、Nemared、Okinawa、Flordaguard、Bailey、Guardian、GF677、Halford、Lovell、Siberian C。Nemaguard 易于繁殖、抗根结线虫、嫁接亲和性强，是美国广泛使用的桃砧木品种（占 95%）。Sharpe 是美国选育的无性系桃树砧木，主要应用于短寿综合征桃园，其亲和性好，抗逆性强，抗重茬和根结线虫病[42]。Lovell 在美国也大量使用，其易于繁殖，但不耐碱性土壤，耐涝性差,不抗根结线虫。

GF677 是法国 INRA(Institute National de la Rcherche Agronomique)于 20 世纪 60 年代从桃和扁桃杂交后代中筛选出的优良桃砧木。该砧木有 3 个优点:一是对碱性土壤适应性强,主要表现为耐缺铁失绿;二是有较强的耐盐、耐旱性;三是抗重茬能力强。因此,GF677 作为国外桃树主要砧木之一,广泛在意大利、法国和西班牙等桃生产国应用。

筑波 4 号和筑波 5 号是日本农林水产省果树试验场从赤芽和寿星桃杂交的 F_2 代中筛选出的桃树砧木品种,在日本应用较多。两个品种树势中庸,枝条节间比毛桃稍短,根系发达,适应性好,耐湿耐涝性与毛桃相似,与栽培桃品种嫁接亲和性好。以筑波 4 号作砧木的桃树生长量较毛桃砧小 20%,以筑波 5 号作砧木对桃树的生长量影响较小。以两个品种作砧木的桃树,幼树成花容易、结果早,果个大,品质好,产量高。在抗性方面,两个品种抗南方根结线虫、爪哇根结线虫和北方根结线虫。

二、国外砧木育种进展

1. 抗根结线虫砧木

全世界大部分桃产区都面临一种或几种线虫为害,桃生产中线虫为害造成的损失约占总损失的 15%。为害桃的线虫主要有根结线虫、环线虫、根腐剑线虫等。欧洲、美国和日本在培育抗根结线虫砧木方面做了很大努力,各国通过不同研究项目将抗主要线虫种质的抗性整合入砧木品种中[43-47]。美国推出的抗性砧木有 Nemaguard、Nemared、Guardian、Flordaguard、Hansen536 和 Hansen2168,西班牙的有 Adesoto101、Adara、Monegro、Gearnem、Felinem 和 Greenpac,法国的有 Myran、Ishtara、Cadaman 和 Julior,意大利的有 Barrier 1、Penta 和 Tetra,德国的有 Pumiselect,日本的有筑波系列等。下面介绍美国的 3 个品种。

(1)Nemaguard。是美国农业部 1959 年育成的抗根结线虫砧木,由桃×山桃杂交培育而成(但表型似乎是普通桃)。美国桃生产中该砧木的使用占比在 95% 以上。多年的生产实践表明,该砧木抗南方根结线虫与爪哇根结线虫,不抗佛罗里达根结线虫,对桃树早衰病也不具有抗性。该砧木在石灰性土壤、水浸性土壤中生长不良,也不耐寒。

(2)Nemared。是美国农业部 1983 年育成的抗根结线虫红叶砧木,由(桃×山桃)×桃杂交育成,更容易在生产中利用。该品种含有 Nemaguard 的部分血统[48],抗南方根结线虫与爪哇根结线虫,不抗佛罗里达根结线虫,也不抗细菌性溃疡病。该砧木在石灰性土壤、水浸性土壤中生长不良，也不耐寒。

(3)Guardian。是美国农业部与克莱姆森大学1993年联合育成的桃砧木品种[49]，一部分血统来自Nemaguard，许多性状与Nemaguard相似，但其抗性相对要弱一些。该品种对环斑线虫、细菌性溃疡病、桃衰病抗性很强，但对桑根朽病无抗性。

2. 耐缺铁性失绿砧木

利用桃与扁桃杂交，国外在培育耐缺铁性失绿砧木方面取得了明显的进展。前期主要是利用野生种质资源自然授粉获得，最近20年来多采用控制性种间杂交获得。在桃与扁桃杂种后代中筛选既耐缺铁性失绿又易于繁殖，且嫁接亲和性良好的砧木，如广泛适应于地中海国家的GF677[50]。其他地区的有Adafuel[51-52]、Mayor[53]和Sirio[54]。然而，上述砧木都不抗根结线虫。最近，从扁桃Garfi和桃Nemared的杂交后代中筛选出3个乔化砧木Monegro、Garnem和Felinem，这些砧木既耐石灰性土壤又抗根结线虫，它们的叶片还是红色的，方便确定嫁接成活情况[55-56]。其他桃与扁桃或桃与山桃杂交的抗根结线虫砧木有Barrier1、Cadaman[57]、Hansen536和Hansen2168，但这些砧木耐缺铁性失绿均不及GF677[58]。

耐缺铁性失绿的标志性砧木品种GF677，是由法国农科院1995年通过桃×扁桃杂交育成。该砧木树势比一般品种旺10%~15%，特耐瘠薄和干旱性土壤。对缺铁性失绿有很强的抗性，在碱性达10%~12%的石灰性土壤中也能正常生长。由于长势旺，对重茬病表现不明显，在地中海国家很受欢迎。长势旺也有其缺点，如生产中前期易出现树势过旺而致产量低、延迟结果、果实小、果实风味淡等，但在中后期这些表现会消失。在抗性方面的缺点是对蜜环菌、南方根结线虫、疫病等无抗性[59-60]。

3. 耐涝砧木

国外耐涝性砧木的开发主要集中在寻求与桃亲和性好的李砧上。一些同时耐受缺铁性失绿的李砧具有促进接穗果实早熟、提高果实品质的作用[61-63]。耐涝性砧木有Adesoto101、Jaspi、Julior、Montizo、Mr.S.2/5、Penta、Tetra和Krymsk86等。有报道称，日本的筑波系列砧木及桃与山桃的杂交种也有一定的耐涝性[64-66]。

4. 耐寒砧木

耐寒砧木本身耐寒性强，还能提高接穗品种的耐寒性，其研究对高纬度地区具有重要意义。在这方面，加拿大开展了卓有成效的工作，已经育成的耐寒砧木有西伯利亚C(Siberian C)、哈露红、H7338013、H7338019等。

Bailey是1890年美国爱荷华州命名的耐寒砧木品种，在美国北方表现较好，耐寒性强，但不抗根结线虫，对细菌性根腐病、桃树早衰病以及水浸性土壤均无抗性。西伯利亚 C 是加拿大安大略省 1967 年培育的桃砧木品种，对接穗的长势有一定的削弱作用，因此品种早实性好，对接穗的耐寒性有一定的提高，但对线虫、细菌性溃疡、水浸土壤、根癌病等抗性较差。

5. 抗桃早衰综合征砧木

桃树早衰综合征（peach tree short life，PTSL）由生物和非生物因素交互作用引起，表现为成年桃树的树势迅速衰退、树体逐渐死亡，致使果园的经济寿命大大缩短，生产效益显著下降。在美国东南部地区，桃树早衰综合征一直困扰着当地桃生产的持续发展，寻找抗性品种的研究一直在进行。在南卡罗来纳州和佐治亚州，培育并获得了一个田间试验可接受的延寿砧木 Guardian[49,67]。Halford 是 1882 年从美国加州果园中的一种加工桃的实生后代中选育出，Lovell 是 1921 年从美国加州果园中的一种制干品种的实生后代中选育出，二者对根结线虫、根腐线虫病没有抗性，但对环斑线虫、细菌性溃疡、早衰病的耐性强于 Nemaguard，对水涝、根癌病等敏感。

6. 矮化、半矮化砧木

培育允许果园高密度栽植并适应不同土壤肥力的矮化或半矮化砧木的工作越来越受到重视。矮化或半矮化砧木能够减少接穗的生长量，从而控制树体大小。目前，已有几个控制接穗生长量的无性系砧木出现，它们是桃与扁桃的杂交种 Adarcias[52]、Castore、Polluce 和 Sirio[59-60]，李与桃的杂交种 Controller 5[68]，复杂的李桃杂交种 Ishtara 和李砧 Adesoto 101、Montizo、Penta 和 Tetra[61-63]等。

7. 低需冷量砧木

Okinawa 是美国佛罗里达大学 1957 年培育的桃砧木，年需冷量为 100 h，是短低温育种的优良亲本，缺点是肉软、味淡、果实发育期长。抗南方根结线虫与爪哇根结线虫，对佛罗里达根结线虫有较强的抗性。

Flordaguard 是美国佛罗里达大学 1991 年培育的桃砧木，年需冷量为 300 h。不仅抗南方根结线虫与爪哇根结线虫，还高抗佛罗里达根结线虫。但该砧木在碱性土壤表现不好，易出现缺铁黄化现象。另外，该砧木极易出现流胶病，对桃树早衰病也不具有抗性。

表 5-2 列出了国外桃生产中应用的主要砧木。

表 5-2　世界桃生产用主要砧木

砧木品种	来源国	分类	亲和力	耐寒性	线虫抗性			耐水浸	耐碱性土壤
					南方/爪哇	根腐线虫	环形线虫		
P. S. B2	意大利	桃	似 Lovell	没有 Lovell 耐性强	免疫或抗	中抗	未知	中	不耐
Sirio	意大利	扁桃×桃	比 Lovell 弱 5%~25%	没有 Lovell 耐性强	感染	感染	未知	差	耐
Castore, Polluce	意大利	扁桃×桃	似 Lovell	没有 Lovell 耐性强	未知	未知	未知	差	耐
Penta	意大利	欧洲李	似 GF677 或 Nemaguard	没有 Lovell 耐性强	免疫或抗	中抗	中抗	好	耐
Tetra	意大利	欧洲李	似 Lovell	没有 Lovell 耐性强	免疫或抗	感染	感染	好	耐
Mr. S. 2/5	意大利	樱桃李	比 Lovell 弱 5%~25%	没有 Lovell 耐性强	免疫或抗	感染	感染	好	耐
Barrier 1	意大利	桃×山桃	似 GF677 或 Nemaguard	没有 Lovell 耐性强	免疫或抗	中抗	感染	好	耐
Adafuel	西班牙	扁桃×桃	似 GF677 或 Nemaguard	没有 Lovell 耐性强	感染	感染	未知	差	耐
Garnem	西班牙	扁桃×桃	似 GF677 或 Nemaguard	没有 Lovell 耐性强	免疫或抗	感染	感染	差	耐
Felinem	西班牙	扁桃×桃	似 GF677 或 Nemaguard	没有 Lovell 耐性强	免疫或抗	中抗	未知	差	耐
Adarcias	西班牙	扁桃×桃	似 Lovell	没有 Lovell 耐性强	感染	感染	未知	差	耐
Adesoto 101	西班牙	乌荆子李	比 Lovell 弱 5%~25%	没有 Lovell 耐性强	免疫或抗	感染	感染	好	耐
Montizo	西班牙	乌荆子李	比 Lovell 弱 5%~25%	没有 Lovell 耐性强	免疫或抗	感染	感染	好	耐
Lovell, Halford	美国	桃	似 Lovell	没有 Lovell 耐性强	感染	中抗	中抗	中	不耐
Nemaguard	美国	桃×山桃	似 GF677 或 Nemaguard	没有 Lovell 耐性强	免疫或抗	中抗	感染	中	不耐
Guardian©	美国	桃	似 GF677 或 Nemaguard	没有 Lovell 耐性强	免疫或抗	中抗	中抗	中	不耐

表 5-2(续)

砧木品种	来源国	分类	亲和力	耐寒性	线虫抗性 南方/爪哇	线虫抗性 根腐线虫	线虫抗性 环形线虫	耐水浸	耐碱性土壤
Bailey	美国	桃	比 Lovell 弱 5%~25%	比 Lovell 耐性强	感染	中抗	感染	中	不耐
Hansen 2168	美国	扁桃×桃	似 GF677 或 Nemaguard	没有 Lovell 耐性强	免疫或抗	中抗	感染	差	耐
Hansen 536	美国	扁桃×桃	似 GF677 或 Nemaguard	没有 Lovell 耐性强	免疫或抗	中抗	感染	差	耐
Nickels	美国	扁桃×桃	似 GF677 或 Nemaguard	没有 Lovell 耐性强	免疫或抗	免疫或抗	感染	差	耐
Controller 5	美国	李×桃	比 Lovell 弱 30%	没有 Lovell 耐性强	感染	感染	感染	差	不耐
Viking	美国	不详种间杂种	似 GF677 或 Nemaguard	没有 Lovell 耐性强	免疫或抗	免疫或抗	中抗	好	耐
Siberian C	加拿大	桃	比 Lovell 弱 5%~25%	比 Lovell 耐性强	感染	感染	感染	差	不耐
GF305	法国	桃	似 Lovell	没有 Lovell 耐性强	感染	感染	感染	中	不耐
Montclar ©	法国	桃	似 Lovell	没有 Lovell 耐性强	感染	感染	感染	中	一般
Rubira ©	法国	桃	比 Lovell 弱 5%~25%	没有 Lovell 耐性强	感染	中抗	中抗	中	可能
GF 677	法国	扁桃×桃	似 GF677 或 Nemaguard	没有 Lovell 耐性强	感染	感染	感染	差	耐
Julior ©	法国	乌荆子李×欧洲李	比 Lovell 弱 5%~25%	没有 Lovell 耐性强	免疫或抗	感染	感染	好	一般
Cadaman ©	法国	桃×山桃	似 Lovell	没有 Lovell 耐性强	免疫或抗	感染	感染	好	耐
Ishtara ©	法国	(樱桃李×李)×桃	比 Lovell 弱 5%~25%	没有 Lovell 耐性强	免疫或抗	感染	感染	中	不耐
Myran ©	法国	(樱桃李×李)×桃	似 GF677 或 Nemaguard	没有 Lovell 耐性强	免疫或抗	未知	感染	好	不耐
Krymsk © 86	俄罗斯	樱桃李×桃	似 Lovell	比 Lovell 耐性强	感染与免疫或抗	免疫或抗	未知	好	耐

第二节 国外进展

表 5-2(续)

砧木品种	来源国	分类	亲和力	耐寒性	线虫抗性			耐水浸	耐碱性土壤
					南方/爪哇线虫	根腐线虫	环形线虫		
Krymsk©1	俄罗斯	毛樱桃×樱桃李	比 Lovell 弱 5%~25%	比 Lovell 耐性强	感染	中抗	感染	好	耐
Krymsk©2	俄罗斯	柳樱×毛樱桃	比 Lovell 弱 30%	比 Lovell 耐性强	感染	中抗	未知	中	一般
Pumiselect©	德国	沙樱桃	比 Lovell 弱 5%~25%	比 Lovell 耐性强	免疫或抗	感染	中抗	差	不耐

表中数据源自《The Peach》和《Fruit Breeding》[69-70]。

三、国外砧木繁殖技术

1. 实生砧木嫁接育苗

实生砧木嫁接育苗是桃树的传统育苗方法，美国、西班牙、澳大利亚、日本、法国(图 5-1)等国生产上都普遍采用。

实生砧木苗

实生砧嫁接苗

图 5-1 法国 IFO 实生砧苗木生产

2. 扦插育苗

扦插育苗也是一种传统的苗木繁殖方法，桃树通过硬枝扦插或绿枝扦插可以获得自根苗。20 世纪 80 年代，美国、澳大利亚、以色列等国开始采用自根苗建立密植园的试验。目前虽然美国、西班牙和法国等国已能通过扦插技术大量获得无性系植株，但应用范围还比较有限，主要应用在砧木繁殖方面。

3. 组织快繁育苗

利用组织培养技术可以在较短的时间内繁殖大量基因型一致的苗木，不受季节和地域限制,还能进行带病毒苗木的脱毒。常见的组织培养有利用芽或茎尖培育快繁和利用叶片等外植体再生进行快速繁殖。20世纪90年代前后,包括桃树在内的大部分果树,在欧美和日本等国家已经实现了无病毒苗的商品化生产。目前,通过组织快繁技术繁育的主要为生产用砧木,桃品种自根苗也有生产,利用该技术繁殖的苗木已普遍应用于生产,如法国的GF677、GF3、GF655.2和D1869,美国的Hansen536等。在美国,有一些专门生产果树组培苗的公司,如北美植物公司,能够提供大量包括桃不同砧木在内的果树组培苗(图5-2)。

图5-2 美国北美植物公司的桃砧木生产

4. 国外主要桃苗木公司

表5-3列出了国外主要的桃苗木公司。

表5-3 国外主要的桃苗木公司

国家	州(省)	公司名称	经营年限
美国	Louisiana	Stark Bro's Peaches and Nectarines	1816年至今
美国	California	Sun World	1976年至今
美国	Washington	C&O Nursery	1906年至今
美国	California	Dave Wilson Nursery	1938年至今
美国	Washington	Cameron Nursery	不祥

表 5-3(续)

国家	州(省)	公司名称	经营年限
美国	Washington	Willow Drive Nursery	不祥
美国	Washington	Van Well Nursery	1946 年至今
美国	Michigan	Paul Friday's Flamin' Fury © Peaches	1966 年至今
美国	California	BRIGHT'S NURSERY INC	1940 年至今
美国	Pennsylvania	Adams County Nursery	1900 年至今
美国	California	Burchell Nursery	1942 年至今
美国	New york	Cummins Nursery	不祥
美国	California	Sierra Gold Nursery	1951 年至今
美国	Pennsylvania	Boyer Nurseries & Orchards, Inc.	1900 年至今
美国	Michigan	Hilltop Nursery	1909 年至今
美国	California	Fowler Nursery	1916 年至今
加拿大	Ontario	Abe Epp & Family Inc.	不祥
加拿大	Ontario	Mori Nurseries Ltd.	1940 年至今
加拿大	Ontario	V. Kraus Nurseries Limited	1951 年至今
加拿大	Ontario	Van Brenk's Fruit Farms & Nursery Ltd	1973 年至今
加拿大	Ontario	Warwick Orchards & Nursery Ltd.	不祥
加拿大	Ontario	Silver Creek Nursery	1981 年至今
加拿大	Ontario	Scott-Whaley Nurseries Ltd.	不祥
加拿大	Ontario	Alpine Nurseries Niagara Ltd.	不祥
英国	Hampshire	Blackmoor Fruit Nurseries	1920 年至今
法国	Department of Oise-60	Les Jardins de l'Oise	1970 年至今
西班牙	Barcelona	Agromillora Group	1986 年至今
澳大利亚	New South Wales	DALEYS Fruit Tree Nursery	1980 年至今
澳大利亚	South Australia	Perry's Fruit & Nut Nursery	不祥
南非	Western Cape	Stargrow	1992 年至今

第三节 发展建议

1. 加快桃砧木品种选育进程

我国桃生产一直依赖实生苗作砧木。实生砧木嫁接育苗存在苗木整齐度差、抗性性状分离等问题，不利于实施标准化管理和机械化作业，难以提高桃产业的现代化水平和市场竞争力。生产上急需表型整齐、亲和性好、基因型一致、耐涝、抗重茬、耐旱、抗线虫、性价比高的桃砧木。我国有丰富的桃砧木资源，应尽快培育出品种化砧木。目前，中国农业科学院郑州果树研究所、青岛市农业科学院、江苏农业科学院、湖北农业科学院等相关研究单位，已把砧木育种作为重要的育种目标，相信在不久的将来，我国将培育出一批适应不同生态型和用途的砧木品种。

2. 完善无性系砧木繁殖技术

我国桃生产中还没有大面积推广使用无性系抗性砧木，主要原因是包括组培快繁技术和扦插繁殖技术在内的桃无性系砧木繁殖技术还不完善。桃茎尖组织培养相对其他果树较为困难，且不同的品种之间培养条件的差异较大。目前已有许多关于桃砧木和品种组培快繁方面的研究，但在实际应用中仍然存在增殖效率低、玻璃化严重、黄化、尖端坏死等诸多问题。需要对桃的组培快繁过程中的外植体建立、增殖、伸长、生根和炼苗移栽等环节所涉及的关键影响因子进行筛选。桃是休眠枝条扦插繁殖难生根的树种，存在生根率低、难成活等问题。桃硬枝扦插中从根原基发生、分化、发育到生根成活的过程漫长且复杂。因此，明确扦插根原基形成机制，从而形成一项扦插技术规程，对桃硬枝扦插技术的推广运用有很大意义。此外，无性繁殖苗木最大的风险是砧木带毒，要加强苗木脱毒技术的研究，简化脱毒技术，提高带毒材料脱毒成功率。

3. 推进苗木标准化生产

砧木苗生产应适应生产中对标准化建园、机械化管理的需要，生产标准化苗木。首选无性系砧木用于标准化苗木生产，其次可以选择种子性状分离较少的实生砧木。标准化苗木要打破当前1年生苗占绝大多数的现状，可以向2年生苗方向发展，使之占有一定的比例。

参 考 文 献

[1] 朱更瑞,王力荣,左覃元,等. 桃砧木资源对南方根结线虫的抗性[J]. 果树科学, 2000, 17(S1): 36-39.

[2] 李冬梅,邵姗姗,宗鹏鹏,等. 新疆桃对桃树根癌病的抗性评价[J]. 中国果树, 2012 (4): 11-13.

[3] 朱更瑞,左覃元,宗学普. 桃砧木比较试验[J]. 果树科学, 1997, 14(4): 235-239.

[4] 段盛烺,宗学普,刘效义,等. 西藏果树资源考察初报[J]. 园艺学报, 1983, 10(4): 217-224.

[5] 左覃元,龚方成,朱更瑞,等. 不同桃砧木抗根结线虫鉴定初报[J]. 果树科学, 1988, 3(6): 114-119.

[6] 朱更瑞. 中国桃属植物的抗性种质资源[J]. 作物品种资源, 1992(3): 18-20.

[7] 刘伟,曹珂,王力荣,等. 甘肃桃抗南方根结线虫性状的SRAP标记[J]. 园艺学报, 2010, 37(7): 1057-1064.

[8] 郭瑞,李晓燕,王力荣,等. 桃SRAP体系的优化及与SSR在桃品种鉴定上的比较[J]. 华北农学报, 2009, 24(4): 102-105.

[9] Cao X H, Liu Y L, Liu Z, et al. Microdissection of the Ah01 chromosome in upland cotton and microcloning of resistance gene anologs from the single chromosome[J]. Hereditas, 2017, 154(1): 13.

[10] 张倩. 红根甘肃桃1号抗南方根结线虫基因的定位与发掘[D]. 北京:中国农业科学院, 2018.

[11] 刘扩展. '红根甘肃桃1号'PkMi基因功能验证与活性物质分析[D]. 北京:中国农业科学院, 2020.

[12] 叶航,简恒,朱立新,等. 4种桃砧木对南方根结线虫抗性研究[J]. 中国果树, 2006 (4): 39-42.

[13] 王灵燕,朱立新,贾克功. 几种李属植物对花生根结线虫的抗性[J]. 中国农业大学学报, 2008, 13(5): 24-28.

[14] 王雯君,叶航,王灵燕,等. 蒙古扁桃对北方根结线虫的抗性鉴定[J]. 北京农学院学报, 2009, 24(1): 24-27.

[15] 宫静静,贾克功,朱立新,等. 桃树砧木品种筑波4号筑波5号对爪哇根结线虫的抗性[J]. 中国农业大学学报, 2009, 14(5): 72-75.

[16] 曲艳华,阿布都外力·木米尼,李冬梅,等. 新疆桃对4种主要根结线虫的抗性评价[J]. 中国果树, 2014(5): 54-56, 60.

[17] 王志强. 鉴定桃砧木对根癌病敏感性的叶圆片转化系统的建立[J]. 果树科学, 1996, 13(3): 145-148.

[18] 刘常红,叶航,朱立新,等. 桃砧木筑波4号和筑波5号抗根癌病鉴定评价[J]. 中国果树, 2009(1): 50-51.

[19] 刘常红，叶航，李辉，等．蒙古扁桃对根癌病的抗性评价[J]．西北农业学报，2009，18(3)：181-183．

[20] 刘常红，李辉，叶航，等．长柄扁桃对根癌病的抗性研究[J]．北京农学院学报，2009，24(3)：14-16．

[21] 郝峰鸽，王新卫，曹珂，等．桃品种资源抗根癌病评价[J]．西北农业学报，2018，27(11)：1606-1614．

[22] 郝峰鸽，王新卫，曹珂，等．38份桃及其野生近缘种抗根癌病评价[J]．果树学报，2017，34(11)：1401-1407．

[23] 郭洪，赵密珍，周建涛．若干桃砧木的抗涝性[J]．中国南方果树，1999，48(2)：47．

[24] 马焕普，刘志民，朱海旺，等．几种桃砧木的耐涝性及其解剖结构的观察比较[J]．北京农学院学报，2006，21(2)：1-4．

[25] 马瑞娟，张斌斌，蔡志翔，等．不同桃砧木品种对淹水的光合响应及其耐涝性评价[J]．园艺学报，2013，40(3)：409-416．

[26] 郁万文，蔡金峰，高长忠．不同桃砧木类型对淹水胁迫的生理响应及耐涝性评价[J]．中国果树，2016(3)：1-6．

[27] 蔡志翔，许建兰，张斌斌，等．桃不同砧木类型对持续干旱的响应及其抗旱性评价[J]．江苏农业学报，2013，29(4)：851-856．

[28] 丁杰，耿杰，段艳婷，等．欧李砧木对桃叶片解剖结构和抗旱能力的影响[J]．河南农业科学，2019，48(8)：117-121．

[29] 马凯，汪良驹，王业遴，等．十八种果树盐害症状与耐盐性研究[J]．果树科学，1997，14(1)：1-5．

[30] 曲艳华，李冬梅，赵丽君，等．野生新疆桃抗酸碱盐性评价[J]．中国农业大学学报，2014，19(3)：115-120．

[31] 王新卫．桃树再植障碍问题及其解决途径[J]．果农之友，2021(12)：54-55．

[32] 涂美艳，宋海岩，陈栋，等．川中丘陵区碱性土对GF677和毛桃叶片光合特性及叶绿素荧光参数的影响[J]．山地学报，2018，36(1)：153-162．

[33] 宋海岩，陈栋，李靖，等．碱性土上GF677与毛桃叶片叶绿素合成及叶绿体结构差异性研究[J]．西南农业学报，2018，31(12)：2630-2637．

[34] 陈栋，邱东昀，钟小江，等．碱性土上GF677与毛桃植株生理指标及叶片组织结构对比研究[J]．西南农业学报，2018，31(10)：2152-2159．

[35] 王新卫，王力荣，朱更瑞，等．郑果所成功育成桃多抗砧木——中桃抗砧1号[J]．果农之友，2021(1)：47-48．

[36] 胡征龄，吴顺法，王信法，等．黄桃砧木比较试验[J]．浙江农业科学，1989(5)：238-240．

[37] 张运涛，王连荣．不同砧木类型对桃树生长发育的影响[J]．山西果树，1990(1)：15-17．

[38] 李靖，王政，方庆，等．桃豫农矮化砧木1号的矮化机制[J]．果树学报，2007，24(5)：589-594．

[39] 王志强，牛良，鲁振华，等．抗重茬桃砧木新品种'中桃砧1号'的选育[J]．果树学报，2016，33(4)：504-508．

[40] 赵剑波，郭继英，姜全，等．桃抗重茬砧木GF677组培快繁技术[J]．江苏农业科学，

2016，44(5)：60-61，68.

[41] 张帆，王鸿，陈建军，等. 桃无性系砧木 GF677 繁育技术[J]. 西北园艺(果树)，2020(6)：27-28.

[42] Beckman T G, Chaparro J X, Sherman W B. Sharp, a clonal plum rootstock for peach[J]. HortScience, 2008, 43(7)：2236-2237.

[43] Fernandez C, Pinochet J, Esmenjaud D, et al. Resistance among new *Prunus* rootstocks and selections to root-knot nematodes in Spain and France[J]. HortScience, 1994, 29：1064-1067.

[44] Pinochet J, Calvet C, Hernandez-Dorrego A, et al. Resistance of peach and plum rootstocks from Spain, France, and Italy to rootknot nematode *Meloidogyne javanica*[J]. HortScience, 1999, 34：1259-1262.

[45] Pinochet J. 'Greenpac', a new peach hybrid rootstock adapted to Mediterranean conditions[J]. HortScience, 2009, 44：1456-1457.

[46] Moreno M A. Breeding and selection of *Prunus* rootstocks at the Estacion Experimental de Aula Dei, Zaragoza, Spain[J]. Acta Horticulturae, 2004, 658：519-528.

[47] Reighard G L, Loreti F. Rootstock development[M]//Layne D, Bassi D. The peach, botany, production and uses. CAB International, Wallingford, U.K, 2008：193-220.

[48] Ramming D W, Tanner O. Nemared peach rootstock[J]. HortScience, 1983, 18：376-376.

[49] Okie W R, Reighard G L, Beckman T G, et al. Field-screening *Prunus* for longevity in the southern United States[J]. HortScience, 1994, 29：673-677.

[50] Bernhard R, Grasselly C. Les pechers×amandiers[J]. L'Arboriculture Fruitiere, 1981, 328：37-42.

[51] Cambra R. 'Adafuel', an almond×peach hybrid rootstock[J]. HortScience, 1990, 25(5)：584-584.

[52] Moreno M A, Tabuenca M C, Cambra R. Performance of 'Adafuel' and 'Adarcias' as peach rootstocks[J]. HortScience, 1994, 29：1271-1273.

[53] Cos J, Frutos D, Garcia R, et al. In vitro rooting study of the peach-almond hybrid 'Mayor'[J]. HortScience, 2004, 16：24-36.

[54] Loreti F, Massai R. Sirio, nuovo portinnesto ibrido pesco×mandorlo[J]. L'Informatore Agrario, 1994, 28：47-49.

[55] Felipe A J, Gomez A J, Socias R, et al. The almond×peach hybrid rootstocks breeding program at Zaragoza(Spain)[J]. Acta Horticulturae, 1997b, 451：259-262.

[56] Felipe A. 'Felinem', 'Garnem', and 'Monegro' almond × peach hybrid rootstocks[J]. HortScience, 2009, 44：196-197.

[57] Edin M, Garcin A. Molecular genetic mapping of peach[J]. Euphytica, 1994, 77：101-103.

[58] Jimenez S, Pinochet J, Abadia A, et al. Tolerance response to iron chlorosis of *Prunus* selections as rootstocks[J]. HortScience, 2008, 43(2)：304-309.

[59] Loreti F, Massai R. Sirio：New peach×almond hybrid rootstock for peach[J]. Acta Horticulturae, 1998, 465：229-239.

[60]Loreti F, Massai R. 'Castor' and 'Polluce', Two new hybrid rootstocksfor peach[J]. Acta Horticulturae, 2006, 713: 275-278.

[61]Moreno M A, Tabuenca M C, Cambra R. 'Adesoto 101', a plum rootstock for peaches and other stone fruits[J]. HortScience, 1995, 30: 1314-1315.

[62]Felipe A, Carrera M, Gomez-Aparisi J. 'Montiza'and 'Monpol', two new plum rootstocks for peaches[J]. Acta Horticulturae, 1997a, 451: 273-276.

[63]Nicotra A, Moser L. Two new plum rootstocks for peach and nectarines, Tetra and Penta[J]. Acta Horticulturae, 1997, 451: 269-271.

[64]Reighard G L. Current directions of peach rootstock programs worldwide[J]. Acta Horticulturae, 2002, 592: 421-427.

[65]Xiloyannis C, Dichio B, Tuzio A C, et al. Characterization and selection of *Prunus* rootstocks resistant to abiotic stress: waterlogging, drought condition and iron chlorosis [J]. Acta Horticulturae, 2007, 732: 247-250.

[66]Zarrouk O, Gogorcena Y, Gomez-Aparisi J, et al. Influence of peach×almond hybrids rootstocks on flower and leaf mineral concentration, yield and vigour of two peach cultivars[J]. Scientia Horticulturae, 2005, 106(4): 502-514.

[67]Reighard G L, Newall W C, Beckman T G, et al. Field performance of *Prunus* rootstock cultivars and selections on replant soils in south Carolina[J]. Acta Horticulturae, 1997, 451: 243-250.

[68]DeJong T, Johnson R S, Doyle J F, et al. Growth, yield and physiological behavior of size-controlling peach rootstocks developed in California[J]. Acta Horticulturae, 2004, 658: 449-455.

[69]Desmond R L, Daniele B. The peach, botany, production and uses[M]. USA: CABI, 2008.

[70]Marisa L B, David H B. Fruit Breeding[M]. USA: Springer New York Dordrecht Heidelberg London, 2012.

第六章　油桃、蟠桃遗传多效性及育种利用价值

桃(Prunus persica)果实类型的多样性是世界桃育种的重要方向[1]。世界油桃育种有近50年的历史，取得了令人瞩目的成绩；蟠桃育种也越来越受到重视。果皮毛的有、无和果形的扁、圆是质量性状，这些质量性状与其他性状密切相关，体现出遗传多效性。本章重点综述桃果实无毛(油桃)、扁平(蟠桃)基因的遗传及其多效性研究进展，结合育种实践讨论这些遗传特性对育种的潜在利用价值，以期丰富油桃和蟠桃的遗传育种理论。

第一节　油桃、蟠桃的起源

1. 自然分布

我国新疆、甘肃有很多油桃地方品种，如红李光、黄李光、喀什黄肉李光；在南方也有油桃地方品种的零星分布，如江苏南通启东地区的启东油桃[2]。在湖北襄樊和河南林州均发现存在野生油桃种质。蟠桃地方品种在我国河西走廊和江浙一带栽培较多，如北方的肉蟠桃、金塔油蟠桃、五月鲜扁干等，南方的白芒蟠桃、撒花红蟠桃等。

2. 细胞学证据

汪祖华等[3]利用甜李光、喀什黄肉李光进行花粉电镜扫描的结果表明，油桃花粉粒的外壁纹饰与新疆桃($P.\ ferganensis$)一样；过国南等[4]研究表明，杂交育成油桃品种的纹饰与普通桃是一致的；郭金英等[5]利用RAPD证明，新疆油桃地方品种与观赏桃地方品种亲缘关系较近，没有蟠桃品种和甘肃走廊的普通桃进化程度高。总之，利用花粉电镜扫描和分子标记证明了油桃地方品种的原始性，而育成品种由于融入了更多的其他基因而表现进化。

汪祖华等[3]的研究表明，五月鲜扁干蟠桃花粉粒的外壁纹饰与南方蟠桃相似，而南方蟠桃与长江中下游地区的水蜜桃近似，从而认为蟠桃无论是南方还是北方均属于进化类型；然而过国南等[4]的研究表明，原产甘肃酒泉的古老地方品种油蟠桃的外壁纹饰基本为条纹，少有纹孔，表现出较为原始的类型。

3. 分子生物学证据

郭金英等[5]利用 RAPD 分子标记技术的聚类结果显示，五月鲜扁干蟠桃与西北黄肉桃聚在一起，而南方地方品种蟠桃则与部分育成油桃聚在一起。蟠桃品种群的需冷量比较短，主要在 600~700 h 范围内，比长江中下游的普通桃品种稍短，与西北桃近似[6]。桃不溶质特性起源西北，五月鲜扁干蟠桃为不溶质。通过总结以上研究成果，作者认为西北存在蟠桃古老的基因类型；南方蟠桃可能由南方水蜜桃突变而成，也可能来源于北方，但在演变过程中融入了更多南方水蜜桃的基因。基于 480 份全基因组测序数据的分析结果表明，油桃基因为单起源，主要起源于我国西北地区；蟠桃基因为多起源，有 2 个起源中心，分别为我国西北地区和长江中下游地区[7-8]。

第二节 油桃、蟠桃的遗传特点

一、果皮毛基因的遗传特点

桃果实有毛基因(G)与无毛基因(g)为 1 对等位基因控制，有毛对无毛为显性[9]。因此，普通桃的基因型有纯合体 GG 和杂合体 Gg 两种类型，油桃基因型只有纯合体 gg 类型。油桃明显起源于有毛桃的突变体，然而没有发现产生毛桃的恢复突变。不出现恢复突变是点突变和缺失之间的最大差别。在成千上万株非芽变的油桃树中，即使在由有性而来的油桃中也观察不到这种突变；但关于染色体缺失没有细胞学证据。因此，认为油桃是微小的、非致死的缺失的表现型[10]。同时油桃与普通桃比较，果实可溶性固形物、果实甜度、果实风味、果面光滑度的狭义遗传力均有提高，而果实着色、果实平均单果质量的遗传力均减小，果实硬度和成熟期基本一样。

Dirlewanger 等[11]利用 F_2 群体将控制油桃/毛桃的基因定位在 5 号染色体末端 1.189 Mb 范围内。Vendramin 等[12]利用包含 305 个个体的 F_2 群体，对前人定位的区间通过 SNP 标记进行加密，将油桃基因定位在 5 号染色体 635 kb 的范围内，并鉴定到候选基因 *PpMYB25*，该基因第 3 个外显子上的转座子插入与油桃的无毛性状显著相关。

二、果形基因的遗传特点

1. 蟠桃纯合显性不孕

桃果实扁平形对非扁平形为 1 对等位基因,扁平形(saucer)对非扁平形(nonsaucer)为显性[13],理论上蟠桃的基因型有 SS 和 Ss 两种,而非扁平形桃的基因型为 ss。在蟠桃与非扁平形桃的杂交后代中,蟠桃与非扁平形桃的分离比例理论值应为 1∶1,然而,姜全等[14]发现,在杂种后代中,蟠桃与非扁平形桃的分离比例为 1∶1.2。因此推断,蟠桃显性纯合致死,即不存在 SS 植株,所有的蟠桃均为杂合体 Ss,所有的非扁平形桃均为 ss。Dirlewanger 等[11]在蟠桃×油桃的 F$_2$ 群体中发现,拥有 S 基因的纯合个体在成熟前全部脱落,即能够产生正常果实的蟠桃的基因型均为 S/s,S/S 基因型虽然能够开花,但是不能产生正常成熟的果实。姜全等与 Dirlewanger 等相同的观点是能够产生成熟蟠桃果实树体的基因型只能是 S/s,不同的是前者认为基因型 S/S 是不可能存在的,而后者认为 S/S 的植株能够成活、开花,但不能够得到正常的果实。俞明亮等[15]的研究表明,白芒蟠桃、撒花红蟠桃、玉露蟠桃等地方品种均为花粉不育的杂合体。在地方品种中,存在如此高的花粉不育的杂合体是否与 S/S 致死有关的问题值得关注。Tan 等[16]通过比较基因组分析发现,蟠桃在 S 区域有 1 个杂合的单倍型信号,这证明了蟠桃基本均为杂合的假说。

蟠桃果实纯合败育关键基因挖掘:首先,通过分析可育蟠桃、败育蟠桃、圆桃的生理特征,发现蟠桃早期败育的主要原因是种子的糖与淀粉合成不足,种胚无法正常发育,引起果实败育,而非授粉受精不良;其次,通过比较转录组、基因表达和启动子活性分析,鉴定到关键基因 $PpSnRK1\beta\gamma$;最后,通过番茄遗传转化、桃果肉的瞬时转化,证明该基因具有增强糖、淀粉合成的功能,间接表明 $PpSnRK1\beta\gamma$ 表达的降低与蟠桃果实的败育相关。

2. 蟠桃基因发掘

对蟠桃 S 基因的定位及分子标记的开发已有很多报道。Dirlewanger 等[17]根据 FerjalouJalousia 与 Fantasia 的杂交 F$_2$ 群体后代的表型性状,通过利用 270 个已知的分子标记(包括 RFLP、RAPD 和 AFLP),首次将控制蟠桃果形的基因定位于 6 号染色体的末端。随着 SSR 标记的出现,研究者进一步发现,S 基因与桃第 6 染色体上的 2 个 SSR 分子标记 MA040a(染色体位置约为 26.7 Mb)和 MA014a(染色体位置约为 27.2 Mb)存在连锁关系[11]。随后,Picañol 等[18]利用 2 个蟠桃品种 UFO-3 和 Sweet Cap 进行杂交,使用 16 个 SSR 标记,将 S 基因定位于第 6 染色体上,位于标记 UDP98-412(染色体位置约为 26.6 Mb)与 Ma014a 之间，候选区间仅有 0.6 Mb，约含有 92 个基因。López-Girona 等[19]发现，*Prupe.6G281100* 基因上游存在 1 个 10 kb 的结构变异，与果实性状共分离。通过对果形性状进行 GWAS 分析，筛选到 1 个与果形共分离的关键 SNP[20]；利用该 SNP 在 475 份种质上进行准确性鉴定，发现其能够准确区分蟠桃、圆桃及蟠桃纯合体类型，准确率达到 100%[20]。通过基于基因组结构变异 GWAS 鉴定到 1 个与蟠桃果形紧密连锁的 1.67-Mb 的染色体倒位变异[8,21]，该变异可准确区分蟠桃与圆桃；通过比较转录组分析与基因表达分析，筛选到果形关键基因 *PpOFP1*；通过番茄遗传转化，证明 *PpOFP1* 基因控制扁平果形的形成。最终明确了蟠桃果形的关键基因 *PpOFP1*[21]。

第三节 油桃和蟠桃基因对生长发育的多效性影响

一、对生长发育形态特征的影响

1. 生长发育曲线

油桃果实生长并不像普通桃那样具有典型的"双 S 形"曲线；11 个品种完成第Ⅰ期生长是相似的，有些品种没有最后膨大期。王力荣等[6]对果实发育期近似的有明白桃（普通桃）、瑞光 19 号（油桃）、农神蟠桃、中油蟠 3 号的研究结果表明，普通桃、蟠桃、油桃、油蟠桃品种的果实纵径、横径、侧径、果实鲜果质量、果实体积、果肉鲜质量和果肉干质量的生长变化均呈"双 S 形"曲线；其中蟠桃和油蟠桃的纵径在快速生长期Ⅰ期和Ⅲ期均显著小于油桃和普通桃，侧径没有差异；在整个发育过程中，蟠桃的纵径是普通桃的 60% 左右，油蟠桃只有普通桃的 50% 左右；在Ⅱ期，普通桃、油桃的果核干物质含量增加速度大于蟠桃和油蟠桃，尤其是油桃。在新疆桃中有界于非扁平形桃和扁平形桃的中间类型——新疆黄肉，在其他生态区尚未发现此类型。

2. 细胞大小

在细胞学方面，普通桃和蟠桃果面着生表皮毛，二者表皮细胞为多层，细胞间形状和大小差异较大，排列不整齐。Guo 等[22]通过蟠桃、圆桃果实发育期的动态表型观察及显微结构分析，发现蟠桃果形扁平的主要原因是蟠桃果实的纵向细胞数目显著低于圆桃果实。油桃和油蟠桃表皮细胞为 1 层，细胞皆为长柱形，大小一致，排列整齐。无毛基因减少了表皮细胞的层数，但增加了表皮细胞的厚度。在果实发育的Ⅱ期末，普通桃、蟠桃、油桃、油蟠桃表皮细胞的大小与平均单果质量无显著相关[23]。

3. 淀粉粒

不同类型桃的亚表皮细胞的可见淀粉粒数目呈规律性变化。对同一组合不同果实类型桃亚表皮细胞的可见淀粉粒数目研究表明，油蟠桃的亚表皮层在盛花后 21 d 即可看到淀粉粒，随着果实的发育，可见淀粉粒数目逐渐增多，在盛花后 56 d 保持稳定；油桃和蟠桃分别在盛花后 35 d 和 56 d 才能观察到淀粉粒，与油蟠桃相比，油桃和蟠桃的淀粉粒数目少；而普通桃在整个发育期无可见淀粉粒。果皮无毛和果形扁平基因均具有增加果皮亚表皮层淀粉粒的作用，且 2 个基因的作用具有累加作用；油桃的中果皮细胞一直处于较小的状态[23]。

4. 果皮茸毛的长度

普通桃杂合体基因型 Gg 往往比纯合体基因型 GG 的茸毛少[24-25]。Okie 等[25]利用普通桃 Pekin 和油桃 Durbin 杂交的 70 个单株，获得了 3 个果皮有毛和无毛类型之间的中间型，其表面比油桃粗糙、没有光泽，扫描电镜显示其上有多细胞的短茸毛，长度仅 20~80 μm，是普通桃茸毛长度的 1/12~1/10；王力荣[26]研究发现，有毛-无毛杂合体的普通桃和蟠桃茸毛长度仅 80 μm，比纯合普通桃短，而在整个发育过程中，蟠桃的茸毛长度始终小于普通桃。因此果形扁平基因在一定程度上降低了果皮毛的长度。

5. 油桃色泽

无论向阳面还是背阴面，油桃均具有更高的红色着色程度。王力荣等[27]进一步指出，当普通桃是 Gg 杂合体时可以显著提高其着色面积，此结论对于改善普通桃外观品质具有积极意义。高可溶性固形物、高可溶性糖可能是油桃着色程度高的重要生理因素。

6. 油桃果点

油桃果点往往较大，果点大者往往甜，因此果点有时也被称为糖点。Topp 等[28]从 45 个桃品种的分析结果中，得到果实可溶性固形物含量与果点密度的相关系数为 0.72，达到显著相关；Wu 等[29]证明果点与可溶性固形物含量呈正相关，与果实的呼吸速率也呈正相关；果皮有斑点的果实，平均蔗糖、山梨醇糖和奎宁酸的含量显著高于没有斑点的。曹珂等[23]的研究显示，油桃表皮细胞的超微结构显示果点下薄壁细胞的细胞壁上存在局部收缩区域，分布胞间连丝，胞间连丝近旁的淀粉粒大而且明亮。果点密度大的果实近表皮果肉的可溶性糖含量和淀粉含量显著高。

7. 裂果性

桃果实的裂果分为裂皮（即果皮开裂）和裂核（即果核开裂）。根据观察，油桃不仅裂皮，而且也容易裂核，果顶裂皮尤为严重。蟠桃一般在果实发育的早期发生裂核。

田玉命等[30]研究发现，油桃表皮细胞层数少，纵向排列松散，易产生裂果；普通桃表皮细胞层数多，排列整齐、紧密，不易裂果；油桃果皮薄，果皮细胞变薄速率大，容易裂果。曹珂等[23]则认为，油桃表皮细胞只有1层，普通桃的表皮细胞层数较多，但油桃的表皮细胞排列整齐度明显高于普通桃，其外层细胞壁变厚，表面比较平整，厚度大，蜡质层厚，导致不容易适应外界水分的变化、不利于缓解张力，容易产生裂皮。

曹珂等[23]的研究表明，油桃、蟠桃、油蟠桃的亚表皮层有大量淀粉粒存在，这是导致其容易裂果的主要原因之一。淀粉粒在不同果实类型的果实中均可以出现，只是早期蟠桃、油桃积累多，油蟠桃积累最多，后期分解时大量吸水，造成裂皮。这意味着亚表皮层糖含量的高低是决定裂果与否更加直接的因素。

裂核是蟠桃形态发育的重要特征，常发生在果实发育的硬核期。中晚熟蟠桃品种的种子也存在胚发育不全的现象，其种子的发芽率低。在对其种子进行胚挽救组织培养或者沙藏层积处理时，很容易发生种子开裂，导致种子出苗率低。

蟠桃节间较短，以复花芽为主。Fogle等[31]的研究表明，不同油桃品种表面的电镜扫描饰纹差别较大，在气孔的附近有突起和小的裂纹。这种突起和气孔的数量在不同品种之间不一样，小裂纹的发生与自然状况下褐腐病的发生是一致的，因此裂纹可能是病菌进入果实的门户。油桃表面结构的不同是可以遗传的。

8. 单果质量

Oberle等[32]观察到普通桃的单果质量比油桃大。Scorza等1956年曾报道普通桃比油桃大将近1倍。Wen等[33]利用2个普通桃和油桃突变体(TropicBeauty/TBN、Fla.M3-1/M3-1N)进行研究，结果是2个普通桃比油桃突变体分别重27.78%和104.55%，而利用遗传群体普通桃比油桃重35%[34]。吴本宏等[35]利用遗传群体进行研究，发现普通桃平均单果质量比油桃高约20%。王力荣[26]对10个杂交遗传群体中的481个单株中普通桃、蟠桃、油桃、油蟠桃单果质量分析的结果表明，无毛基因和扁平基因均具有显著降低单果质量的作用，其中扁平基因显著大于无毛基因的作用；无毛基因和扁平基因同时存在时，扁平基因和无毛基因对单果质量的降低具有叠加作用；不同遗传群体减少的程度有所不同，以普通桃为对照，无毛遗传群体平均降低16.79%，扁平遗传群体降低39.04%，无毛扁平遗传群体降低46.34%[36]。

9. 核质量

对30个蟠桃品种、81个油桃品种和380个普通桃品种核质量的比较分析表明，蟠桃核的平均质量为 98.26 g，显著小于普通桃的 113.85 g 和油桃的 101.63 g，油桃与普通桃没有显著的差异。蟠桃的核质量占果实质量的 2.68%，普通桃的核质量占比是 4.16%，油桃的是 4.97%。这意味着蟠桃果实的可食率最高，油桃果实的可食率最低[27]。

10. 硬度

Wen 等[33]的研究发现，油桃比其来源的普通桃果肉的比重大。王力荣等[27]的研究表明，油桃品种群、普通桃品种群和蟠桃自然品种群的果实带皮硬度依次降低，分别为 17.75 kg/cm^2、17.31 kg/cm^2 和 13.29 kg/cm^2；油桃、普通桃、蟠桃的去皮硬度依次显著降低，分别为 13.66 kg/cm^2、11.22 kg/cm^2 和 8.29 kg/cm^2。去皮硬度在一定程度上反映了果肉质地的致密程度，因此，油桃有更加致密的果肉质地，果肉柔软的蟠桃是典型的"水蜜型"。而油桃的果皮韧性显著低于普通桃和蟠桃，其高硬度主要来自于果肉，而不是果皮。

二、对内在品质的影响

1. 对可溶性固形物和可溶性糖的影响

油桃的英文名是 nectarine，其词根 nectar 在希腊神话中的意思是"神的饮料，璀璨的玉液"，现引申为"花蜜"。可见，油桃的英文名含有"美观""风味甜"的意蕴。Wen 等[33]的研究表明，2 个油桃突变体的可溶性固形物含量分别比其来源的普通桃高 13.15% 和 9.23%，而可溶性总糖含量分别高 1.72% 和 34.36%。吴本宏等[35]和王力荣[26]的研究结果表明，普通桃可溶性固形物和总糖的平均含量较油桃均降低 15%~25%。Lesley[13] 和 Monet[37] 在育种实践中发现，感官风味甜与蟠桃果形之间存在相关遗传效应。俞明亮等[39]通过遗传群体的研究，认为蟠桃感官风味甜的遗传力较强，但风味甜和蟠桃果形之间不存在连锁关系。

2. 对糖组分的影响

Wen 等[34]分析了普通桃和其油桃突变体的糖组分，油桃突变体 TBN 的蔗糖、葡萄糖、果糖和山梨醇糖含量分别比普通桃 Tropic Beauty 高－2.06%（不显著）、31.88%（显著）、12.04%（不显著）和－4.26%（不显著），而 Fla. M3-1 油桃则比 M3-1N 普通桃分别高 32.15%、11.53%、20.32% 和 516.67%，均达到显著差异水平。Wen 等[34]利用 3 个遗传群体进行研究，结果表明，总的趋势是油桃的可溶性糖、蔗糖、葡萄糖和山梨醇糖含量显著高于普通桃，而果糖含量没有显著差异。吴本宏等[35]的研究结果表明，油桃中蔗糖、果糖和山梨醇糖含量分别较普通桃高 30.64%、21.12% 和 63.01%，均存在显著差异；而葡萄糖含量无显著差异。可见，在可溶性糖组分方面，不同研究者、不同材料得出的结论不一致。

3. 对可滴定酸含量的影响

Monet[37]以可滴定酸含量 40 mg/kg 为界限，低于 40 mg/kg 为非酸，高于 40 mg/kg 为酸，提出桃的非酸对酸为显性；但纯合隐性基因的修饰基因也影响酸的最后含量[40]。吴本宏等[35]报道，莽草酸含量与果实发育期呈正相关，而苹果酸和奎宁酸含量与果实发育期的关联曲线呈抛物线形；柠檬酸含量与果实发育期无明显的关系。Wen 等[33]的研究表明，TBN 油桃突变体比 Tropic Beauty 的可滴定酸、柠檬酸、苹果酸含量分别高－8.80%、15.27% 和 －43.51%；而 Fla. M3-1 油桃则比 M3-1N 普通桃的柠檬酸、苹果酸、奎宁酸和可滴定酸含量分别高 38.68%、67.92%、－27.62% 和 31.81%，油桃中的奎宁酸含量仅有普通桃的 70.37%；而利用杂交遗传群体进行研究[33]的结果表明，油桃可滴定酸、柠檬酸、苹果酸含量均显著高于普通桃，而奎宁酸含量则没有差异。吴本宏等[35]的研究结果表明，油桃的总酸、奎宁酸含量均显著地高于普通桃。俞明亮等[39]利用 3 个杂交群体的研究表明，甜油桃占甜桃的比例分别为 29.2%、51.4% 和 43.8%，油桃偏向于酸。王力荣[26]的研究也支持了此结论。总之，油桃的可滴定酸含量高于普通桃，而酸组分差异还尚未定论。

4. 油桃、蟠桃对风味品质性状的累加作用

原产我国甘肃酒泉的油蟠桃单果质量仅有 30 g，属于果实的极小类型，在栽培桃地方种质资源中罕见，而该品种果实的可溶性固形物含量几乎达到了此类型中的极大值[41]。常永义等[38]也报道了甘肃河西走廊的油蟠桃果实的可溶性固形物含量很高，而果实质量较小。Wang 等[36]利用 10 个遗传群体的 364 个单株进行研究，结果表明，油桃的可溶性固形物含量比普通桃高 1.47%～22.03%，平均高 10.91%；蟠桃的可溶性固形物含量比普通桃高－8.38%～27.12%(其中的 1 个群体蟠桃比普通桃的可溶性固形物含量低)，平均高 11.20%；油蟠桃的可溶性固形物含量比普通桃高 20.09%～35.52%，平均高 27.64%；说明在油蟠桃中果形和果皮毛对可溶性固形物含量的增加以累加作用为主，使得油蟠桃的可溶性固形物含量高。

5. 桃无毛基因和扁平基因在连锁遗传图谱中与品质、果实大小性状的相关性

Dirlewanger 等[42]将油桃(G)和非酸(D)基因定位在第 5 连锁群上，将蟠桃(S)定位在第 6 连锁群上；G 与 D 的遗传距离为 92 cM；果实不育基因(Af)与 S 基因产生共分离。研究表明，在第 5 连锁群的 D 标记附近，有 pH 值、柠檬酸的负效标记，蔗糖和可滴定酸的正效标记，同时在该连锁群中还有另 1 个蔗糖的正效标记和苹果酸的负效标记。在第 6 连锁群的 S 基因标记

附近，有果实大小的负效基因和可溶性固形物和蔗糖的正效基因，同时控制可滴定酸、苹果酸、柠檬酸、奎宁酸含量的负效基因和山梨醇糖的正效基因也位于该连锁群的上部位置。由于大多数 QTL 定位的贡献率不高，目前尚不能从分子生物学的角度解释桃果皮无毛基因和扁平基因的遗传多效性。

第四节 油桃、蟠桃基因突变的生态意义及育种价值

一、解剖学意义

1. 油桃细胞组织结构与抗旱性

旱生植物叶的表皮细胞都比较小，细胞壁（特别是外壁）常增厚，外壁的外层角质化；有些旱生植物的表皮毛是死亡的，死亡的表皮毛的腔内充满空气，呈现白色，能够反射光线，因而具有防止叶片温度升高的作用；有些旱生植物死亡的表皮毛的柄部细胞或基部细胞的整个细胞壁完全角质化[43]。油桃最大的特点是果皮无毛，表皮层角质化，气孔（果点）增多，果核的相对干物质含量增加，亚表皮细胞的厚度增加，中果皮细胞的横切面积降低和果实减小，这些特点都可以提高植物的抗旱性。

2. 蟠桃果形与抗旱性

植物体生长量变小、短缩是抗旱性差的重要表现形式[43]，蟠桃是果实短缩的极端类型。蟠桃通过降低果实的平轴分裂来降低果实中果皮细胞的体积和大小。在新疆桃中有界于非扁平和扁平桃的中间类型——新疆黄肉。五月鲜扁干蟠桃和甘肃的油蟠桃均为不溶质类型。蟠桃品种在新疆的适应能力强于普通桃，甚至强于油桃。

二、生理学意义

1. 生理变化与抗旱性提高

大量研究表明，果实的糖含量与抗干旱胁迫性密切相关。柑橘果实在适度干旱胁迫下可滴定酸含量升高、pH 值降低，从而启动蔗糖磷酸化酶[44]。油桃和蟠桃可溶性固形物和可溶性糖质量分数的提高有助于提高抗旱性，油桃酸质量分数的提高也有助于提高抗旱性。

2. 油桃着色与抗紫外线辐射和抗旱性

紫外线辐射是旱地的主要生态学特性，同时也可诱导植物的交叉抗旱

性[45]。油桃表面光滑无毛，容易受到光伤害。油桃许多品种自幼果开始即为红色，果实成熟时着色面积大、着色浓是油桃的重要生物学特点，这种特点使油桃的抗紫外线辐射能力和抗旱能力得以提高。此外，油桃提高酸度也有利于维持花青苷的稳定。

三、育种价值

1. 利用油桃和蟠桃的遗传特性提高果实固形物含量

从遗传群体看，果皮毛基因和果形基因对可溶性固形物的影响非常明显，果皮毛基因对色泽的变化也有显著影响。因此，利用油桃和蟠桃的遗传特性改善桃的果实风味品质是非常有效的途径。当然，要得到大果油桃和蟠桃，必须增大遗传群体的数量。

2. 利用油桃的隐性基因改良果实着色

当普通桃是毛桃和油桃的杂合体时，毛桃的着色面积显著提高。着色程度的增加不仅美观，还可以掩盖果面的瑕疵，尤其是对于白肉有毛桃。例如，因为农神蟠桃的基因型是Gg，其外观颜色非常漂亮。

3. 利用普通桃－油桃杂合体培育短毛、少毛品种

缩短茸毛可以改善普通桃的外观、减少果实分级包装时刷毛的工作量。缩短茸毛还可以提高喷药效果，因为茸毛也是药液覆盖的物理屏障。利用隐性无毛基因（g）可以有效缩短普通桃和蟠桃果皮的茸毛长度。

4. 培育高品质小果型油蟠桃品种

果皮毛基因和果型基因对降低单果质量的作用非常明显。当2对基因同时存在时，很容易得到高可溶性固形物的油蟠桃，其风味非常浓郁，但果实小、裂果（裂皮、裂核）严重。小果型油蟠桃具有食用方便（无毛、扁平）和高品质的特点，例如中油蟠11号。

5. 培育大果型油蟠桃品种

由于油桃、蟠桃基因对果实大小的遗传减效性，要得到大果、裂核轻的油蟠桃品种，必须利用大果种质，增加蟠桃果肉厚度，创制大群体。这点已经在中油蟠7号、中油蟠9号等品种的培育中得到验证。

6. 培育果顶平的蟠桃品种

蟠桃果肉薄、果顶凹导致蟠桃果顶易积水，裂果、裂核严重。要得到果顶平的蟠桃，须利用果顶圆凸的普通桃与蟠桃杂交，这实质上是性状互补。

参 考 文 献

[1] Byrne D H. Peach breeding trends: a world wide perspective[J]. Acta Horticulturae, 2002, 592: 49-59.

[2] 汪祖华, 庄恩及. 中国果树志: 桃卷[M]. 北京: 中国林业出版社, 2001.

[3] 汪祖华, 周建涛. 桃种质的亲缘演化关系研究——花粉形态分析[J]. 园艺学报, 1990, 17(3): 161-168.

[4] 过国南, 王力荣, 阎振立, 等. 利用花粉粒形态分析法研究桃种质源的进化关系[J]. 果树学报, 2006, 23(5): 664-669.

[5] 郭金英, 王力荣, 范崇辉, 等. 桃遗传多样性及其亲缘关系的 RAPD 分析[C]//王鸣. 园艺学研究进展(第六辑). 西安: 陕西科学技术出版社, 2004: 185-191.

[6] 王力荣, 朱更瑞, 左覃元. 中国桃品种的需冷量研究[J]. 园艺学报, 1997, 25(2): 194-196.

[7] Cao Ke, Zheng Zhijun, Wang Lirong, et al. Comparative population genomics reveals the domestication history of the peach, *Prunus persica*, and human influences on perennial fruit crops[J]. Genome Biology, 2014, 15: 415.

[8] Li Y, Cao K, Zhu G R, et al. Genomic analyses of an extensivecollection of wild and cultivated accessions provide new insights intopeach breeding history[J]. Genome Biology, 2019, 20: 36.

[9] Blake M A. The J H Hale as a parent in peach crosses[J]. Proceedings of the American Society for Horticultural Science, 1932, 9: 131-136.

[10] Janick J, Moore J N. Fruit breeding volume I//Tree and tropical fruits[M]. USA: John Wiley & Sons, Inc, 1996.

[11] Dirlewanger E, Cosson P, Boudehri K, et al. Development of a second-generation genetic linkage map for peach [*Prunus persica* (L.) Batsch] and characterization of morphological traits affecting flower and fruit[J]. Tree Genet Genomes, 2006, 3: 1-13.

[12] Vendramin E, Pea G, Dondini L, et al. A unique mutation in a MYB gene cosegregates with the nectarine phenotype in peach[J]. PLoS One, 2014, 9(10): e112032.

[13] Lesley J W. A genetic study of saucer fruit shape and other charactersin the peach[J]. Proceedings of the American Society for Horticultural Science, 1939, 38: 218-222.

[14] 姜全, 郭继英, 郑书旗. 蟠桃果形遗传分析[J]. 果树科学, 2000, 17(增刊): 1-4.

[15] 俞明亮, 汤秀莲, 马瑞娟, 等. 蟠桃主要性状的遗传趋向[J]. 园艺学报, 1995, 22(4): 389-390.

[16] Tan Q P, Liu X, Gao H R, et al. Comparison between flat and round peaches, genomic evidences of heterozygosity events[J]. Frontiers in Plant Sciences, 2019, 10: 592.

[17] Dirlewanger E, Pronier V, Parvery C, et al. Genetic linkage map of peach[*Prunus persica* (L.) Batsch] using morphological and molecular markers[J]. Theoretical and Applied Genetics, 1998, 97: 888-895.

[18] Picañol R, Eduardo I, Aranzana M J, et al. Combining linkage and association mapping to search for markers linked to the flat fruit character in peach[J]. Euphytica, 2013, 190: 279-288.

[19] López-Girona E, Zhang Y, Eduardo I, et al. A deletion affecting an LRR-RLK gene co-segregates with the fruit flat shape trait in peach[J]. Scientific Reports, 2017, 7: 6714.

[20] Cao K, Zhou Z K, Wang Q, et al. Genome-wide association study of 12 agronomic traits in peach[J]. Nature Communications, 2016, 7: 1-10.

[21] Guo J, Cao K, Deng C, et al. An integrated peach genome structural variation map uncovers genes associated with fruit traits[J]. Genome Biology, 2020, 21: 1-19.

[22] Guo J, Cao K, Li Y, et al. Comparative transcriptome and microscopy analyses provide insights into flat shape formation in peach(*Prunus persica*)[J]. Frontiers in Plant Science, 2018, 8: 2215.

[23] 曹珂, 王力荣, 朱更瑞, 等. 桃不同类型果实发育的解剖学特性研究[J]. 果树学报, 2009, 26(4): 440-444.

[24] Fogle H W. Evaluation combining ability in peach and nectarine[J]. HortScience, 1974, 9: 334-335.

[25] Okie W R, Prince V E. Surface features of a novel peach×nectarine hybrid[J]. HortScience, 1982, 17: 66-67.

[26] 王力荣. 桃果实无毛和扁平基因的遗传多效性研究[D]. 泰安: 山东农业大学, 2007.

[27] 王力荣, 束怀瑞, 陈学森, 等. 桃不同果实类型品质、产量性状的差异研究[J]. 园艺学报, 2008, 35(11): 1567-1572.

[28] Topp B L, Sherman W B. Nectarine skin speckling is associated with flesh soluble solid content[J]. Journal American Pomological Society, 2000, 54(4): 177-182.

[29] Wu B H, Genard L, Kervella J. Relationship between skin speckle, soluble solids content and transpiration rate in nectarines[J]. European Jouranl of Horticultural Scencei, 2003, 68(2): 83-85.

[30] 田玉命, 韩明玉. 油桃果实细胞组织结构与裂果的关系[J]. 西北农业学报, 2000, 9(1): 108-110.

[31] Fogle H W, Faust M. Ultrastructure of nectarine fruit surfaces[J]. Proceedings of the American Society for Horticultural Science, 1975, 100: 434-439.

[32] Oberle G D, Nickolson J O. Implications suggested by a peach to nectarine sport[J]. Proceedings of the American Society for Horticultural Science, 1953, 62: 323-326.

[33] Wen I C, Sherman W B, Koch K E. Heritable pleiotropic effects of the nectarine mutant from peach[J]. Journal of the American Society Horticultural Science, 1995, 120(1): 721-725.

[34] Wen I C, Koch K E, Sherman W B. Comparing fruit and tree characteristics of two peaches and their nectarine mutants[J]. Journal of the American Society Horticultural Science, 1995, 120(1): 101-106.

[35] 吴本宏, 李绍华, Benedicte Q, 等. 桃果皮毛、果肉颜色对果实糖与酸含量的影响及相关性研究[J]. 中国农业科学, 2003, 36(12): 1540-1544.

[36] Wang L R, Zhu G R, Fang W C, et al. Comparison of heritable pleiotropic effects of the Glabrousand Saucer shape genes of peach[J]. HortScience, 2010, 90: 367-370.

[37] Monet R. Peach genetics: past, present and future[J]. Acta Horticulturae, 1989, 254: 49-56.

[38] 常永义, 朱建兰. 甘肃油桃资源与利用[J]. 作物品种资源, 1994(3): 16-18.

[39] 俞明亮. 桃性状遗传评价与分子标记技术研究[D]. 南京: 南京农业大学, 2004.

[40] Byrne D H, Nikolic A N, Burns E E. Variability in sugar, acids, formness and color characteristics of 12 peach genotypes[J]. Journal of the American Society Horticultural Science, 1991, 116: 1004-1006.

[41] 贾敬贤. 果树种质资源目录[M]. 北京: 农业出版社, 1993.

[42] Dirlewanger E, Moing A, Rothan C, et al. Mapping QTLs controlling fruit quality in peach *Prunus persica* L. Batsch[J]. Theoretical and Applied Genetics, 1999, 98: 18-31.

[43] 刘穆. 种子植物形态解剖学导论[M]. 北京: 科学出版社, 2004.

[44] Hockema B R, Etxeberria E. Metabolic contributors to drought-enhanced accumulation of sugars and acids in orange[J]. Journal of the American Society Horticultural Science, 2001, 126: 599-605.

[45] 孙明霞, 王宝增, 范海, 等. 叶片中的花色素苷及其对植物适应环境的意义[J]. 植物生理学通讯, 2003, 39(6): 688-694.

[46] 王力荣. 油桃、蟠桃的遗传多效性及育种利用价值探讨[J]. 果树学报, 2009, 26(5): 692-698.

[47] Guo J, Cao K, Yao J L, et al. Reduced expression of a subunit gene of sucrose non-fermenting 1 related kinase, PpSnRK1βγ, confers flat fruit abortion in peach by regulating sugar and starch metabolism[J]. BMC Plant Biology, 2021, 21(1): 1-13.

[48] Scorza R, May L G, Purnell B, et al. Differences in number and area of mesocarp cells between small and large-fruited peach cultivars[J]. Journal of the American Society Horticultural Science, 1991, 116: 861-864.

第七章 桃低需冷量种质发掘、创新与利用

需冷量是指打破落叶果树自然休眠所需的有效低温时数,是果树区划的根本要素之一。桃是对需冷量要求极为严格的果树种类,需冷量不足将引起枯花芽严重、花期延迟、开花不整齐、果实畸形、成熟期不一致等。美国从20世纪30年代开始桃品种需冷量的研究,培育出系列低需冷量品种[1-2],将桃主产区扩展至加州南部、得克萨斯、佛罗里达等区域。巴西、墨西哥、西班牙、南非等国家培育出一批低需冷量的桃品种。直到80年代,我国对果树需冷量的研究仍为空白。由于缺乏对落叶果树需冷量的认识,基础研究严重落后于产业需要,不能科学指导南方低纬度地区的引种和北方的设施促早栽培。生产中时常出现需冷量不足的现象,例如四川潼南县种植的黄桃和北方设施桃促早栽培,由于需冷量不足,引起开花延迟和果实畸形等严重问题。

中国农业科学院郑州果树研究所(以下简称郑州果树所)从20世纪80年代中期开始,在国家科技攻关、863计划、科技支撑计划、农业部948项目以及现代农业产业技术体系的资助下,在桃低需冷量种质发掘与创新方面取得了重要进展。在低需冷量种质发掘方面,确立了桃种质资源需冷量的评价模式,明确了不同生态型、不同品种群的需冷量分布,阐明了需冷量的遗传特性,发现由于低需冷量种质的花芽分化早、代谢产物含量高、光合作用强、营养生长量大而导致童期短、早期丰产性高等重要生物学特性,开发了500 h为分界线的需冷量分子鉴定标记,准确率达92.2%;收集、引进、发掘低需冷量桃优异种质30份。在种质创新方面,创新低需冷量、早熟优异种质3份,培育低和低中需冷量桃新品种30多个,部分主要鲜食栽培品种的需冷量由800~900 h降低至550~700 h,降低了12.5%~38.8%;主要观赏桃花品种需冷量由900~1 200 h降低至450~550 h,降低了38.8%~62.5%。基于长期积累的数据,提出了以需冷量为要素的我国桃品种的区划方案,提高了

第七章 桃低需冷量种质发掘、创新与利用

桃主栽品种的早期丰产性,扩展了桃栽培南限,提供了设施桃适宜栽培品种,指导了桃设施促早栽培升温节点等关键技术,为应对全球气候变暖、促进桃产业高质量发展发挥了重要作用。

第一节 研究历史

1. 需冷量评价方法的确立(1990年以前)

20世纪80年代,郑州果树所和西北农业大学等相关单位相继开始了桃品种需寒量评价方法的研究,确立了剪取田间自然越冬枝条、水培插条、0~7.2℃模式为测定品种低温需求量的评价方法[3-5]。1996年统一开始使用需冷量[6]。支撑项目为国家"七五"重点科技(攻关)项目"农作物品种资源研究"(75-01)[7]。

2. 低需冷量种质的发掘及在设施栽培中的利用(1990—2000年)

在国家"八五""九五"重点科技(攻关)项目资助下[8-9],重点开展了桃品种资源需冷量评价与优异种质发掘[10];为设施栽培提供了适宜需冷量品种早红2号和升温节点等关键技术[11-12];在农业部948项目"优良短低温、中低温油桃品系的引入"(991047)的资助下,美国得克萨斯农工大学的David Byrne教授帮助引进了20多个中、低需冷量桃品种,奠定了我国低需冷量育种的种质资源基础。

3. 低需冷量种质早期丰产性的研究及种质创新(2001—2010年)

在"十五"863课题"可控环境下园艺作物生长模拟及优质高效栽培技术"(2001AA247041、2001AA247040)、国家攻关计划项目子课题"低需冷量、早熟油桃种质资源的创新利用研究"以及国家科技支撑"资源高效利用型设施果树安全生产关键技术研究与示范"(2006BAD07B06)等项目的支持下,发现了低需冷量种质具有童期短、早果性强等特点[13-17];开展了低需冷量种质的创新与新品种培育,创制了南方金蜜、南方早红等低需冷量新种质[2],培育出曙光、中农金辉等适宜设施栽培的品种[18-19],育成探春[20]、元春[21]、报春[22]等低需冷量的观赏桃花品种。

4. 优异基因的发掘与低需冷量新品种的培育(2011年至今)

在国家桃产业技术体系(CARS-30-1-04)、中国农科院创新工程(CAAS-ASTIP-ZFRI-01)等项目的支持下,定位了低需冷量关键基因[23-25],育成中农金硕[26](550 h)、中桃红玉[27](500 h)、迎春[28](450 h)等品种,创新的一批优良低需冷量品系正在区试中。

第二节 研究进展

一、我国桃品种需冷量分析

1. 桃品种需冷量评价的模式

针对不同气候条件,国外研究者提出了 2 种常见需冷量评价模式,即 Weinberge 模式[29]和犹他模式[30]。1986—2001 年,郑州果树所对 450 余份桃品种开展了 7.2℃模式、0~7.2℃模式和犹他模式的需冷量比较分析,归纳总结出在郑州气候条件下桃品种需冷量的评价模式为:以秋季日平均温度稳定低于 7.2℃的日期为需冷量测定的起点,以 0~7.2℃累积低温值作为评价标准较适宜。犹他模式在中需冷量和高需冷量范围内能有效预测休眠的结束,而不适宜低需冷量品种的测定;7.2℃模式不适宜作为需冷量的评价模式[6]。

2. 我国桃品种需冷量的分布

针对我国桃品种需冷量本底不清的问题,于 1980—1994 年对 304 份桃品种需冷量进行了评价,结果表明:我国桃品种需冷量值分布广,南山甜桃 200 h、深州白蜜 1 200 h,多数分布在 750~950 h。野生近缘种山桃、甘肃桃、陕甘山桃、光核桃的需冷量均较低,在 250~550 h。2000 年之前,我国桃主栽品种麦香、雨花露、砂子早生、仓方早生、白凤、大久保、京玉、燕红等品种的需冷量均在 800~900 h;地方名特优品种深州蜜桃、肥城桃等在 1 000~1 200 h[10];郑州桃种质资源圃 598 份种质的平均需冷量为 792.43 h[2]。

按照生态型品种群划分[10],桃地方品种的需冷量分布为:华北生态区 1 000~1 200 h,长江流域 800~900 h,西北高旱区 700~800 h,云贵高原 550~650 h,华南亚热带区 400 h 以下。据此研究结果优化了我国桃品种的区域化栽培。

按照品种群划分[10],蜜桃品种群的需冷量最高,集中分布在 950~1 150 h;硬肉桃品种群中的北方系次之,集中分布在 850~1 000 h;南方硬肉系较短,水蜜桃和油桃多数品种居中,主要在 800~900 h,黄桃品种群的需冷量较水蜜桃偏低,蟠桃品种需冷量最低。

我国重瓣观赏桃花品种的需冷量分布范围为 400~1 250 h,并以 900 h 以上的品种为主,其中名特优品种红垂枝 950 h、红寿星 950 h、鸳鸯垂枝 1 200 h、红叶桃 1 100 h、洒红桃 1 200 h、菊花桃 1 250 h,低需冷量的仅有需冷量为 400 h 的白花山碧桃,但花色为白色,不适合我国大众的观赏爱好。高需冷量品种的开花期晚，缺乏低需冷量的早花品种是2000年以前观赏桃花的主要问题[31]。

3. 需冷量评价的标准品种

需冷量为数量性状，测定数据受环境影响较大。为便于国内外品种的比较，2003年提出了需冷量评价标准的参照品种，需冷量每间隔50~100 h确定1个公知公用的标准品种：小于200 h为热带美，200~250 h为红日，300~350 h为佛罗里达晓，400~450 h为佛罗里达王，500~550 h为早红2号，600~650 h为离核蟠桃，650 h为曙光，800 h为雨花露，850 h为大久保，900 h为白凤，1 000 h为六月白，1 100 h为肥城白里17号，1 200 h为深州白蜜[5]。2005年，《桃种质资源描述规范和数据标准》定义300 h以下为极低需冷量品种，300~600 h为低需冷量品种，600~900 h为中等需冷量品种，900~1 200 h为高需冷量品种，1 200 h以上为极高需冷量品种[32]。2007年颁布的农业行业标准《农作物种资源鉴定技术规程 桃》（NY/T1317—2007）[33]，在需冷量性状描述上采纳了上述标准。2011年颁布的《农作物优异种质资源评价规范 桃》（NY/T2026—2011），将早红2号（需冷量500 h）作为桃低需冷量优异种质的标准品种[34]。（国际公认400 h以下为低需冷量品种、400~650 h为中需冷量标准[1]）

二、遗传特性探讨

（一）桃低需冷量优异种质的遗传特性

为了更好地理解低需冷量桃品种的遗传特点，1991—1995年对9个杂交组合的463株杂种实生苗的需冷量进行了评价。结果表明，桃需冷量是由多基因控制的，F_1代需冷量平均值较亲中值低，不同组合的偏离程度不同，优异种质南山甜桃、红日、玛丽维拉的需冷量育种值分别为159 h、216 h和319 h，需冷量的遗传力为89.69%，即我国地方名特优品种南山甜桃需冷量的基因型值最低[6]。后来发现，实生苗需冷量略低于嫁接苗，幼树需冷量低于成龄树，随着树龄增大需冷量会有所升高，因此，在需冷量临界点附近引种时要留有余地。

（二）需冷量主效QTLs的定位

2012年通过基于全基因组SSR的关联分析，定位了5个与需冷量相关的QTLs，其中2个主效位点qCR1a和qCR7分别解释了40.5%~44.8%和17.8%~24.9%的表型变异，qCR1a与桃 evg 休眠突变位点 EVG 仅有2 cM[23]。随后与西班牙IRTA合作，利用扁桃和桃的F_2代群体，在6号染色体上定位了1个需冷量QTL，解释了18.4%的表型变异[24]。2019年利用全基因组SNP关联分析，发现了7个与需冷量相关的位点，其中1号染色体上的关联位点与 evg 休眠突变位点 EVG 位置重合，并开发了基于PCR的低需冷量品种(500 h 为分界线)鉴定标记,准确率为 92.2%[25]。目前,还在进行低需冷量优异基因的发掘。

(三)低需冷量品种的育种新价值

美国桃育种家在育种实践中发现,低需冷量种质具有早实性现象[1]。郑州果树所结合育种实践,2001—2008 年全面、系统地阐述了低需冷量品种童期短、早期丰产性强的育种新价值。

1. 低需冷量种质的营养生长期长、生长量大

对 250 多个品种需冷量及物候期的调查分析表明,需冷量与叶芽萌动、叶芽开放、展叶、枝条开始生长、始花和盛花初期均达到极显著正相关:需冷量越低,春季物候期越早;落叶物候期则与之相反,需冷量越低,秋季落叶终止期越晚[15]。

低需冷量桃品种南方早红新生长根和新吸收根的发生速度和数量比高需冷量品种高[14]。根据同一组合杂交实生苗根系分布状况的调查,低需冷量单株早春根系开始活动早、冬季根系分布深,高需冷量单株根系开始活动晚、冬季分布浅,说明低需冷量种质根系的营养生长量大于高需冷量种质。

对 48 个杂交组合的 653 株杂种实生苗的调查结果表明,平均需冷量值低的组合实生苗的营养生长量比较大,平均需冷量值高的组合实生苗的营养生长量比较小,为低需冷量品种的短童期奠定了营养物质基础。

2. 低需冷量种质的光合能力强、花芽分化早

随着品种和实生苗需冷量的增加,净光合速率 P_n 的日平均值增加,P_n 日变化波动明显,对光、温的敏感性增强。这些特性是不同需冷量桃品种对其起源地的生态环境所产生的适应性的结果。低需冷量品种 4~8 月的高光合能力和 9~10 月落叶期晚对其旺盛的营养生长具有重要的贡献[16-17]。

低需冷量桃品种花芽分化期叶片中的可溶性蛋白质、游离氨基酸[35]以及可溶性糖等代谢物质的含量比高需冷量桃品种相对高,花芽分化的各个阶段时间较为充足,叶片对花芽的代谢物质的供应较为充足[13]。在郑州地区的种质改良实践中发现,低需冷量品种玛丽维拉、红日等的开花期一般在 3 月中旬,花期早,但 30 年来未发现因倒春寒而受害、减产;相反,花期晚的深州蜜桃、肥城桃等在遇到倒春寒时更容易受冻。因此,我们认为在一定低温范围内,可能由于具有更好的花芽质量和贮存营养,低需冷量种质对花期低温有一定的抗力。

桃及野生近缘种不仅需冷量差别显著,而且雌配子体发育也存在明显差异。甘肃桃形成胚珠原基后越冬,而普通桃则以子房阶段越冬,春季形成胚珠原基;红根甘肃桃 1 号在落叶前形成雄配子体,具有花粉的早熟性,且其

杂种群体的花芽分化始期及花芽分化特性也趋向于母本甘肃桃1号[36-37]。在栽培桃中，不同需冷量桃品种花芽分化的不同阶段的开始时期不同，迎春(450 h)、满天红(850 h)和菊花桃(1 200 h)的花芽分化开始期、子房形成期依次推迟10 d左右[38]，即低需冷量种质具有花芽分化早的特性。山桃、甘肃桃等野生近缘种不仅需冷量低、而且需热量也低。

3. 低需冷量种质对缩短童期、提高早期丰产性具有重要的育种价值

低需冷量桃实生苗组合中的2年生植株的开花率为100%，而同样树龄的中需冷量和高需冷量桃实生苗组合中，开花的植株数占总株数的百分率分别为57%和20%。这表明低需冷量桃实生苗在定植2年后便结束童期进入生殖生长期，而中、高需冷量桃实生苗的童期将有不同程度的延长。同样，低需冷量品种种植第1年的成花量分别为中、高需冷量品种的1.5~2倍和3倍[14]。郑州桃种质资源圃在2003年更新时，对具有相同砧木、相同树龄的373份种质进行第2年和第3年的成花量调查，发现低需冷量种质第2年的成花量与高需冷量种质第3年的相当，即早期丰产时间理论上可提早1年。

以上研究结果表明，低需冷量桃年营养生长时间长、光合作用效率较高，根系和树冠形成的速度快，桃实生苗更早地达到生殖生长所需的最低营养生长量，从而缩短了童期，具有早实性；低需冷量桃花芽分化开始较早、分化的各个阶段时间充分、代谢物质供应较为充足、花芽分化质量较高，从而有较高的早期丰产性。据此提出，低需冷量对果树育种缩短童期、提高早期丰产性等具有重要价值，这就是低需冷量品种短童期和早期丰产性理论。

4. 自然休眠过程中低温积累量对开花和果实形状的影响

桃的开花期是由需冷量和需热量共同决定的。桃冬季自然休眠过程中低温积累量与需热量对花期的影响呈显著负相关关系($r=-0.882$)，增大低温积累量具有减小需热量的作用，即满足需冷量后的过量低温积累能够减少开花对热量的需求，中农金辉的临界需热量为5 800 GDH℃。同时，需冷量不足会导致果实形状变长，产生果尖，这是桃设施促早栽培中果实尖嘴的最重要原因[39-40]。

三、种质的收集、发掘

我国在20世纪80年代以前没有重视低需冷量品种资源的开发，基本散落在民间的优异资源处于濒临灭绝的状态，也很少引进国外的低需冷量种质。之后，开展了对国内外低需冷量种质资源的广泛收集，共收集30余份。

收集的地方品种包括广东的石马早红桃(150 h)、南山甜桃(200 h)和鹰嘴桃(250 h)，台湾的台农2号(200 h)和莺歌桃(200 h)，广西的仙桃(450 h)，云南的火炼金丹(450 h)和二早桃(450 h)，以及野生近缘种白花山碧桃(400 h)、帚形山桃(400 h)和红根甘肃桃 1 号(450 h)等[2,41]。从国外首次引进的低需冷量品种包括阿克拉瓦(100 h)、热带美(150 h)、红日(200 h)、玛丽维拉(250 h)、五月阳光(250 h)、日照(250 h)、光辉(275 h)、佛罗里达晓(300 h)、伊娃荣耀(350 h)、佛罗里达王(400 h)、阳光(400 h)、桑多拉(400 h)、佛罗里达冠(450 h)、Texroyal(450 h)、Texstar(450 h)、日金(500 h)、早红 2 号(500 h)、双佛(500 h)、五月火(550 h)、阿姆肯(600 h)等[2]。对收集的低、低中需冷量种质开展了系统的需冷量、植物学、生物学、果实经济性状评价，并在育种中进行了共享利用[2,42-43]。

四、种质创新

1. 利用低需冷量种质育种

郑州果树所 1991—1999 年种质创新的主要亲本是南山甜桃、红日、玛丽维拉、早红 2 号、五月火和阿姆肯等，其中南山甜桃的肉质较粗、成熟期晚，改良更为困难；2000—2009 年的主要亲本是五月阳光、光辉、桑多拉、佛罗里达晓等；2010—2020 年的主要亲本是春雪、Snowkist、Arcticstar。经过 2~4 代杂交，育成低、中需冷量新种质南方早红(400 h)、中油金桂(01-3-70)(400 h)、南方金蜜(550 h)等优良品系；育成的低、中需冷量品种有中农金硕、中桃红玉(500 h)。目前这些品种(系)在云南西双版纳、广西百色、广东韶关等地均有生产利用。在创新利用中，国外低需冷量种质的综合性状较好，工作的重点是改良其风味偏酸的问题；而我国低需冷量地方品种的综合抗性较好，但果实外观、肉质等商品性较差，需要改良的代数更多。

以早红 2 号(500 h)、五月火(550 h)、阿姆肯(600 h)等种质为亲本，直接培育或利用其衍生品种培育的低、中需冷量新品种 48 个，多数品种的需冷量为 550~700 h，与传统主栽品种的 800~900 h 比较，平均降低了 225 h，降幅在 12.5%~38.8%。以低需冷量、低需热量的优异种质白花山碧桃为亲本，培育出低需冷量观赏桃花新品种 5 个，使红色、粉色、重瓣观赏桃花主要品种的需冷量由 900~1200 h 降低至 450~550 h，降低了 38.8%~62.5%，在郑州探春 3 月上旬开花，比传统碧桃提早花期 15~20 d，在福州、广州可 1 月开花，且花期很长。

2. 国外低需冷量品种在国内的衍生品种

北京市农林科学院利用五月火、双佛、早红 2 号、Sunrayer 等为亲本，育成丹墨[70]、丽春[71]、春光[72]、新春、秀春[73]、望春[74]、夏至早红[75]、夏至红[76]、瑞光 51 号[77]、超红珠[78]、忆春[79]、京和油 1 号[80]；江苏省农业科

表 7-1 桃低需冷量种质及其衍生的新品种

亲　本	培育出的品种
五月火	千年红[2]、玫瑰红[44]、中油桃 4 号[45]、中油桃 5 号[46]、中油桃 11 号[47]、中油桃 14 号[48]、中油 15 号[49]、中油 20 号[50]、春蜜[51]、春美[52]、中桃紫玉[53]、中桃绯玉[54]、黄金蜜 1 号[55]、中桃 4 号[56]、金凤[2]
阿姆肯	艳光[12]、华光[12]、中农金辉[17]、中油金铭、中油金冠、中油金帅
早红 2 号	乐园[2]、矮丽红[2]、双喜红[57]、中农金硕[21]、中油金帅、中油金冠、中油金铭、中桃红玉[27]、春蜜[51]、春美[52]、中油 13 号[58]、中油 15 号[49]、蟠桃皇后[2]、蟠桃王[2]、南方金蜜[2]、中油蟠 5 号[59]、中油蟠 7 号[60]、中油蟠 9 号[61]、中蟠 13 号[62]、中蟠 15 号[63]、中蟠 17 号[64]、中蟠 19 号[65]、中桃 5 号[66]、中桃 9 号[67]、黄金蜜桃 3 号[68]、黄金蜜桃 4 号[69]
白花山碧桃	探春[20]、元春[21]、报春[22]、画春寿星[2]、银春

学院利用早红 2 号育成紫金红 1 号[81-82]和紫金红 3 号[83]；上海市农业科学院利用五月火育成沪油 002[84]、沪油 003、沪油 004 和沪油 018[85]；西北农林科技大学利用阿姆肯及其衍生品种育成秦光 3 号、秦光 4 号、秦光 6 号；安徽省农业科学院从中油 4 号芽变中选育出满园红[86]。低需冷量种质的应用，使得我国部分桃育成品种的需冷量呈明显下降的趋势。

3. 早红 2 号的衍生品种

以早红 2 号为亲本，在我国已衍生出已命名的新品种 40 个，包括杂交 F_1、F_2 和 F_3 代，如图 7-1 所示。

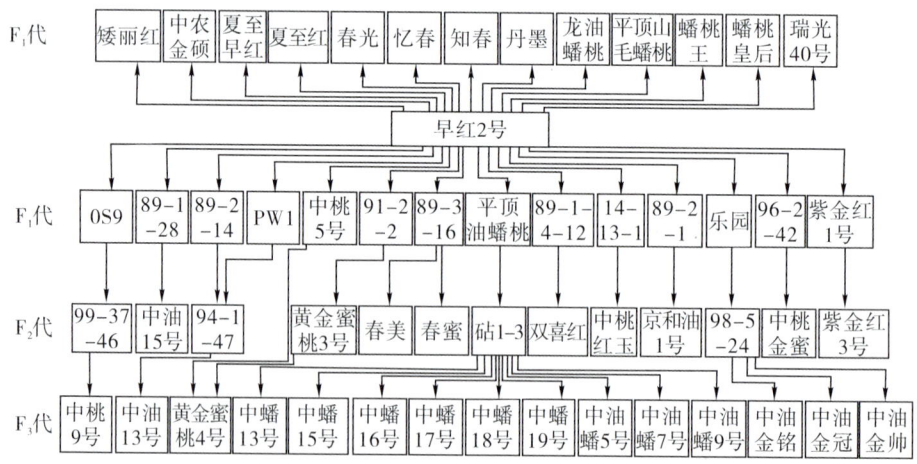

图 7-1 早红 2 号衍生品种

第三节 低需冷量桃品种的应用及存在的问题

桃育成品种需冷量的整体降低，对我国桃产业发展产生了积极的影响，但也需认清存在的问题，寻求最佳的解决方案。

一、低需冷量桃品种的应用对我国桃产业的影响

1. 优化了区域化布局

根据我国 7 个生态型桃地方品种需冷量的分布范围，提出华南亚热带生态型品种的需冷量宜在 400 h 以下，云贵高原地区宜在 650 h 以下，从而量化了我国低纬度桃品种的需冷量。需冷量是品种固有的特性，主要受遗传因素的影响，此外树龄、砧木等对其也有一定的影响。幼龄树由于生长旺盛，激素的代谢水平高，相对于成龄树需冷量偏低，这在栽培中也有一定的意义。如云南某地区引种的燕红品种，第 3 年开始结果，第 4 年不结果，到第 5 年开花也不整齐，以后不再开花，这一现象反映了需冷量与树龄的关系。在需冷量处于临界值的地区，不要因为开始少量的结果而盲目大面积引种，以免造成大的损失[87]。根据打破自然休眠、满足需冷量进程及品种需冷量与果实发育期，提出了我国桃设施栽培的生态区划方案，认为北方桃设施栽培比黄淮地区和南方更具优势，设施促早栽培的南限位于黄河中下游一线，优势在环渤海湾及西北地区[11-12]。

2. 推动了设施产业的发展

根据品种的需冷量、低温累积进程、果实发育期以及我国的气候特征，提出桃设施栽培适宜品种的需冷量上限为 650 h，明确了设施桃扣棚升温的适宜时间[11-12]。根据低需冷量品种生长旺盛的特性，提出低需冷量品种采后重修剪加控制旺长更容易形成花芽[88]。根据不同需冷量品种对破眠剂的反应，提出化学方法打破休眠时须满足 50% 的需冷量方可有效[89]。20 世纪 90 年代初，向保护地栽培推荐了引进品种早红 2 号，成为我国早期桃设施栽培的主栽品种[90]；1998 年，育成的极早熟油桃品种曙光（600 h）成为我国第一个大面积推广的油桃品种，也是当时设施栽培的主要品种；育成的优质、早熟品种中农金辉（650 h）成为 10 多年来我国设施桃栽培的第一大主栽品种，在主产区大连市占桃设施栽培的 60%[91]。

3. 适栽南限南移

20 世纪 90 年代以前，我国桃栽培的南限区域位于温州、全州和昆明一

线，南限区域需冷量不足问题严重。20世纪90年代末，云南石林、呈贡等地相继引进曙光、艳光、中油桃4号、中油桃5号、中农金辉等油桃品种，在海拔1 600 m以上地区种植，开花较为一致、坐果率较高、产量较稳定，正常年份5月上旬果实上市。广西灵川、荔浦等地先后引进上述油桃品种和春蜜、春美等品种，曾发展到逾6 667 hm^2。近年来，中桃红玉在云南石屏、广西桂林、福建福州，南方金蜜在西双版纳海拔1 400 m山区，中油金桂在广西百色等地，均基本能够满足需冷量要求，鲜食桃栽培纬度显著南移。低需冷量观赏桃花品种在广东广州、深圳等地种植，使栽培南限南移了逾500 km，丰富了珠三角春节的花卉市场。由于品种需冷量的降低，传统南限以南的部分区域已成为重要的桃产区。

4. 提高了早期丰产性

农谚有"桃三杏四梨五年"之说，形象描述了这3种果树的早期结果年限。我国传统的地方品种五月鲜、肥城桃等具有第3年才能开花结果的生长习性。低、低中需冷量品种，在嫁接当年的苗期即可形成花芽，加上"前促后控"、长枝修剪等措施，第2年具备一定产量已成为常态（3 750～7 500 kg/hm^2），第3年可以实现丰产。究其原因，是由于育成新品种的需冷量比传统品种降低，成花更为容易，早期丰产性更强。

5. 延长了观赏桃花的花期

育成的低需冷量观赏桃花品种在北京、郑州、西安、成都、上海、武汉、合肥、福州等地种植，开花期比传统碧桃品种显著提早，使当地观赏桃花的花期得以延长。

6. 增强了对暖冬的适应性

气候变暖对桃产业的影响越来越明显。1983—2012年，郑州国家桃种质资源圃中，同品种桃树的花期平均提早11.1 d[92]；世界桃育成品种中，20世纪40年代需冷量在800 h以上的品种占90%，2006年仅占20%[93-94]。以低需冷量种质为亲本育成的系列品种，需冷量显著降低，增强了桃品种对暖冬的适应性。虽然低需冷量品种开花早，但未发现低需冷量品种因花期早、受晚霜影响而影响坐果的现象，其原因是低需冷量品种的树体冬季贮存的营养更多。花粉母细胞和胚囊母细胞已在冬季休眠时形成。

二、低需冷量品种存在的问题

1. 抗冬季绝对低温能力不强

低需冷量品种源于冬季温暖的地区，其本身及后代的抗冬季低温能力受到限制，如五月火等不抗冬季低温，以其为亲本育成的品种在河西走廊、河北北部、辽宁、宁夏等栽培北限区域没有燕红、大久保、京玉等品种的抗寒性强。因此，在北限区域引种时，要格外注意亲本系谱中有低需冷量种质的品种，在北方抗寒育种亲本选配时应避免使用此类亲本。低需冷量品种落叶晚，遇到秋季突然降温就容易造成冻害。

2. 低需冷量品种树势偏旺

低需冷量品种树体生长旺盛，对栽培来说不是一个好的性状。在育种中发现，凡含有乔化-矮化杂合体的品种，即使需冷量偏低，其树势也健而不旺，矮化隐性基因具有一因多效性，继而提出培育乔化-矮化杂合体的低需冷量品种的育种思路。在育种实践中配置大量此类杂交组合，较好地控制了树体的旺长。乔化-矮化杂合体品种有曙光、华光、中油4号、中农金辉、双喜红、中桃红玉等。

3. 低需冷量品种仍然缺乏

云南的桃栽培面积逾 5 万 hm^2，其中的 50% 仍然存在需冷量不能完全满足的问题。在海拔 1 600 m 以下的低纬度地区和干热河谷地带，需冷量不足的问题依然严重，尤其是随着气候变暖，需冷量 400 h 以下的品种越显匮乏。低纬度地区桃产业的最大优势是早熟，只有低需冷量且早熟的品种才能最大限度地发挥其地区优势。以云南文山及以南低海拔区域为例，需要品种需冷量在 400 h 以下，才能保证连年正常结果、丰产、稳产；但如果果实发育期长，果实成熟期在 5 月下旬以后，早熟优势就不够明显。目前培育的低需冷量优系的主要问题是成熟不够早或早熟品种的果实偏小。观赏桃花品种则需要需冷量在 300 h 以下的优良品种。郑州果树所地处中原，低需冷量育种生态条件不足，限制了育种进程。国家桃产业技术体系已经组织相关育种单位，与云南、广西、广东、福建等低纬度地区相关科研单位合作，期望立足主产区培育出需冷量更低的品种，已取得初步成效。

4. 其他问题

在低海拔区域，部分桃品种开花整齐、开花量大，但坐果率低，可能还与花期温度过高、空气干燥、授粉受精不良有关，因此在低需冷量育种中选择花期耐高温的品种同样重要。同时，热带、亚热带的桃成熟季节往往是雨季，还要选择抗病性强的低需冷量品种。

5. 低需冷量品种的评价标准

需冷量为数量性状，美国、国际植物遗传委员会（IBPGR）和我国的划分标准有所不同。基于美国佛罗里达的气候，美国的标准为 3 级：低于 400 h 为低需冷量，400~650 h 为中需冷量，650 h 以上为高需冷量[94]。IBPGR 的标准为 9 级：100 h 以下为极低，100~200 h 为很低，200~300 h 为低，300~500 为中低，500~700 h 为中，700~900 h 为中高，900~1 100 h 为高，1 100~1 300 h

为非常高，大于 1 300 h 为极高。由于我国桃主要品种需冷量的分布范围普遍偏高，2005 年发布的《桃种质资源描述规范与数据标准》中将需冷量划分为 5 个等级：小于 300 h 为极低，300~600 h 为低，600~900 h 为高，900~1 200 h 为非常高，大于 1 200 h 为极高。随着桃主要栽培品种需冷量的降低和低需冷量育种的进展，建议我国需冷量评价标准与国际植物遗传委员会接轨，以便更有利于交流。

参 考 文 献

[1] 王力荣，朱更瑞，左覃元，等. 短低温桃和油桃育种进展[J]. 果树科学，2000，17(1)：57-62.

[2] 王力荣，朱更瑞，方伟超. 中国桃遗传资源[J]. 北京：中国农业出版社，2012.

[3] 王力荣. 桃品种需寒量的研究[D]. 杨凌：西北农业大学，1990.

[4] 王力荣，胡霓云. 桃品种的低温需求量[J]. 果树科学，1992，9(1)：39-42.

[5] 王力荣，朱更瑞，方伟超，等. 桃品种需冷量评价模式的探讨[J]. 园艺学报，2003，30(4)：379-383.

[6] 王力荣，朱更瑞，左覃元. 桃需冷量遗传特性的研究[J]. 果树科学，1996，13(4)：237-240.

[7] 方嘉禾. 作物品种资源研究进展[M]. 北京：中国农业科技出版社，1992：160-161.

[8] 方嘉禾. "八五"作物品种资源研究进展[M]. 北京：中国农业科技出版社，1998：193-194.

[9] 方嘉禾，刘旭. 农作物和林木种质资源研究进展[M]. 北京：中国农业科技出版社，2001：88.

[10] 王力荣，朱更瑞，左覃元. 中国桃品种需冷量的研究[J]. 园艺学报，1997，24(2)：194-196.

[11] 王力荣，朱更瑞，左覃元. 桃树保护地栽培的品种选择[J]. 中国果树，1995(4)：34-35.

[12] 王力荣，朱更瑞，左覃元. 桃的低温需求量及其与保护地栽培的关系[J]. 北方果树，1996(3)：10-11.

[13] 孙旭武，李唯，王力荣，等. 桃花芽分化期蛋白质、氨基酸和碳水化合物含量的变化[J]. 甘肃农业大学学报，2004，39(3)：295-299.

[14] 孙旭武. 低需冷量桃童期及花芽分化期生理生化特性的研究[D]. 兰州：甘肃农业大学，2004.

[15] 王力荣，方伟超，朱更瑞. 桃(*Prunus persica*)种质资源物候期性状遗传多样性的评价指标探讨[J]. 植物遗传资源学报，2006，7(2)：144-147.

[16] 曹珂，王力荣，朱更瑞，等. 不同需冷量桃品种营养生长和光合特性研究[J]. 果树学报，2007，24(3)：282-286.

[17] 曹珂，王力荣，朱更瑞，等．桃幼树光合年变化及落叶期早晚与营养生长的关系[J]．果树学报，2008，25(2)：231-235.

[18] 宗学普，张贵荣，左覃元，等．早熟甜油桃新品种曙光、华光、艳光[J]．中国果树，1999(1)：10-12.

[19] 朱更瑞，王力荣，方伟超，等．油桃早熟新品种中农金辉的选育[J]．中国果树，2010(6)：1-3.

[20] 方伟超，朱更瑞，王力荣．短低温早花观赏桃新品种探春的选育[J]．果树学报，2008，25(6)：957-958.

[21] 王力荣，朱更瑞，方伟超，等．低需冷量早花观赏桃品种'元春'[J]．园艺学报，2011，38(11)：2239-2240.

[22] 朱更瑞，王力荣，方伟超，等．低需冷量早花观赏桃品种'报春'[J]．园艺学报，2011，38(10)：2035-2036.

[23] Cao K, Wang L R, Zhu G R, et al. Genetic diversity, linkage diseqilibrium, and association mapping analyses of peach(*Prunus persica*) landraces in China[J]. Tree Genetics & Genomes, 2012, 8：975-990.

[24] Li Y, Cao K, Zhu G R, et al. Genomic analyses of an extensive collection of wild and cultivated accessions provide new insights into peach breeding history[J]. Genome Biology, 2019, 20：36.

[25] Cantin C M, Wang X W, Almira M A, et al. Inheritance and QTL analysis of chilling and heat requirements for flowering in an interspecific almond × peach (Texas × Earlygold) F_2 population[J]. Euphytica, 2020, 216：51.

[26] 王力荣，朱更瑞，方伟超，等．低需冷量油桃中农金硕的选育[J]．果树学报，2011，28(6)：1124-1125.

[27] 王力荣，朱更瑞，方伟超，等．低需冷量桃新品种'中桃红玉'的选育[J]．中国果树，2021(3)：79-80.

[28] 朱更瑞，王力荣，方伟超，等．低需冷量、早花观赏桃新品种'迎春'的选育[J]．果树学报，2016，33(6)：770-772.

[29] Weinberger J H. Chilling requirement of peach varieties[J]. Proc. Amer. Soc. Hort. Sci., 1950(56)：122-128.

[30] Richardson E A, Seeley S D, Walker D P. A model for estimating the completion of rest for 'Redhaven' and 'Elberta' peach trees[J]. Hortsciences, 1974, 9(4)：331-332.

[31] 朱更瑞，方伟超，王力荣．观赏桃品种需冷量的研究[J]．植物遗传资源学报，2004(2)：176-178.

[32] 王力荣，朱更瑞．桃种质资源描述规范与数据标准[M]．北京：中国农业出版社，2005.

[33] 中华人民共和国农业部．农作物种质资源鉴定技术规程　桃(NY/T 1317-2007)[S]．北京：中国农业出版社，2007.

[34] 中华人民共和国农业部．农作物优异种质资源评价规范　桃(NY/T 2026-2011)[S]．北京：中国农业出版社，2011

[35] 王力荣，胡霓云．桃自然休眠过程中花芽游离氨基酸的变化[J]．果树科学，2000，

17(S）：5-7.

[36] 王珂，李靖，王力荣，等．桃及其近缘种花芽分化特性的比较[J]．果树学报，2006，23(6)：809-813.

[37] 王珂，王力荣，李靖，等．甘肃桃(*Prunus kansuensis*)雌雄配子体发育规律及遗传特性的研究[J]．果树学报，2008，25(6)：806-810.

[38] 江雪飞．观赏桃花设施栽培的花期调控及花芽分化特性的研究[D]．杨凌：西北农林科技大学，2003.

[39] Li Y, Fang W C, Zhu G R, et al. Accumulated chilling hours during endodormancy impact blooming and fruit shape development in peach (*Prunus persica* L.)[J]. Journal of Integrative Agriculture, 2016, 15(6): 1267-1274.

[40] 李勇．桃自然休眠过程中低温积累量对开花和果实形状的影响[D]．泰安：山东农业大学，2014.

[41] 王力荣，朱更瑞．短低温种质南山甜桃[J]．作物品种资源，1996(3)：14.

[42] 左覃元，朱更瑞，宗学普，等．油桃优良品种"阿姆肯"与"早红2号"[J]．中国果树，1990(4)：22.

[43] 左覃元．极早熟油桃新品种五月火[J]．北京农业，1996(2)：30.

[44] 王力荣，朱更瑞，方伟超，等．早熟油桃'玫瑰红'选育[J]．果树学报，2004，21(3)：283-284.

[45] 王志强，刘淑娥，牛良，等．油桃新品种'中油桃4号'[J]．园艺学报，2003，30(5)：631.

[46] 王志强，刘淑娥，牛良，等．早熟油桃新品种'中油桃5号'的选育[J]．果树学报，2005，22(1)：89-90.

[47] 王志强，刘淑娥，牛良，等．油桃新品种中油桃11号的选育[J]．果树学报，2010，27(5)：848-849.

[48] 牛良，王志强，鲁振华，等．半矮生油桃新品种'中油桃14号'的选育[J]．果树学报，2012(6)：176-177.

[49] 潘磊，牛良，王志强，等．早熟、耐贮桃新品种'中油15号'[J]．果树学报，2020，37(11)：1-5.

[50] 鲁振华，牛良，崔国朝，等．耐贮白肉油桃新品种'中油20号'的选育[J]．果树学报，2020，37(11)：1766-1768.

[51] 牛良，王志强，刘淑娥，等．早熟桃新品种'春蜜'[J]．园艺学报，2010，37(12)：2029-2030.

[52] 牛良，刘淑娥，鲁振华，等．早熟桃新品种春美的选育[J]．果树学报，2011，28(3)：540-541.

[53] 王力荣，朱更瑞，方伟超，等．桃新品种'中桃紫玉'的选育[J]．果树学报，2016，33(9)：1177-1179.

[54] 朱更瑞，王力荣，方伟超，等．桃全红型早熟新品种'中桃绯玉'的选育[J]．中国果树，2021(1)：85-86.

[55] 鲁振华，牛良，崔国朝，等．早熟黄肉桃新品种'黄金蜜桃1号'的选育[J]．果树学报，2020，37(9)：1434-1436.

[56] 牛良，鲁振华，崔国朝，等．离核桃新品种'中桃4号'的选育[J]．果树学报，2016，

33(7): 898-900.

[57] 朱更瑞, 王力荣, 方伟超, 等. 早熟油桃品种'双喜红'[J]. 园艺学报, 2004, 31(2): 275.

[58] 牛良, 鲁振华, 崔国朝, 等. 早熟油桃新品种'中油13号'的选育[J]. 果树学报, 2017, 34(4): 519-521.

[59] 朱更瑞, 王力荣, 陈昌文, 等. 早熟油蟠桃新品种'中油蟠5号'的选育[J]. 果树学报, 2020, 37(5): 773-775.

[60] 王力荣, 陈昌文, 朱更瑞, 等. 中熟油蟠桃新品种'中油蟠7号'的选育[J]. 果树学报, 2020, 37(7): 1102-1105.

[61] 王力荣, 方伟超, 陈昌文, 等. 早中熟油蟠桃新品种'中油蟠9号'的选育[J]. 果树学报, 2020, 37(6): 942-944.

[62] 王力荣, 陈昌文, 朱更瑞, 等. 蟠桃新品种'中蟠13号'的选育[J]. 果树学报, 2020, 37(1): 144-147.

[63] 王力荣, 方伟超, 陈昌文, 等. 中熟蟠桃新品种'中蟠15号'的选育[J]. 果树学报, 2020, 37(2): 286-288.

[64] 朱更瑞, 王力荣, 陈昌文, 等. 中晚熟蟠桃新品种'中蟠17号'的选育[J]. 果树学报, 2020, 37(3): 445-448.

[65] 陈昌文, 王力荣, 朱更瑞, 等. 中熟蟠桃新品种'中蟠19号'的选育[J]. 果树学报, 2020, 37(4): 610-612.

[66] 牛良, 孟君仁, 崔国朝, 等. 中熟白肉桃新品种'中桃5号'的选育[J]. 果树学报, 2020, 37(10): 1593-1596.

[67] 曾文芳, 牛良, 王志强, 等. 早熟、耐贮桃新品种'中桃9号'的选育[J]. 果树学报, 2020, 37(7): 1098-1101.

[68] 牛良, 鲁振华, 崔国朝, 等. 黄肉鲜食桃品种'黄金蜜桃3号'的选育[J]. 果树学报, 2018, 35(10): 1297-1300.

[69] 潘磊, 牛良, 曾文芳, 等. 晚熟黄桃新品种'黄金蜜桃4号'[J]. 园艺学报, 2020, 47(S2): 2885-2886.

[70] 王虞英, 袁中衡, 冯德志, 等. 极早熟甜油桃新品系早红珠、丹墨、早红霞[J]. 中国果树, 1995(3): 18-19.

[71] 刘佳棽, 王虞英, 宋婧祎. 甜油桃极早熟新品种丽春的选育[J]. 中国果树, 2006(2): 5-7.

[72] 刘佳棽, 宋婧祎, 王虞英. 甜油桃黄肉极早熟新品种春光的选育[J]. 中国果树, 2006(6): 6-8.

[73] 王尚德, 周连第, 胡伟娟, 等. 2个甜油桃极早熟新品种新春和秀春的选育[J]. 中国果树, 2007(1): 3-5.

[74] 王尚德, 兰彦平, 王虞英, 等. 油桃早熟大果型新品种望春的选育[J]. 中国果树, 2008(1): 4-6.

[75] 赵剑波, 任飞, 姜全, 等. 油桃早熟新品种'夏至红'的选育[J]. 中国果树, 2019(2): 76-77.

[76] 张瑜, 赵剑波, 姜全, 等. 早熟油桃新品种'夏至早红'[J]. 园艺学报, 2018, 45(S2): 2715-2716.

[77] 郭继英, 姜全, 万保雄, 等. 早熟油桃新品种'瑞光51号'[J]. 园艺学报, 2019, 46(S2): 2737-2738.

[78] 蒋海月, 刘佳棽, 王尚德, 等. 油桃极早熟白肉新品种超红珠的选育[J]. 中国果树, 2012(6): 4-5.

[79] 刘佳棽, 王尚德, 蒋海月. 桃观赏鲜食两用新品种忆春的选育[J]. 中国果树, 2013(4): 1-2.

[80] 蒋海月, 刘佳棽, 王尚德, 等. 油桃早中熟白肉新品种京和油1号的选育[J]. 中国果树, 2013(6): 1-2.

[81] 马瑞娟, 俞明亮, 杜平, 等. 油桃早熟新品种紫金红1号的选育[J]. 中国果树, 2010(6): 3-5.

[82] 沈志军, 马瑞娟, 俞明亮, 等. 早熟油桃紫金红1号亲本的SSR鉴定[J]. 华北农学报, 2009, 24(6): 205-209.

[83] 马瑞娟, 俞明亮, 许建兰, 等. 早熟油桃新品种'紫金红3号'的选育[J]. 果树学报, 2017, 34(11): 1493-1495.

[84] 叶正文, 苏明申, 张学英, 等. 早熟油桃新品种沪油002[J]. 果树学报, 2007, 24(4): 561-262.

[85] 叶正文, 苏明申, 张学英, 等. 早熟油桃新品种沪油018的选育[J]. 果树学报, 2005, 22(5): 291-292.

[86] 高正辉, 张金云, 潘海发, 等. 油桃新品种'满园红'[J]. 园艺学报, 2012, 39(11): 2303-2304.

[87] 王力荣. 桃新优品种与优质高效栽培技术[M]. 北京: 中国劳动社会保障出版社, 2001: 54-60.

[88] 陈昌文, 朱更瑞, 曹珂, 等. 设施栽培桃果实采后树体适宜修剪量的探讨[J]. 果树学报, 2011, 28(1): 31-36.

[89] 江雪飞, 乔飞, 邹志荣, 等. 硫脲、GA_3打破不同需冷量观赏桃花品种自然休眠的效果研究[J]. 西北植物学报, 2005, 25(5): 1017-1021.

[90] 王力荣, 朱更瑞, 左覃元, 等. 油桃优异种质早红2号的评价与利用[J]. 植物遗传资源学报, 2001, 2(4): 44-48.

[91] 张政, 董思佳, 关海春. 大连产区桃产业调研[J]. 北方果树, 2017(2): 51.

[92] Li Y, Wang L R, Zhu G R, et al. Phenological response of peach to climate change exhibits a relatively dramatic trend in China[J]. Scientia Horticulturae, 2016(209): 192-200.

[93] Sansavini S, Gamberini A, Bassi D. Peach breeding, genetics and new cultivar trends[J]. Acta Hort., 2006(713): 23-48.

[94] Sherman W B, Rodriguez-Alazar J. Breeding of low chill peach and nectarine for mild winters[J]. HortScience, 1987, 7: 502-503.

第八章 桃果实肉质研究进展

桃果实以皮薄肉厚、味道鲜美、营养丰富等优点深受消费者喜爱,但果实成熟后会迅速软化,果实软化不仅大大缩短了贮藏时间,还极易受到病原微生物的侵染而腐烂(图8-1)。桃果软化腐烂每年造成大量的经济损失,是制约桃产业可持续发展的关键问题。

图 8-1 桃果实腐烂

随着土地政策的改革,农业产业结构进一步调整,种植大户不断涌现,桃种植也逐渐向部分区域集中。随着大规模产区的形成,桃也由过去的区域内流通,逐渐向全国性大流通方向发展,甚至销往国际市场。传统柔软多汁的溶质桃因为贮运损耗过高,往往很难适应远距离、长时间的物流过程,或为了避免贮运耗损而过早采摘(图8-2)造成品质下降。因此,挖掘耐贮运种质、培育耐贮运优质品种对桃产业的发展至关重要。

第八章 桃果实肉质研究进展

图 8-2 提前采收的低成熟度桃

第一节 桃的肉质类型

按果实成熟软化的特点，传统上将桃分为溶质型桃和不溶质型桃。溶质桃采收后果肉软化迅速，货架期较短，常用作鲜食；不溶质桃果肉软化过程缓慢，可维持较高的硬度，兼具韧性，一般用来制作罐头。日本科学家在1976年报道了一种桃的新的肉质类型——硬质型，该类型桃果实在完全转色并且积累高浓度糖等情况下，无论是留树还是采收都不变软。图 8-3 所示为 3 种肉质类型的桃。

溶质桃　　　　　　　　不溶质桃　　　　　　　　硬质桃

图 8-3 桃的 3 种主要肉质类型

一、溶质桃

溶质型桃在鲜食桃消费市场中占据主导地位。我国是世界上最大的桃生产国,80%的栽培桃品种为溶质型。溶质桃在果实成熟过程中会促进释放乙烯,乙烯是一种无色稍有气味的气体,对水果蔬菜具有催熟的作用,其通过增强果实细胞壁降解酶的活性来促进果实的软化。一般依果实肉质的坚硬程度将溶质型桃分为软溶质型桃和硬溶质型桃[1]。Champion、玉露水蜜、爱保太等是典型的软溶质品种,J. H. Hale、白凤、锦绣等是典型的硬溶质型品种。还有一种被称为缓慢溶质型的非常硬的溶质类型,其特点是果实成熟期具有相当高的硬度,具有较长的货架期。目前,多个国家将缓慢溶质型桃列入育种计划,已培育出 Big Top 等多个缓慢溶质型品种。缓慢溶质型桃成熟早期果实硬且脆,但最后会释放乙烯而变软,如在果实成熟期 Big Top 的果实硬度比硬溶质型桃 Bolero 明显更硬,但采后在室温下放置 5 d 后果实变得非常软,最终果实硬度与 Bolero 类似。

二、不溶质桃

不溶质类型桃早期一直以"黏核桃""缓慢变软桃""罐头桃"等来命名,该类型桃果实在成熟阶段仅稍微变软,没有经历溶质化过程,因此最终以不溶质桃命名。不溶质桃通常是黏核,肉质具有韧性,适合制作罐头。但将不溶质桃命名为罐头桃还是有些欠妥,因为目前不溶质桃除了用来制作罐头,在鲜食市场中也占有一定的份额。从感官和生理生化方面来比较,不溶质桃的果实更加坚硬、少汁,通常肉质更富有弹性,但风味、苯酚化合物和可溶性固形物的含量在两者之间没有明显的差异。

三、硬质桃

北京市农林科学院林果所 1970 年选育出的京玉是我国较早培育的硬质桃,其果实白肉、离核、硬度高[2]。由于硬质型桃具有优良的贮运能力和长货架期,为了将它们与不溶质型和溶质型区分,曾误将其认为是"离核不溶质型"。硬质型桃的果肉相当硬脆,最早报道的硬质型桃其成熟果实仅释放少量的乙烯或基本不释放乙烯,具有很低的呼吸速率,表现出延迟成熟等性状,但果实大小、着色、可溶性固形物含量等均与其他肉质类型桃相差无几。在用乙烯处理或者在低温条件下贮藏,硬质桃果实会迅速变软。鉴于硬质桃良好的贮运性能和长货架期，硬质型桃已被多国列入育种计划，目前已推出了系列硬质型桃品种，如意大利的 Ghiaccio 系列、韩国的 Yumyeong、日本的 Manami、Odoroki，以及中国大陆的秦王、京玉、霞脆、中油 15 号和中国台湾的莺歌桃等。

桃除了按果实的肉质硬度分为 3 个类型外，依果实的黏离核程度，还可分为离核、黏核和半离核 3 个类型。黏离核程度本身虽不属于肉质类型，但是可以影响到果实的肉质。离核品种的果肉组织较松，有成熟不匀的现象；黏核品种果肉较致密，纤维少，果肉成熟度较均匀，宜加工制罐；半黏核品种一般被认为是遗传上的离核、生理上的黏核。人们曾将果实的黏/离核性状与溶质/不溶质性状错误联系，误将离核与溶质归为一类，黏核与不溶质归为另一类，实际上有很多黏核溶质桃。尽管鲜食桃以离核溶质桃为主，但早熟和晚熟桃普遍是黏核溶质型。

第二节 不同肉质类型的遗传和定位

桃染色体数目少（$2n=16$），基因组仅有 265 Mb，约为拟南芥基因组的 2 倍。尽管不同肉质型桃在果实硬度方面有着非常大的差异，但桃果实肉质的几种主要类型均属于质量性状，表现为简单遗传。这些都有利于作基因型分析，因此，桃是最适合进行遗传学研究的多年生果树种类之一。

桃果肉质地的溶质/不溶质（M/m）受 1 对等位基因控制，且溶质（M）对不溶质（m）为显性遗传。不溶质类型最早可能来源于溶质类型的变异，在进化上较古老的山桃、甘肃桃等野生资源均为溶质类型。黏/离核（F/f）也受 1 对等位基因控制，离核（F）对黏核（f）为显性。依据果实的肉质和黏离核状况，桃果实分为黏核溶质桃、黏核不溶质桃和离核溶质桃，目前尚未见报道离核不溶质桃。多项研究表明，控制黏/离核性状（F/f）、溶质/不溶质性状（M/m）的基因处于同一个位点，定位在第 4 连锁群的 44 cM 处。

Haji 等利用不溶质的 Tishiki 和 SH 型的 Yumyeong 杂交，F_1 代的 40 株个体全部为溶质，F_1 自交得到的 72 株个体中，有 53 株为非硬质，19 株为硬质。在 53 株非硬质桃中，溶质类型为 40 株，不溶质类型为 13 株；19 株硬质单株的果实在用乙烯处理后，有 15 株果实变软（溶质），4 株果实不变软（不溶质）。桃 SH 型由隐性单基因（$hdhd$）控制，该基因独立于溶质（melting flesh，$M\_$）/不溶质（nonmelting flesh，mm）遗传，并且对 M/m 基因具有上位性。应用外源乙烯处理 SH 型桃果实时，其表现型中又可区分为处理后快速软化和处理后缓慢变软的溶质、不溶质表现型，且推断分别由 $hdhdM\_$ 和

hdhdmm 这 2 种基因型控制。这一研究清晰地展示了不同肉质类型桃的遗传及交互作用，溶质/不溶质为 1 对等位基因，溶质为显性，硬质/非硬质为 1 对等位基因控制，硬质为隐性，且硬质对溶质/不溶质有显性上位作用，即硬质与溶质或不溶质类型结合，后代均表现为硬质类型，独立于溶质/不溶质性状遗传[3]。

SR 类型遗传上受单基因隐性（*sr/sr*）控制，研究发现该性状定位在第 4 条染色体上。更深入的分析发现，在第 4 条染色体的 11 111 981 和 11 137 943 位点有一段 26.6 kb 的缺失，导致 2 个基因（NAC 转录因子 ppa008301m 和预测的转座子 ppa021959m）的缺失，推测控制 SR 肉质类型的候选基因是 *ppa008301m*。

并不是所有肉质性状均为质量性状，果实的肉质受到细胞壁的降解、激素的诱导以及其他代谢变化的影响，是多因素造成的。Ogundiwin 等通过不溶质型 Dr. Davis 和离核溶质型 Georgia Belle 杂交，利用杂种后代分离群体构建连锁图谱，筛选与果实性状紧密连锁的标记。其中关于肉质的数量性状位点，主效基因分别是位于 LG1 的果胶酶（PL2，pectate lyase）和果胶甲酯酶（PME1，pectinesterase）、位于 LG4 的成熟抑制子（RIN，ripening inhibitor）转录因子和内切多聚半乳糖醛酸酶（Endo-PG，endo-polygalacturonase）、位于 LG5 的 α-L-阿拉伯糖呋喃糖苷酶（Ara，alpha-L-arabinofuranosidase）、位于 LG7 的果胶甲酯酶（PME5，pectinesterase）和位于 LG8 的内切多聚半乳糖醛酸酶（Endo-PG4，endo-polygalacturonase）。

第三节 不同肉质形成的分子机制

果实质地软化主要是由细胞壁结构的改变和细胞壁组分的降解所引起，胞壁物质的降解和果胶-纤维素-半纤维素（P-C-H）结构的破坏是果实质地软化的开端。果实的细胞壁多糖组分主要由果胶、半纤维素和纤维素构成。果胶是胞间层的主要成分，果胶溶解是桃果实成熟软化和肉质差异的最根本和最重要原因。通过对细胞壁超微结构的研究发现，在果实成熟后期，微纤维丝间的果胶和纤维素逐渐被细胞水解酶水解，微纤维丝结构变得散乱、细胞壁变薄、细胞变圆且趋于分散。目前普遍认为，在一系列水解酶的作用下，果肉细胞壁多糖的降解或解聚是果实质地软化的主要原因。桃果实肉质分子机制的研究，多以溶质型和不溶质型桃以及非硬质型桃和硬质型桃的对比研究为主。

第八章 桃果实肉质研究进展

一、不溶质型桃分子机制

果实成熟软化时在细胞壁中发生的最显著的变化是果胶物质的溶液化。果胶是果实细胞壁中胶层的重要组成成分，对细胞间的粘连起着重要作用，果胶的降解特别是多聚醛酸的降解，能造成细胞黏度下降，最终导致果实的软化。

参与果胶降解最关键的酶是多聚半乳糖醛酸酶（PG），PG分为外切酶（exo-PG）和内切酶（endo-PG）两种。前者水解果胶分子非还原端的α-(1,4)-半乳糖醛酸键，后者随机水解α-(1,4)-半乳糖醛酸键[42]。研究发现溶质桃果实成熟后的软化与endo-PG酶活性增强直接相关，目前对桃PG的分析国外主要集中在不溶质和溶质之间，研究发现不溶质桃在成熟过程中endo-PG酶活性始终处于极低的水平，而溶质桃随着果实的成熟endo-PG酶活性显著上升，因此，*Endo-PG*被认为是控制桃果实M位点的候选基因。

后续研究发现不溶质桃成熟过程之所以缺乏内切多聚半乳糖醛酸酶活性，是由于*Endo-PG*基因部分片段缺失突变所致。前面遗传学研究发现控制黏/离核性状和溶质/不溶质性状的基因处于同一个位点，无独有偶，研究表明*Endo-PG*基因不仅控制桃果实的肉质，还控制果实的黏/离核，称此为F-M基因座。为了解释这一理论，Peace等提出了假设认为F-M基因座存在至少2个拷贝的*Endo-PG*基因，其中一个控制桃果实的溶质性状，而另一个控制黏离核，黏核和不溶质类型是由于*Endo-PG*基因簇的缺失导致。

然而，直至桃基因组公布前，关于控制桃溶质和离核性状的*Endo-PG*基因簇的证据尽管充分但似乎还不清晰。随着桃基因组的公布，发现定位于第4连锁群44 cM处存在4个*PG*基因，最近，Gu等揭示了其中2个串联排列基因*EndoPGF*和*EndoPGM*分别控制桃果肉溶质和离核性状，这2个基因同源性很高。该研究推测桃祖先种仅含有*EndoPGM*基因，果实表现为黏核溶质；之后*EndoPGM*基因发生了缺失和复制两种突变事件，分别导致了黏核不溶质和离核溶质性状的出现。此外，*EndoPGF*基因除控制果肉黏离核性状外，还具有引起果肉溶质的多效性，这导致"离核不溶质"性状无法形成。

二、硬质型桃分子机制

硬质桃是由于乙烯合成受阻所致。植物体内乙烯的合成主要包含两步，SAM（S-adenosyl-L-methionine，S-腺苷蛋氨酸）在ACC合酶（ACC synthase，ACS）的作用下合成ACC（1-amino- cyclopropane carboxylic acid，1-氨基环丙烷羧酸)，ACC 在 ACC 氧化酶(ACC oxidase，ACO)的作用下再生成乙烯。研究表明，通过简单喷施 10~20 mmol/L 的 ACC 就可以促进乙烯的合成，并让硬质桃果实变软，更高的 ACC 浓度可以增加乙烯的释放量，使果实更快软化。但乙烯的合成仅仅被限制在 ACC 处理后的 2~3 d，之后果实的软化会停止。

对硬质桃成熟时 Pp-$ACS1$ 的表达分析表明，该基因的表达受到抑制，导致了 ACC 合成受阻，果实不能释放乙烯，无法变软。但有意思的是，同样是 SH 基因型，在衰老的花、受伤的未成熟和成熟的果实中，乙烯释放却增加，Pp-$ACS1$ 的转录也正常。乙烯诱发的成熟伴随着 PG 基因表达的增加，包括 endo-PG 和 exo-PG 活性，但不发生 Pp-$ACS1$ 的积累，且不发生乙烯合成的自动催化。这些发现清晰地表明，硬质基因位点与 Pp-$ACS1$ 基因表达的调控有关，而与其他乙烯感知和信号转导路径无关。

硬质桃乙烯合成受阻是由于果实成熟期生长素(IAA)的含量较低导致的。使用外源萘乙酸(NAA)可以诱导硬质桃 Pp-$ACS1$ 的表达，从而产生大量乙烯，导致果实变软。曾文芳等用生长素处理硬质桃，也导致了 Pp-$ACS1$、Pp-$ACS4$ 和 Pp-$ACS5$ 等表达的增加，但用乙烯处理抑制了这些基因的转录，这表明乙烯成为 ACS 基因的负反馈调控因子。乙烯处理并没有诱导桃果实中 Pp-$ACS1$ 的表达，这表明桃中乙烯的生物合成没有自动催化，也解释了桃中系统 II 乙烯的生物合成需要较高水平的生长素[4]。

在多数植物体中，生长素的生物合成主要通过吲哚-3-丙酮酸(IPA)途径完成。首先，TAA 家族蛋白(氨基转移酶)催化色氨酸(Trp)转变为吲哚-3-丙酮酸，然后在 YUCCA 基因家族(黄素单加氧酶)的作用下催化 IPA 直接转变成 IAA。Pan 等通过 DGE 分析，比较了硬质桃和溶质桃果实成熟后期基因表达的差异，发现了一个与生长素生物合成有关的关键基因——$PpYUC11$，在溶质桃果实成熟后期，该基因转录增加，而在硬质桃中，该基因的表达则难以检测到。Tatsuki 等的研究也表明，尽管在成熟时硬质桃中 IAA 的含量较低，但 IPA 的水平较高，表明 YUCCA 的活性受到了抑制，导致 IPA 的积累。用根据序列差异设计的 SSR 引物，对 43 份不同肉质桃品种进行检测，检测结果与这些品种的基因型相吻合，再次验证了该基因与硬质性状的关联[5]。

这些结果证明了在桃果实成熟过程中 $PpYUC11$ 对生长素合成起关键作用。该基因的变异导致果实中生长素不能正常合成，进而使下游 $PpACS11$ 受抑制，ACC、乙烯合成受阻，最终果实不能变软。进一步研究发现，硬质桃中 $PpYUC11$ 基因上游启动子区域的一个转座子插入是该基因表达受阻的根本原因。Cirilli 等也通过基因组关联作图、转录组分析和对 SH 和非 SH 单株的全基因组重测序数据，以及对育种优株和分离群体的标记-性状关联分析等，确认了控制硬质性状的 hd 位点位于桃第 6 染色体的一个 1.8 Mb 的区域内，转录组数据的比较分析也再次确认了硬质桃果实 $PpYUC11$ 的表达缺失。

第四节 存在的问题及未来研究方向

一、存在的问题

早期由于对桃果实肉质的认识不足，并没有明确地将桃的各种肉质进行很好的区分，更谈不上利用。近几年，随着霞脆、中油15号、中油18号、中油20号等硬质桃品种在生产上的推广应用，并受到种植者及物流业者的欢迎，其持久的高硬度大大减少了软化腐烂带来的损耗，较长的留树时间保证了果农的从容销售，采后硬度的保持也使完全成熟的鲜桃可以送达全国。但硬质桃仍存在一些不尽如人意之处。

(1)香气欠缺。几乎所有的硬质桃都缺乏水蜜桃的香气，虽然其他类型品种的香气也在慢慢丢失，但硬质桃表现得尤其明显。究其原因，可能与乙烯途径阻断导致下游次生代谢物质合成受阻有关，目前还缺乏深入的研究。

(2)品质不及溶质桃。一些消费者反映，大部分硬质桃品种口感硬而不甜，或甜而不脆。其原因是多方面的：①由于硬质桃留树时间长，部分产区为了抢占市场在生产中习惯性早采，果实刚着色但未完全发育时就提早采摘，桃的风味品质无法体现。②由于硬质桃质地较脆，与水蜜桃相比水分偏少，口感、甜度难免稍次于水蜜桃。③当前推广的硬质桃大多为早熟品种，光合产物积累不足，与中晚熟桃相比品质确实有所欠缺，如果生产中再不注意肥水管理及产量抑制，就很难保证其果实品质。实际上，有些硬质桃品种，如早熟的霞脆、中熟的中油20号等，品质并不次于同期成熟的其他类型桃品种。

(3)采后病害。据物流环节反映，硬质桃在物流过程中硬度保持得很好，但存在采后病害重、腐烂较多等问题。这可能是由于硬质桃质地较脆，贮运过程中的磕碰易造成伤害，诱导了果实释放乙烯使果实软化，进而导致腐烂。也可能与部分品种果皮薄、易感染采后病害有关。

二、未来研究方向

1. 遗传基础与种质创新

桃果实不溶质、硬质性状的遗传机制已基本清楚，其候选基因也已得到克隆，然而目前对溶质的中间类型，比如硬溶质、慢溶质性状的了解还相当匮乏，遗传及生理特点亟须进一步发掘。此外，桃肉质性状与离核、汁液含量、脆度、可溶性固形物含量、香气等相关性状的交互效应也需要进一步阐明。

虽然目前生产上已有一些明确或不明确的不同的硬溶质、慢溶质桃品种，但总体上仍处于研究的初级阶段。未来种质创新需要重点关注以下4点：

（1）酥脆多汁。偏硬而汁少的品种口感有所欠缺，而具有类似酥梨酥脆口感的类型会更受消费者欢迎。同时，应着重培育具有适宜香气或用乙烯处理变软后有较浓郁香气的品种。

（2）离核硬质。离核硬质桃果实在成熟过程中，开始表现为硬脆，随后伴随着离核过程汁液变多，硬度逐渐下降，多数这类品种会变粉质。在变粉质之前，硬度中等且汁液较多时，品质及口感最佳。该类型可能是硬质桃品种发展的一个方向，京玉、华玉、早玉、中桃8号等品种均为此类型。

（3）熟期配套。重视不溶质和慢溶质桃早熟品种的培育。

（4）特色品种。培育不同肉色、不同成熟期的优质耐贮运桃、油桃品种，包括蟠桃、油蟠桃品种。

2. 采后保鲜与贮运

不同肉质桃果实成熟软化的特点不一样。比如，在常规条件下，硬质桃自身不释放乙烯，但采后10℃以下低温或机械伤害会刺激乙烯释放。因此，今后需要结合桃不同肉质类型独有的特点，加强采后保鲜及贮运方面的深入研究。未来桃采后保鲜与贮运方面的主要研究方向是：

（1）研发商品化产品，探索有效的采后保鲜技术。在采后控制桃的硬度和软化速度，在贮运过程中维持果实采后的硬度和品质，同时还要使果实软化后具备浓郁的香气。

（2）研究合适的低温保鲜方法，避免果实冷害的发生。

参 考 文 献

[1] 汪祖华, 陆秀华. 桃果实肉质研究初报[J]. 落叶果树, 1987(3): 1-5.

[2] 陈青华, 姜全, 郭继英, 等. 京玉桃在我国桃育种中的应用[J]. 江苏农业科学, 2009(3): 185-187.

[3] 牛良, 曾文芳, 潘磊, 等. 硬质桃研究现状及展望[J]. 果树学报, 2020, 37(8): 1227-1335.

[4] 曾文芳, 王志强, 牛良, 等. 桃果实肉质研究进展[J]. 果树学报, 2017, 34(11): 1475-1482.

[5] 曾文芳, 丁义峰, 潘磊, 等. 桃硬质性状可能源于 $PpYUC11$ 基因启动子区域CACTA型转座子的插入[J]. 果树学报, 2017, 34(10): 1239-1248.

第九章 主要桃品种简介

本章介绍我国育成的部分桃主要栽培品种,包括普通桃12个、油桃13个、蟠桃7个、油蟠桃4个以及观赏桃花品种5个,共41个。

第一节 普通桃

一、白肉品种

1. 春蕾

(1)来源。上海市农业科学院园艺研究所1974年以砂子早生×白香露为亲本杂交、利用胚挽救技术培育而成(图9-1)。1985年命名。

图9-1 春蕾

(2)特征特性。果实卵圆形,果顶微凸,两半部较对称,果皮底色乳黄色,果顶着少量红色,茸毛中等,缝合线浅,完熟后果皮易剥离。平均单果质量70 g,大果单果质量100 g。果肉白色,软溶质,风味甜,可溶性固形物含量10%，黏核，软核，未完全木质化。丰产性好。花蔷薇形，花粉量多。河南郑州地区3月下旬始花，5月下旬果实成熟。

(3)综合评价。春蕾是我国第一个利用胚挽救技术获得的大面积推广的极早熟品种。1989年获国家发明奖。

2. 中桃红玉

(1)来源。中国农业科学院郑州果树研究所1999年以曙光×14-13-1(早红2号×早露蟠桃)人工杂交选育而成(图9-2)。2013年命名，2014年通过河南省林木审定委员会审定，2017年获得植物新品种权，2018年通过林业部林木品种审定委员会审定，并通过农业农村部非主要农作物品种登记。

图9-2 中桃红玉

(2)特征特性。平均单果质量169 g，大果单果质量200 g；果实圆形，果顶稍凹陷，缝合线浅，两半部较对称；果皮茸毛短，底色白，果面全红；果肉白色，果肉花青苷含量中多，肉质为硬溶质，风味浓甜，可溶性固形物含量12%～14%，黏核。树势中强，树姿半开张。丰产性能好。叶腺肾形。花蔷薇形，花粉量多，自花结实。需冷量约500 h。河南郑州地区3月下旬开花，6月中旬果实成熟，果实发育期80 d。

(3)综合评价。早熟白肉普通桃，果皮茸毛短，全红，外观非常漂亮。果肉花青苷含量比较多，果实风味浓郁。需冷量低，在广东、广西等地表现良好。自花可以结实，极丰产。

3. 雨花露

(1)来源。江苏省农业科学院园艺研究所1963年利用白花×早上海水蜜杂交选育而成(图9-3)。1975年命名，1992年通过全国农作物品种审定委员会认定。

(2)特征特性。果实椭圆形，果顶微凹，两半部对称，果皮底色乳黄色，果面70%以上着红色条纹或晕，茸毛中多，缝合线浅，完熟后果皮易剥离。平均单果质量110 g，大果单果质量200 g。果肉白色，软溶质，风味甜，可

第九章 主要桃品种简介

图9-3 雨花露

溶性固形物含量11%，黏核，丰产。花蔷薇形，花粉量多。河南郑州地区3月下旬始花，6月上、中旬果实成熟。

(3)综合评价。是我国主要早熟桃栽培品种。

4. 春美

(1)来源。中国农业科学院郑州果树研究所1999年以89-3-16为母本(早红2号油桃×法国离核蟠桃)、SD9238为父本(瑞光3号×五月火)杂交选育而成(图9-4)。2008年通过河南省林木品种审定委员会审定，定名为春美。

图9-4 春美

(2)特征特性。果实椭圆形或圆形，果顶圆，两半部对称，果皮底色绿白，果面大部分或全部着鲜红色或紫红色，艳丽美观。茸毛密度中等，缝合线浅，果皮不易剥离。平均单果质量180 g，大果单果质量310 g。果肉白色，硬溶质，风味甜，可溶性固形物含量12%～14%，黏核，丰产。花蔷薇形，花粉量多。河南郑州地区3月底始花，6月下旬果实成熟。

(3)综合评价。果皮茸毛较短，含有油桃基因，是我国早熟桃的主栽品种。

5. 霞脆

(1)来源。江苏省农业科学院园艺研究所1992年以雨花2号×77-1-6[(白花×橘早生)×朝霞]杂交选育而成(图9-5)。2003年11月通过江苏省科技厅组织的成果鉴定。

图9-5 霞脆

(2)特征特性。果实近圆形,果顶圆,两半部较对称,果面茸毛密度中,果皮乳白色,果面80%以上着玫瑰红霞,果皮不易剥离。平均单果质量210 g,大果单果质量300 g。果肉白色,红色素少,近核处无红色素,肉质细、致密,为硬质型肉质,纤维少,汁液中多,风味甜,可溶性固形物含量12%,黏核。花蔷薇形,花粉多。河南郑州地区3月下旬始花,7月上旬果实成熟。

(3)综合评价。外观白里透红,非常漂亮,为硬质桃,耐贮运性良好。

6. 京玉

(1)来源。北京市农林科学研究院林业果树研究所1961年利用大久保×兴津油桃杂交选育而成(图9-6)。1975年命名。

图9-6 京玉

(2)特征特性。果实椭圆形,果顶圆微凸,两半部较对称,茸毛密度中,缝合线浅,果皮底色绿白色,果面阳面着少量深红色条纹或晕,果皮不易剥离。平均单果质量150 g,大果单果质量230 g。果肉白色,近核处有少量红色,硬质,耐贮运,风味浓甜,可溶性固形物含量13%,离核。花蔷薇形,花粉量多。河南郑州地区3月下旬始花，8月上旬果实成熟。

(3)综合评价。综合性状良好，曾经是我国中晚熟桃的主要栽培品种；分子生物学证明为硬质型肉质，耐贮运性良好；为普通桃-油桃杂合体，是我国油桃育种的最基础品种。

7. 中华寿桃

(1)来源。最早由1997年《烟台果树》报道，为山东牟平县农家品种，产地不祥，之后民间传入栖霞县占村一带并少量栽培(图9-7)。1998年4月通过山东省农作物品种审定委员会的审定，正式定名为中华寿桃。

图9-7　中华寿桃

(2)特征特性。果实卵圆形，果顶尖凸，两半部较对称，茸毛密度中，缝合线中深，果皮底色绿白色，果面着少量红色，果皮不易剥离。果个大，平均单果质量350 g，大果单果质量1 000 g。果肉白色，近核处红色素较多，硬溶质，风味甜，可溶性固形物含量14%，黏核。花蔷薇形，花粉量多。低温冷藏后货架期短。河南郑州地区3月底始花，10月上旬果实成熟。

(3)综合评价。极晚熟，果实大，丰产，曾经是我国极晚熟桃的主要栽培品种。

8. 映霜红

(1)来源。山东省青州市益民果树研究所以冬雪蜜桃×中华寿桃杂交选育而成(图9-8)。2010年10月通过潍坊市科技局组织的省级鉴定。

(2)特征特性。果实圆形，果顶平，两半部对称，茸毛密度中，缝合线中深，果皮底色绿白色，果面着深红色晕，果皮不易剥离。果个大，平均单果质量230 g，大果单果质量400 g。果肉白色，近核处红色素较多，硬溶质，风味浓甜，可溶性固形物含量16%，黏核。花蔷薇形，花粉量多。河南郑州地区3月底始花，10月中旬果实成熟。

(3)综合评价。果实大、风味甜，我国极晚熟桃的主要栽培品种。裂果重，需套袋栽培。

图 9-8　映霜红

二、黄肉品种

1. 黄金蜜 1 号

(1) 来源。中国农业科学院郑州果树研究所 1999 年用 92-3-32[北京 25-17(瑞光 16 号)×1-5-26]×中油桃 4 号杂交选育而成(图 9-9)。2016 年 6 月通过河南省林木品种审定委员会审定。

图 9-9　黄金蜜 1 号

(2) 特征特性。果实圆形，果顶圆平，缝合线浅，两半部较对称，茸毛密度中，底色黄，果面着深红色。平均单果质量 180 g，大果单果质量 210 g。果肉黄色，近核处有红色素，硬溶质，肉质细，汁液中多，风味甜，可溶性固形物含量 11.5%，黏核。花蔷薇形，花粉多。河南郑州地区 3 月下旬始花，6 月中旬果实成熟。

(3) 综合评价。果皮茸毛短，外观漂亮。是目前早熟黄桃的主要栽培品种。

2. 锦香

(1) 来源。上海市农业科学院林木果树研究所 1977 年用北农 2 号×60-24-

7杂交授粉选育而成(图9-10)。1990年开始扩大种植,2004年通过上海市农作物新品种审定委员会审定。

图9-10 锦香

(2)特征特性。果实圆形,果顶圆平,两半部对称,缝合线不明显,茸毛密度中,果皮底色黄,果面60%着深红色晕和斑,完熟时果皮易剥离。平均单果质量188 g,大果单果质量270 g。果肉橙黄色,有少量红色素,近核处无红色素,硬溶质,汁液中等,香气浓,风味甜,微酸,可溶性固形物含量11%,黏核。花蔷薇形,无花粉。河南郑州地区3月下旬始花,6月下旬果实成熟。

(3)综合评价。早中熟黄肉普通桃,鲜食、加工兼用品种。风味甜微酸,香味浓郁,是目前早熟黄桃的主要栽培品种。花粉不稔,需配植授粉品种。

3. 丰黄

(1)来源。大连市农业科学研究所1960年利用早生黄金自然实生选育而成(图9-11)。1970年命名。

图9-11 丰黄

(2)特征特性。果实椭圆形,果顶圆,两半部对称,缝合线明显,果皮底色橙黄色,果面80%以上着红色,茸毛密度中,果皮不能剥离。平均单果质量130 g,大果单果质量420 g。果肉黄色,有红色素,不溶质,风味酸甜,可溶性固形物含量11.0%，黏核。花蔷薇形，花粉量多。河南郑州地区3月底始花，7月上、中旬果实成熟。

（3）综合评价。曾经是我国中熟罐藏桃的主要栽培品种，衍生了我国多数罐藏桃品种。

4. 锦绣

（1）来源。上海市农业科学院园艺研究所用白花×云署1号杂交选育而成（图9-12）。1985年命名，1986年获得上海市科技进步一等奖。

图9-12　锦绣

（2）特征特性。果实近椭圆形，果顶圆，两半部对称，缝合线明显，果皮底色黄色，套袋果果面很少着色，茸毛密度中，果皮不易剥离。平均单果质量170 g，大果单果质量280 g。果肉黄色，肉质致密，硬溶质，风味甜，可溶性固形物含量16.0%，黏核。花蔷薇形，花粉量多。河南郑州地区3月底始花，8月上旬果实成熟。

（3）综合评价。果实大，肉质好，风味好，是目前我国栽培面积最大的黄肉桃品种。

第二节　油桃

一、白肉品种

1. 华光

（1）来源。中国农业科学院郑州果树研究所1990年以瑞光3号×阿姆肯通过胚培养培育而成（图9-13）。1995年命名，1998年通过河南省农作物品种审定委员会审定，2002年通过全国农作物品种审定委员会审定。

图 9-13　华光

(2)特征特性。果实近圆形,果顶圆平,微凹,果实底色浅绿白色,果面着玫瑰红色,着色度在 80% 以上,鲜艳美观,果皮中厚,不易剥离。平均单果质量 80 g,大果单果质量 180 g。果肉乳白色,溶质,汁液多,风味甜香爽口,有香气。可溶性固形物含量 10%~15%,总糖含量 9.5%,总酸含量 0.23%,维生素 C 含量 84 μg/g,品质优。黏核,核椭圆形。叶腺圆形。花蔷薇形,花粉量多。需冷量 550 h。河南郑州地区 3 月下旬始花,6 月 3 日果实成熟,果实发育期 62 d。

(3)综合评价。极早熟白肉甜油桃。果形圆正,风味浓甜,极丰产。但肉质软,有裂果。曾经是我国油桃的主要栽培品种。

2. 艳光

(1)来源。中国农业科学院郑州果树研究所 1990 年以瑞光 3 号×阿姆肯通过胚培养培育而成(图 9-14)。1995 年命名,1998 年通过河南省农作物品种审定委员会审定,2002 年通过全国农作物品种审定委员会审定。

图 9-14　艳光

(2)特征特性。果实椭圆形,果顶圆,微具小尖,缝合线浅而明显,两侧较对称。果形较大,平均单果质量 105 g,大果单果质量 150 g。果实鲜艳美观,果皮中厚,不易剥离。果肉乳白色,肉质为软溶质,汁液多,风味甜香,有香气,可溶性固形物含量 9%~13%,总糖含量 9.40%,总酸含量 0.11%,维生素 C 含量 88 μg/g,品质优。黏核。叶腺肾形。花铃形,花粉量多。需冷量 650 h。果实成熟期在 6 月 10 号左右。

(3)综合评价。早熟白肉甜油桃,适合在我国南北桃产区栽培,曾经是极早熟白肉油桃的主要栽培品种。

3. 中油桃 5 号

(1)来源。中国农业科学院郑州果树研究所 1992 年以瑞光 3 号×五月火杂交、通过胚培养培育而成(图 9-15)。2000 年命名,2003 年通过河南省林木品种审定委员会审定,2008 年通过国家林业局林木品种审定。

图 9-15 中油桃 5 号

(2)特征特性。果实椭圆形,果顶圆,偶有小突尖;缝合线浅而明显,两半部较对称,成熟度一致。果实大,平均单果质量 166 g,大果单果质量在 260 g 以上。果皮光滑无毛,底色乳白,80% 果面着玫瑰红色,充分成熟时整个果面着玫瑰红色或鲜红色,有光泽,艳丽美观。果皮厚度中等,不易剥离。果肉白色,软溶质,清脆爽口。风味甜,有香气。可溶性固形物含量 12%~15%,总糖含量 8.59%,总酸含量 0.44%,维生素 C 含量 8.82 mg/100g,品质优良。半离核。极丰产。花铃形,花粉量多。3 月下旬始花,果实 6 月 10 日左右成熟,果实发育期约 70 d。10 月下旬开始落叶,全年生育期 238 d 左右。需冷量 650 h。

(3)综合评价。早熟、白肉甜油桃品种,果实大,着色艳丽美观,品质优良,栽培适应性强,适栽范围广,曾经是我国露地和设施栽培的主要品种。

4. 中油 15 号

(1)来源。中国农业科学院郑州果树研究所用 89-1-28(喀什黄肉李光×早红 2 号)×中油桃 5 号杂交选育而成(图 9-16)。

图 9-16　中油 15 号

(2)特征特性。果实圆形,果顶圆,两半部对称,果面无茸毛,缝合线中等深度,果皮底色白,果面全部着红晕,果皮厚不能剥离。平均单果质量 210 g,大果单果质量 260 g。果肉白色,红色素多,近核处红色素少,硬质型肉质,很硬,风味甜,可溶性固形物含量 13.0%,黏核。花蔷薇形,花粉量多。河南郑州地区 3 月下旬始花,6 月中旬果实成熟。

(3)综合评价。早熟白肉耐贮油桃。果形圆整,果实较大,果面全红,外观漂亮,硬质型肉质,耐贮运,风味甜,丰产性好。不抗褐腐病。

5. 瑞光 33 号

(1)来源。北京市农林科学研究院林业果树研究所 1990 年用京玉×瑞光 3 号杂交选育而成(图 9-17)。2009 年通过北京市林木品种审定委员会审定。

图 9-17　瑞光 33 号

(2)特征特性。果实近圆形,果顶圆,两半部对称,缝合线浅,果面无茸毛,果皮底色绿白色,果面 80% 以上着玫瑰红色晕,色泽亮丽,果皮不能剥离。平均单果质量 249 g,大果单果质量 500 g。果肉白色,硬溶质,汁液多,风味甜,可溶性固形物含量 12.0%,黏核。花蔷薇形,无花粉。河南郑州地区 3 月下旬始花，7 月中旬果实成熟。

（3）综合评价。中熟白肉油桃。果实大，果形圆整，外观艳丽，肉质硬，风味甜。需配植授粉品种。

二、黄肉品种

1. 曙光

（1）来源。中国农业科学院郑州果树研究所 1989 年以丽格兰特×瑞光 2 号为亲本，通过胚培养培育而成（图 9-18）。1995 年命名，1998 年通过河南省农作物品种审定委员会审定，2002 年通过全国农作物品种审定委员会审定。

图 9-18　曙光

（2）特征特性。果实近圆形，果顶圆，两半部对称，缝合线浅，果皮光滑无毛，底色黄，外观艳丽，果面全面着浓红色，果皮不易剥离。单果质量 110 g，大果质量 150 g。果肉黄色，肉质为硬溶质，风味甜，可溶性固形物含量 10% 左右，黏核。花蔷薇形，花粉量多。河南省郑州地区 3 月下旬始花，果实 6 月上旬成熟。

（3）综合评价。早熟黄肉甜油桃。综合性状优良。含有矮化基因，对多效唑敏感。具有广泛的适应性，我国第一个大面积种植的油桃品种，也是目前极早熟油桃的主要栽培品种。

2. 中农金辉

（1）来源。中国农业科学院郑州果树研究所 1994 年以瑞光 2 号×阿姆肯为亲本杂交，通过胚培养育成的油桃品种（图 9-19）。2007 年通过辽宁省农作物品种审定委员会审定，2008 年通过河南省林木品种审定委员会审定，2010 年通过国家林业局林木品种审定。

图9-19 中农金辉

(2)特征特性。果实椭圆形,果顶圆,两半部较对称,果形正,缝合线浅,果皮光滑无毛,底色黄,果面80%着鲜红色晕,成熟状态一致,果皮不易剥离。平均单果质量173 g,大果单果质量252 g。果肉橙黄色,肉质为硬溶质,耐运输,汁液多,风味甜,有香味,可溶性固形物含量12%~14%,黏核。花铃形,花粉量多。河南郑州地区3月下旬始花,6月中旬果实成熟。

(3)综合评价。早熟黄肉油桃,风味香甜,贮运性好,丰产、稳产。是近15年以来我国桃设施栽培的第一大栽培品种,也是露地主要栽培品种。

3. 中油桃4号

(1)来源。中国农业科学院郑州果树研究所1990年以北京25-15×五月火杂交,通过胚培养培育而成(图9-20)。2003年通过河南省林木品种审定委员会审定,2008年通过国家林业局林木品种审定。

图9-20 中油桃4号

(2)特征特性。果实椭圆形,果顶圆,两半部较对称,缝合线浅,果皮光滑无毛,底色浅黄,果面全面着鲜红色,果皮不易剥离。平均单果质量150 g,大果单果质量197 g。果肉黄色,肉质为硬溶质,耐运输,汁液多,风味甜,可溶性固形物含量11%,黏核。花铃形,花粉量多。河南郑州地区3月底始花,6

月中旬果实成熟。

（3）综合评价。栽培适应性强，适宜各桃产区露地和保护地栽培，为早熟广适性油桃品种。目前为我国油桃第一大露地栽培品种。

4. 中油金铭

（1）来源。中国农业科学院郑州果树研究所2006年以中油桃4号×98-5-24（黄桃园1-6×乐园）选育而成（图9-21）。2015年命名，2018年通过河南省林木品种审定委员会审定，2018年通过农业农村部非主要农作物品种登记。

图9-21　中油金铭

（2）特征特性。果实圆形，果形正，两半部对称，果顶圆平，梗洼浅，缝合线明显、浅，成熟状态一致。果实大，平均单果质量240 g，大果单果质量325 g。果皮无茸毛，底色黄，果面近全红。果肉黄色，花青苷含量较少，肉质为硬溶质，耐运输，货架期长。果实风味浓甜，可溶性固形物含量14％～15％，黏核。花蔷薇形，花粉量多，自花可以结实。需冷量800 h。河南郑州地区3月下旬始花，6月下旬果实成熟。

（3）综合评价。早熟，大果，黄肉油桃。果形圆整，果面近全红，肉质较硬，耐贮运，风味甜，丰产性好。

5. 双喜红

（1）来源。1989年以25-17为母本、早红2号为父本，获得89-I-4-12，1994年以89-I-4-12×瑞光2号进行杂交，对杂交种子进行胚培养而成（图9-22）。2003年通过河南省林木品种审定委员会审定，2004年通过国家林业局林木品种审定，2007年获国家新品种保护权。

（2）特征特性。果实圆形，果形正，两半部对称，果顶平、果尖凹入，梗洼浅，缝合线浅，成熟状态一致。平均单果质量170 g，大果单果质量250 g。果皮光滑无毛，底色乳黄，果面75％～100％着鲜红色至紫红色，果皮不易剥离。果肉黄色，红色素少，肉质硬溶。风味浓甜，可溶性固形物含量12.5％，可溶性糖含量10.01％，可滴定酸含量0.38％，维生素C含量8.8 mg/100g，

第九章 主要桃品种简介

图 9-22 双喜红

果核浅棕色,半离核。花铃形,具有柱头先出的现象。果实生育期 85 d 左右,生育期 240 d 左右,需冷量 650 h。

(3)综合评价。综合性状优良,推广的主要区域为淮河以北地区。含有矮化基因,是优良的育种材料,也是我国主要的油桃栽培品种。

6. 瑞光 2 号

(1)来源。北京市农林科学研究院林业果树研究所于 1981 年利用京玉×NJN76 杂交选育而成(图 9-23)。1989 年命名,1997 年通过品种审定。

图 9-23 瑞光 2 号

(2)特征特性。果实短椭圆形,果顶圆,两半部对称,缝合线浅,果皮光滑无毛,底色黄,果面 50% 以上着紫红或玫瑰红色点或晕,果皮不易剥离。平均单果质量 150 g。果肉黄色,肉质细,完熟后软且多汁,为硬溶质,风味甜,有香气,可溶性固形物含量 13%,黏核。花铃形,花粉量多。河南郑州地区 3 月底始花,6 月下旬果实成熟。

(3)综合评价。果肉橙黄,肉质好,风味香甜。曾经有一定的栽培面积,为我国油桃育种的主要亲本材料。

7. 沪油 018

(1)来源。上海市农业科学院林木果树研究所 1992—1993 年以瑞光 3 号×五月火杂交选育而成(图 9-24)。2004 年通过上海市农作物品种审定委员会审定。

图9-24 沪油018

(2)特征特性。果实椭圆形,果顶圆平,两半部对称,果面光滑无毛,底色浅,果面80%以上着斑点和条纹的紫红色,果皮较厚,不易剥离。平均单果质量280 g,大果单果质量300 g。果肉黄色,肉质致密,脆硬,硬溶质,汁液中多,纤维少,风味甜香,可溶性固形物含量15.0%,黏核。花蔷薇形,花粉多。河南郑州地区3月下旬始花,6月底果实成熟。

(3)综合评价。优良早熟油桃品种。

8. 中油桃8号

(1)来源。中国农业科学院郑州果树研究所1997年以红珊瑚×晴朗杂交选育而成(图9-25)。2009年通过河南省林木品种审定委员会审定。

图9-25 中油桃8号

(2)特征特性。果实圆形,果顶圆平,微凹,两半部较对称,缝合线浅,果面光洁无毛,底色浅黄,成熟时80%着浓红色,外观美,果皮厚度中等,不易剥离,成熟度一致。果实大,平均单果质量200 g,大果单果质量在270 g以上。果肉橙黄色,近核处红色素少,硬溶质,肉质细,风味甜香,可溶性固形物含量16%,黏核。花铃形,花粉量多。河南郑州地区3月下旬始花,8月上旬果实成熟。

(3)综合评价。中晚熟油桃主栽品种,肉质好、风味好。通过套袋栽培,可以很好地解决其裂果问题。

第三节 蟠桃

1. 早露蟠桃

（1）来源。北京市农林科学研究院林业果树研究所1978年用撒花红蟠桃×早香玉杂交选育而成（图9-26）。1978年命名。

图9-26 早露蟠桃

（2）特征特性。果实扁平，果顶凹入，两半部较对称，梗洼浅，缝合线浅，果皮茸毛密度中，底色绿白色，果面50%以上着红色晕，晚熟后果皮易剥离，成熟状态一致。平均单果质量90 g，大果单果质量120 g。果肉白色，软溶质，汁液多，风味甜，可溶性固形物含量10%，黏核。花蔷薇形，花粉量多。河南郑州地区3月底始花，6月上旬果实成熟。

（3）综合评价。是我国第一个大面积推广的早熟蟠桃品种。

2. 中蟠桃10号

（1）来源。中国农业科学院郑州果树研究所1997年以红珊瑚×91-4-18（NJN78×奉化蟠桃）人工杂交选育而成（图9-27）。2013年通过河南省林木品种审定委员会审定，2017通过国家林业局林木品种审定。

图9-27 中蟠桃10号

(2)特征特性。果实扁平形，两半部对称，果顶稍凹入。平均单果质量160 g，大果单果质量180 g。果皮有毛，底色乳白，果面90％以上着明亮鲜红色晕，呈虎皮花斑状，皮不能剥离。果肉乳白色，肉质为硬溶质，有韧劲，耐运输，风味甜，可溶性固形物含量12％，黏核。丰产性能好。叶腺肾形。花蔷薇形，花粉量多。需冷量800 h。河南郑州地区3月底始花，7月初果实成熟，果实发育期约95 d。

(3)综合评价。早中熟白肉蟠桃。果个大，果面着色呈虎皮花斑状，果肉厚，风味浓甜。肉质好，耐贮运。果顶闭合好，不离皮。果梗处不撕裂。

3. 中蟠13号

(1)来源。中国农业科学院郑州果树研究所2007年以98-2-1(卡里南×瑞光18号)×砧1-3油蟠人工杂交选育而成(图9-28)。2015年命名，2017年获得农业部植物新品种权，2018年通过河南省林木品种审定委员会审定。

图9-28　中蟠13号

(2)特征特性。果实扁平，果顶凹入，两半部较对称，梗洼浅，缝合线浅，果皮茸毛短，底色黄，果面60％以上着红色，果皮不能剥离，成熟状态一致。平均单果质量180 g，大果单果质量260 g。果肉橙黄色，硬溶质，较耐运输，风味甜，可溶性固形物含量12％，黏核。花铃形，花粉量多。河南郑州地区3月下旬始花，7月初果实成熟。

(3)综合评价。中熟黄肉蟠桃。果个大，果肉厚度较均匀，茸毛短，外观非常漂亮；基本不裂果，肉质为硬溶质，果实硬度一般，需要适时采摘。是早熟蟠桃的主要栽培品种。

4. 中蟠19号

(1)来源。中国农业科学院郑州果树研究所2007年以98-2-1(卡里南×瑞光18号)×砧1-3油蟠人工杂交选育而成(图9-29)。2015年命名，2018年通过河南省林木品种审定委员会审定、通过农业农村部非主要农作物品种登记，2019年获得农业农村部植物新品种权。

第九章 主要桃品种简介

图9-29 中蟠19号

(2)特征特性。果实扁平,厚实,果顶微凹,两半部较对称,梗洼浅,缝合线浅,果皮茸毛短,底色黄,果面70%～80%着红色,成熟状态一致。平均单果质量240 g,大果单果质量880 g。果肉黄色,肉质为硬溶质,风味甜,可溶性固形物含量14.5%,离核。花铃形,花粉量多。河南郑州地区3月下旬始花,7月中旬果实成熟。

(3)综合评价。7月中旬成熟的黄肉蟠桃,果个很大,果面整洁鲜艳,产量稳定。套袋栽培果面更加漂亮。离核,完熟后果实硬度下降较快,应适时采摘。

5. 中蟠桃11号

(1)来源。中国农业科学院郑州果树研究所1997年以红珊瑚×91-4-18(NIN78×奉化蟠桃)人工杂交选育而成(图9-30)。2014年通过河南省林木品种审定委员会审定,2017年通过国家林业局林木品种审定。

图9-30 中蟠桃11号

(2)特征特性。果实扁平形,两半部对称,果顶稍凹入,梗洼浅,缝合线浅，果皮有毛，底色黄，果面60%以上着鲜红色，果皮不易剥离。平均单果质量180 g，大果单果质量240 g。果肉橙黄色，硬溶质，风味浓甜，可溶性固形物含量14%，黏核，耐运输。花铃形，花粉量多。河南郑州地区3月底始花，7月中、下旬果实成熟。

(3)综合评价。中熟黄肉蟠桃。果个大，果面鲜艳；基本不裂果，肉质硬，耐低温贮运，货架期长；风味甜，香味浓。抗逆性强，丰产稳产。是我国目前蟠桃第一大栽培品种。

6. 中蟠17号

(1)来源。中国农业科学院郑州果树研究所2007年以98-2-1×砧1-3油蟠人工杂交选育而成(图9-31)。2015年命名，2017年获得品种权，2018年通过审定。

图9-31　中蟠17号

(2)特征特性。果实扁平，果顶凹陷，两半部较对称，梗洼浅，缝合线中深，果皮茸毛短，底色黄，果面近全红，十分美观，成熟状态一致。平均单果质量252 g，大果单果质量400 g。果肉厚，黄色，中部果肉无红色素，近核处有少量红色素，肉质为硬溶质，较耐运输，风味甜，可溶性固形物含量14.0%，黏核。花铃形，花粉量多。河南郑州地区3月下旬始花，8月上旬果实成熟。

(3)综合评价。中晚熟黄肉蟠桃。果个大，果顶闭合好，果肉厚。花粉量多，树势强，丰产；在果实发育早期，果顶有轻微的裂果现象。是晚熟蟠桃的主要栽培品种。

7. 瑞蟠21号

(1)来源。北京市农林科学研究院林业果树研究所1996年用幻想(Fantasia)与瑞蟠4号杂交选育而成(图9-32)。

图 9-32　瑞蟠 21 号

(2)特征特性。果实扁平形,果顶凹入,远离缝合线一端果肉较厚,缝合线浅,梗洼浅,果皮底色绿白,果面 1/3~1/2 着紫红色晕,茸毛短,果皮难剥离。平均单果质量 236 g,大果单果质量 294 g。果肉白色,皮下无红色素,近核处有少量红色素,硬溶质,汁液较多,纤维少,风味甜,可溶性固形物含量 14.0%,黏核。花蔷薇形,有花粉。河南郑州地区 3 月下旬始花,9 月上、中旬果实成熟。

(3)综合评价。晚熟白肉蟠桃品种,果实大、风味好,成熟期正值中秋和中国农民丰收节。

第四节　油蟠桃

1. 中油蟠 5 号

(1)来源。中国农业科学院郑州果树研究所 2007 年以 99-7-14(北京 3-2×Fire Pearl)×砧 1-3 油蟠人工杂交选育而成(图 9-33)。2015 年命名,2017 年通过河南省林木品种审定委员会审定,2018 年通过农业农村部非主要农作物品种登记,2019 年获得植物新品种权。

图 9-33　中油蟠 5 号

(2)特征特性。果实扁平形,果顶平,微凹,两半部较对称,梗洼浅,缝合线浅,果皮光滑无毛,底色黄,果面全红,呈明亮鲜红色,十分美观,成熟状态一致。平均单果质量130 g,大果单果质量200 g。果肉黄色,硬溶质,较耐运输,货架期较长,风味甜,可溶性固形物含量14.0%,充分成熟后香味浓,黏核。花蔷薇形,花粉量多。河南郑州地区3月下旬始花,6月下旬果实成熟。

(3)综合评价。早熟黄肉油蟠桃,肉质较硬,货架期长;肉质细腻,风味香甜、浓郁。为低酸品种,不宜过早采收。是油蟠桃的主要栽培品种。

2. 中油蟠9号

(1)来源。中国农业科学院郑州果树研究所2007年以98-4-32[北京3-2×4-1(砂子早生×曙光)]×砧1-3油蟠(北京25-17×平顶油蟠桃[(喀什黄肉李光×扁桃)×双佛])人工杂交选育而成(图9-34)。2017年命名并通过河南省林木品种审定委员会审定,2018年通过农业农村部非主要农作物品种登记。

图9-34 中油蟠9号

(2)特征特性。果实扁平形,果顶凹入,两半部较对称,梗洼浅,缝合线浅,果皮光滑无毛,底色黄,果面95%以上着红色,比较美观,成熟状态一致。平均单果质量200 g,大果单果质量350 g。果肉黄色,肉质为半不溶质,耐运输,货架期长,风味浓甜,可溶性固形物含量15%,黏核。花蔷薇形,花粉量多。河南郑州地区3月下旬始花,7月上旬果实成熟。

(3)综合评价。早熟黄肉油蟠桃,果顶平,果实大,风味浓甜,肉质好,挂树期长,耐运输,货架期长。果面糖点明显,有裂果、裂核,应套袋栽培;套袋栽培有返色。是我国油蟠桃第一大栽培品种。

3. 中油蟠7号

(1)来源。中国农业科学院郑州果树研究所2007年用98-4-32[北京3-2×4-1(砂子早生×曙光)]×砧1-3油蟠(北京25-17×平顶油蟠桃[(喀什黄肉李光×扁桃)×双佛])杂交选育而成(图9-35)。2015年命名,2017年获得植物新品种权，2019年通过非主要农作物品种登记。

图9-35　中油蟠7号

(2)特征特性。果实扁平形，果顶微凹，两半部较对称，梗洼浅，缝合线浅，果皮光滑无毛，底色黄，果面近100%着红色，非常美观，成熟状态一致。果实厚度大，平均单果质量250 g，大果单果质量400 g。果肉黄色，硬溶质，耐贮运性较好，货架期较长，风味浓甜，可溶性固形物含量15%以上，黏核。花铃形，花粉量多。河南郑州地区3月下旬始花，7月中旬果实成熟。

(3)综合评价。果实厚，裂果少，基本不裂核，果面光洁度较好；在雨水少的地区，可不套袋栽培；幼树树势偏旺、早期丰产性一般，注意控制树势，注意细菌性穿孔病的防控。是我国油蟠桃的主要栽培品种。

4. 金霞油蟠

(1)来源。江苏省农业科学院园艺研究所用霞光×NP杂交选育而成(图9-36)。

图9-36　金霞油蟠

(2)特征特性。果实扁平形，果顶凹入，果肉厚，两半部较对称，梗洼中广，缝合线浅，果皮底色黄绿色，果面60%以上着红色。平均单果质量170 g，大果单果质量200 g。果肉黄色，肉质硬脆爽口，完熟后柔软多汁，风味甜，品质佳，可溶性固形物含量15.0%，黏核。花蔷薇形，有花粉。河南郑州地区3

月下旬始花，7月中、下旬果实成熟。

（3）综合评价。中熟黄肉油蟠桃。果形扁平，果顶凹陷，有少量裂果。果面着红色晕，艳丽美观。果实较大，肉质硬，风味浓甜。丰产性好。

第五节　观赏桃花

1. 满天红

（1）来源。是中国农业科学院郑州果树研究所1991年以北京2-7（白凤×红寿星）套袋自交获得种子，从种子实生苗中选育的花果兼用型观赏桃新品种（图9-37）。2005年通过河南省林木品种审定委员会审定，正式命名为满天红，2011年通过国家林木品种审定委员会审定。

图9-37　满天红

（2）特征特性。树姿半开张，树体紧凑，枝条节间短，平均节间长度1.8 cm。花蔷薇形，重瓣。萼片紫红色，两轮。花径4.4 cm，花蕾大红色，花瓣玫瑰红色，椭圆形，有小波。花瓣4～6轮，花瓣数22～26枚。花丝粉红色、45条左右。花药橘红色，花粉量多。常有双柱头，极少有3柱头，自花结实。果实近圆形，果顶圆平，两半部对称，梗洼浅，缝合线明显、中等深度。平均单果质量130 g，大果单果质量150 g。果皮茸毛密度中，底色乳黄至乳白，果面近1/3着红色。果肉乳黄至乳白色，肉质软溶，汁液多，风味甜，可溶性固形物含量12%，黏核。河南郑州地区4月上旬始花，开花持续期18 d，7月下旬果实成熟。

（3）综合评价。树势中庸、花量大、花色艳丽，是我国育成的第一大观赏桃花栽培品种。抗流胶病能力一般。

2. 探春

(1)来源。是中国农业科学院郑州果树研究所1996年3月以迎春×白山碧桃获得的杂交果进行胚培养、植苗后经筛选育成的观赏桃新品种(图9-38)。2001年命名为探春,2006年通过河南省林木品种审定委员会审定。

图9-38 探春

(2)特征特性。花蔷薇形,粉红色,直径4.4 cm,花瓣4~6轮,花瓣数20~25枚;花丝粉白色、45条左右,花药橘红色,有花粉,雌蕊常退化。花有淡香味。叶片似白山碧桃,叶腺肾形。果小,平均单果质量23 g,不宜食用,黏核。河南郑州地区2月下旬叶芽膨大,3月5日中蕾至大蕾,红色,美观。3月8日始花,末花期4月1~5日,开花持续期25 d,需冷量400 h。生育期248 d。

(3)综合评价。最大的特点就是需冷量短,开花早,能弥补早春桃花少的缺憾,并且通过保护地促早栽培能顺利地在春节前开放,满足中国传统节日人们对桃花的需求。

3. 报春

(1)来源。是中国农业科学院郑州果树研究所1996年以满天红×白花山碧桃为亲本,通过胚培养技术获得的优良观赏桃品种(图9-39)。2009年通过河南省林木品种审定委员会审定。

图9-39 报春

(2)特征特性。花蔷薇形。花瓣粉红色,花瓣5轮,花瓣30片左右,直径4.95 cm;花丝粉白色、48条左右,有花粉;花萼2层,红褐色,10片,少量萼片叶化。果实圆形,果形圆整,果小,平均单果质量30 g。果实黄绿色,果肉薄,有苦味,不宜食用,黏核。河南郑州地区2月下旬叶芽膨大,3月15日中蕾至大蕾,红色,美观;3月18日始花,末花期4月5日,开花持续期15 d,需冷量450 h,需热量少。生育期240 d。

(3)综合评价。花朵粉红色,鲜艳美丽。最大的特点就是需冷量短、需热量少、开花早,能弥补早春桃花少的缺憾,并且通过保护地促早栽培,能顺利地在春节前开放,满足中国传统节日人们对桃花的需求。

4. 元春

(1)来源。是中国农业科学院郑州果树研究所以满天红×白花山碧桃杂交后代的96-6-27自然杂交,通过对种子冷藏处理,从播种实生苗中选育出的优良观赏桃品种(图9-40)。2009年通过河南省林木品种审定委员会审定。

图9-40　元春

(2)特征特性。花蔷薇形。花瓣红色,花瓣4轮,花瓣23片左右;花朵直径4.65 cm;花丝粉白色、45条左右,少量花丝瓣化;花药橙黄色略有红色,有花粉;雌蕊1枚,或有2枚,雌雄蕊等高;花萼2层,红褐色,10片,少量萼片瓣化。叶腺肾形。果实圆形,有苦味,不宜食用,黏核。有少量双柱头果。河南郑州地区3月初叶芽膨大,3月18日中蕾至大蕾,红色,美观;3月22日始花,末花期4月10日,开花持续期16 d,需冷量550 h。生育期235 d。

(3)综合评价。花朵红色,鲜艳美丽。需冷量较短,开花较早,比满天红早3 d,比红叶桃早6 d,能弥补早春红色桃花少的缺憾,并且通过保护地促早栽培,能顺利地在春节前开放,满足中国传统节日人们对桃花的需求。

5.红菊花

(1)来源。是中国农业科学院郑州果树研究所以普通菊花桃采用自然授粉方式获得的优良观赏桃品种(图9-41)。2010年通过河南省林木品种审定委员会审定。

图9-41 红菊花

(2)特征特性。花形菊花形。花瓣红色,花瓣5~6轮,花瓣23~27片;花朵直径4.4 cm;花丝粉白色、36条左右,少量花丝瓣化;花药橙黄色,有花粉;雌蕊1枚,或有2枚,雌雄蕊等高;花萼2层,红褐色,10片,少量萼片瓣化。叶片呈长椭圆披针形,叶腺圆形。果实椭圆形,果尖明显,平均单果质量25 g。果实黄绿色,果肉薄,有苦味,不宜食用,黏核。河南郑州地区花蕾现蕾期4月5日,始花期4月14日,盛花初期4月17日,盛花终期4月27日,末花期5月2日。开花持续时间16 d。生育期225 d。需冷量1 200 h。

(3)综合评价。花朵红色,鲜艳美丽;花形别致,酷似菊花,是桃花中的精品。虽然与普通菊花桃比较花期早,但是与多数观赏桃比较花期晚,因此是延长观花期的配套品种。

第十章 桃现代栽培技术

品种一旦育成并推向生产，若要充分发挥其基因型潜能，使其有最佳表现，实现优质高产，创造较高的经济效益，就必须研究和采用科学、先进的栽培技术，即通常讲的"良种良法配套"[1]。

桃树栽培技术的探索与实践在我国具有悠久的历史。改革开放以来，我国桃树产业规模逐渐扩大，由于产业发展的迫切需求，桃树栽培技术的研究与实践也取得了许多重要进展，一些新理念、新技术的引进与发展支撑了我国桃产业的发展进步，使得我国桃的产业技术逐渐与国际先进水平同步。

广义的桃树栽培管理涉及从桃园规划、建园到土肥水管理、树体管理、花果管理、采后处理及贮运保鲜等各方面，本章只选择性介绍其中的部分内容和近几年的一些热点问题，并力求反映最新进展，包括果园建立、果园土壤管理与施肥、果树整形修剪理论与技术、花果管理的技术要点、提高果实品质的原理与技术。

第一节 桃园规划与建设

桃园的规划与建设是从事桃生产和经营的基础。桃的生产能否取得好的收益，关键取决于品种选择、栽培管理和产品销售三个环节，其中前两个环节都受制于建园工作。因此，科学地选择品种、科学地规划果园、选择适宜的栽培模式等，都对后续的果品生产和经济效益具有重要影响。

一、品种选择[1]

从事桃果品生产和建设桃园，首先所面临的问题是如何选择品种。与其他果树相比，桃的种类、品种繁多。从果实外观区分，有普通桃（毛桃）、油

第十章 桃现代栽培技术

桃、蟠桃和油蟠桃；根据用途，可分为加工桃、鲜食桃和观赏桃；根据果实成熟期，桃品种又可区分为特早熟、早熟、中熟、晚熟和特晚熟品种。因此，根据当地的气候、土壤、市场等情况合理选择品种，既是建园时首先要考虑的问题，也是果园获得高效益的重要保障。

1. 品种对环境条件的适应性

不同品种对生长发育的环境条件，如温度、降水量、光照、昼夜温差、土壤条件等的适应性也不同，只有在适宜的条件下才能表现出该品种的固有特性，产生最大的效益。如肥城桃、深州蜜桃只有在当地才能表现出个大、味美、产量好的特点，在其他地方种植则表现不佳；南方品种引种到北方时一般不存在大的适应性问题，但北方品种引种到南方时，一般表现要稍差于北方，主要表现为果个变小、品质降低；在南方冬季温暖的地方还存在着低温量是否满足品种需要的问题。在淮河以南地区种植油桃，必须选择抗裂果的油桃品种。

一般来说，同一品种在南方种植，成熟期提前、果实变小，而在北方种植则成熟期推迟、果实变大。此外，选择的主栽品种的成熟期最好能避开当地的雨季。

2. 销售方式及目标市场

目前，桃果实的销售方式主要有：①远距离运销或外地客商来产地收购，这种销售方式首先要求品种耐贮运，果实成熟软化慢或不变软。②就近销售或吸引消费者进园观光采摘，这种桃园选择品种时应优先考虑品质，果实要口感好、风味佳，最好有特色，市场上不多见。③近几年兴起的"互联网＋"模式，多见于网上下订单，快递送货上门，这种销售方式既要求桃果实品质好、有特色，又要求其有一定的耐贮运性。任何一个品种都很难十全十美，建园时要根据拟采取的销售方式来选择相对适宜的品种。

3. 成熟期选择与配套

成熟期的选择也要基于对当地市场销售状况的调查，如哪个季节畅销、价格高等，应适当考虑与其他瓜果成熟期排开，进而确定桃品种间的早、中、晚熟品种的搭配。作为生产品种不可过多，一般以3～4个为好。栽培面积大时，更要考虑成熟期的合理搭配，可适当增多品种，具体的搭配比例要根据市场、劳动力等状况而定。

此外，在符合市场需要的前提下，南方地区物候期偏早，在成熟期上有一定的优势，应适当选择早熟品种，花期和果实成熟期尽量避开雨季；北方地区露地栽培在品质、果实大小方面较南方有一定的优势，可适当选择中、晚熟品种，设施栽培一般要选择极早熟或早熟品种。

4. 需冷量

桃的需冷量是指自然休眠所需的 0~7.2℃ 的小时数，南方地区或设施栽培应特别关注。因为南方地区冬季温度较高，有些品种的需冷量无法满足，会出现开花不整齐、只开花不结果或枯花等现象(图 10-1)，会给生产造成不应有的损失。因此，南方产区应根据本地情况选择低需冷量品种。

北方露地栽培一般不存在需冷量不足的情况。设施栽培要根据当地情况及品种的需冷量确定扣棚升温时间，合理选择低需冷量品种可以提前扣棚，以提早上市、增加效益。

图 10-1 桃树需冷量不足的症状

二、果园规划设计[1-4]

目前，我国的桃园大致分为两类：一类是家庭式果园，面积一般在 1 hm² 左右，以家庭成员和自有劳动力为主，多数集生产、生活、经营于一体，除了基本的生产设施、工具房、农资库之外，还要有一些必要的生活设施；另一类是规模化桃园，面积一般在 3 hm² 以上。下面述及的桃园规划设计是指较大规模的桃园。

1. 园区道路

园区道路的规划原则是方便果品、农资的运输。道路分为主干道和园内生产道路，道路要互联互通，主干道要有足够的宽度，方便大型货运车辆通行，并与市政道路或国道、省道连通。如果考虑到未来果园的观光需求，还要考虑绿化、美化和亮化。

2. 品种规划

规模较大的桃园，为了方便管理和操作，通常还要划分成不同的生产方，每个生产方的面积以 0.6~2.0 hm² 为宜，生产方之间可以道路为界。不同品种最好根据成熟期按生产方分区种植，这样更方便管理作业。

3. 灌溉及排涝

灌溉设施推荐使用管道灌溉（滴灌、微喷、涌泉灌等），其优势是对地形平坦度要求不高、节水、可以灵活选择灌溉区域、提高灌溉效率、减少灌溉用工。如果有条件，最好使用水肥一体化灌溉。一般每 3.3 hm² 设计 1 眼机井，建园前要铺设好灌溉管道。要根据当地的年降水量和地形地貌做好排涝设计。排涝沟渠要从内向外设计，保证每个生产方的每行树间的积水都能排到生产方周边的沟渠里，沟渠要相连相通，排向市政排水管道或干线沟渠、河道（图 10-2）。

图 10-2　行间暗管排水

4. 防风林

如果当地风灾比较严重，还要在桃园周边或风口方向营造防风林。最好选择干性强、枝叶稠密、四季常绿、病虫害较少的松柏类树种。

5. 生产性用房与场地

生产性用房与场地包括化肥农药仓库、农机农具库、有机肥堆放场、果园看护用房等，要根据果园的规模妥善安排。

6. 采后处理设施及冷库

采后处理包括预冷、清洗、分级、打蜡、包装等，都是现代果业生产必不可少的环节，冷库作为保鲜贮藏设施更是不可或缺，这些都要在果园规划设计环节统一考虑。

三、建园[1,4]

1. 园地整理

栽树前,通常要对园地进行整理,主要包括地面附属物清理、土地平整、施足底肥(腐熟发酵后的有机肥)。如果土地特别板结、黏重或酸碱度超越了桃树的适应范围,栽树前还需要先改良土壤。如果是在重茬地建园,栽树前每公顷要撒施1 500 kg生石灰消毒,施足有机肥,最好用挖掘机普遍深翻1 m左右。提倡起垄栽培(图10-3)。

图10-3 起垄栽培

2. 苗木整理

苗木整理包括剪除断根、烂根或过长根,清除残余的嫁接膜。按照统一要求的高度定干,剪口用液体石蜡或其他封口剂涂抹,防止失水或染病,栽树前用清水浸泡3~4 h或用多菌灵稀释液消毒。

3. 株行距的确定

确定株行距和栽植密度时应考虑的因素有:①拟采用的树形,是主干形、开心形、Y字形还是疏散纺锤形等,株行距应与之相适应。②立地条件、土壤肥力等。③品种特性等。

4. 栽树时间

黄河流域及以南地区,秋冬季及春季均可栽植桃树,以秋冬季为佳;北方地区冬季干燥少雨,新植桃树容易失水抽干,可待春季土壤解冻后尽早栽植。对于异花授粉才能优质丰产的桃品种,建园时要按照一定的比例配植授粉树。

四、重茬地建园

桃树等核果类果树对再植障碍反应敏感，重茬种植时幼树生长缓慢、树势衰弱，甚至会出现死树。再植障碍产生的原因比较复杂，主要有：①桃树根系分泌物特别是根腐烂后产生的有毒物质对再植桃树产生毒害。②由于同种果树从土壤中吸收的养分、排入的分泌物相同，因此，重茬再植易造成土壤酸碱度异常和营养成分失衡。③线虫和土壤病原微生物增多。因此，应尽可能避免在桃、李、杏、樱桃等果树的老果园再建桃园。确需在重茬地建园时，可采取以下措施[5]：

1. 休耕或插作农作物

休耕或插作农作物是普遍采用的措施，最好是休耕或插作1～2年生农作物2年以上，每年至少耕作2次，翻晒土壤，并注意增进土壤的排水和培肥，改善土壤的通气状况。有条件的地区可执行水旱轮作，然后再重建果园。

2. 深耕改土

应先进行深耕、整地、清除残根，并尽量不在原来栽果树的位置植树。确定株行距后挖定植穴，其直径和深度一般为1～1.2 m。在新定植穴内结合施用有机肥进行改土或引入客土。注意将生土和熟土分开堆放，定植穴距地面以下20 cm处一定用熟土。试验表明，如果在重茬地表面厚施一层有机肥，再用挖掘机普遍深翻1 m以上，并清除残余的上茬树根，效果良好。

3. 土壤消毒

如不能换土，则尽可能地进行土壤消毒以消除或削弱再植病害。常用的土壤消毒剂有溴甲苯、氯化苦(三氯硝基甲烷)、D-P混合剂(二氯丙烯与二丙烷和三碳烃混合而成)。也可用福尔马林等熏蒸土壤，操作时将熏蒸剂放入有若干细孔的聚乙烯薄膜袋中，秋季埋入挖好的定植穴中下部，翌年春季再栽树，这样可以较好地防治再植障碍。若土壤中发现病原线虫，在定植前半个月，每公顷施用80%二溴氯丙烷45～60 kg，开沟施药(沟深15 cm，沟距24～33 cm)，每千克药剂加水50～150 kg均匀施入，施药后即覆土踏实，可杀灭土壤中的线虫。

4. 选择大苗、壮苗或容器苗

实践证明，桃树的再植障碍在幼苗、小树和弱树上表现得比较突出，因此，生产上在老桃园地建新桃园时，应选择壮苗、大苗定植。有条件的最好定植容器苗，具体方法是：在定植的前一年春季萌芽前，将选定的苗木栽在大小适宜的容器里，可因陋就简，用土瓦盆、废旧木箱、编织袋等作容器。容器内的土壤要选择质地疏松、富含有机质、保水保肥性能好的耕作中的园土、草皮土、植物落叶的腐殖土，也可用经过筛选堆积腐熟后的城市垃圾土。盆土不能有污染物和病虫，不能掺入化肥。栽植在容器内的桃苗成活后要加强肥水管理和病虫草害防控，使其正常生长，当年秋冬季或翌年春季即可移植到园地。

5. 选用抗性砧木

砧木与土壤直接接触，再植障碍的发生与否常取决于砧木的生长势和抗病能力。选用抗性砧木可提高果树对环境的适应性，增强桃树对病虫害的抵御能力。红根甘肃桃作砧木能提高抗根结线虫的能力；法国的桃砧木 GF667 和国内新培育的中桃抗砧 1 号都是种间杂种，对地上部分的生长势具有促进作用，以其为砧木嫁接的桃苗对再植障碍具有较好的抗性。

第二节　桃园土壤管理

土壤管理包括土壤表面的杂草管理和耕作层土壤的管理，是果园各项管理的基础。果园土壤表面的杂草管理不仅影响耕作层土壤的质量，而且对果园微生态环境、病虫害防控、果园用工有重要影响；果园耕作层土壤的管理目的，是为果树根系的生长发育提供一个良好的土壤条件，并在一定程度上调控地上部分的生长发育。

一、控草[6-14]

果园控草是果园地面管理的主要内容之一，其目的是消除杂草对果树生长发育的不利影响，或有目的地生草，实现果园优质、高效、绿色和可持续生产。果园控草的主要方式有清耕除草、覆盖控草及自然或人工生草。

1. 清耕除草

果园清耕就是在果树生长季节通过浅耕除草，保持果园地面无杂草的一种土壤管理制度。清耕可以减少杂草对肥水的消耗。我国果农多有从事大田农作物生产的经历，清耕除草是传统农业生产的重要内容，因此，很多果农理所当然地认为果园也应该清耕除草。但果园清耕的弊端很多，如会破坏土壤结构，恶化土壤的理化性能，形成一层坚硬的犁底层，使土壤中气、热、水、肥诸因子不协调，有机质和氮素含量减少，从而影响果树根系的正常生长。而且果园除草会增加劳动力成本，特别是在炎热多雨的盛夏，杂草生长很快，反复除草会非常辛苦。

使用除草剂极大地减轻了果农的劳作负担，已被广泛使用。但桃树对多种除草剂比较敏感,桃园不当使用除草剂会带来严重危害,主要表现在:①导致树势严重衰弱,产量和品质下降,甚至死树。②诱发或加重树干或枝条流胶,进而导致树势衰退或死亡。③导致新栽树苗死亡,建园失败。如果前茬农作物使用了除草剂,土壤中存有残留,新栽树苗在新梢长至10 cm左右时就会逐渐萎蔫、枯死,拔出树苗可见根系腐烂,并且没有新根发生。④除草剂可残留在果实中,危及果品食用安全。因此,不建议在果园中使用化学除草剂。

2. 覆盖控草

通过地面覆盖(图10-4)可以控制杂草生长。对于新栽树苗,当年可以沿树行覆盖黑色薄膜或无纺布控草。成年树覆盖防草,可选用玉米秆、麦秸、稻草、谷壳等多种覆盖材料。覆盖材料要求覆盖效果好、易腐烂、无污染。覆盖防草既可节省除草用工,又可保温、保墒、抗旱,覆盖材料腐烂后还可以增加土壤的有机质。

图10-4 覆盖控草

3. 行间生草

果园行间生草(图10-5)可以提高果实品质,是实现果业可持续发展和栽培管理现代化的必然选择,是发达国家现代果园管理的通行做法。该技术20世纪引入我国之后,通过大量研究和实践,逐渐为业界接受,已成为现代果园管理的主推技术之一。

(1)行间生草的好处。①培肥地力。据调查,长期清耕和过分依赖化肥,造成我国果园的土壤有机质含量普遍较低、化肥利用率低下和果实品质下降。长期坚持果园行间生草,可以明显提高土壤的有机质含量,培肥地力,减少对化肥的依赖,提高果实的品质。②减少除草用工,提高果园效益。据测算,采用自然生草、机械刈割的办法管理杂草,其用工量只有清耕除草的20%左

图 10-5 行间生草

右,降低了果园管理的劳动强度。③改善果园生态环境,有利于天敌繁衍和病虫害防控。生草果园只要管理得当,就能达到"把天敌请进园,把害虫引下树"的效果。④减少果园温度波动对果树的伤害。大面积果园生草,可以在夏季高温季节降低温度2℃左右,在冬季寒冷季节提高温度2℃左右,从而优化果园微生态环境,减轻夏季高温、冬季和早春低温对果树的伤害。⑤可以蓄存多余的养分,减少肥料流失和面源污染。果园施肥过多,果树来不及全部吸收而流失会造成浪费和环境污染,而生草则可以吸收多余的肥料,并转化为有机质,腐烂后供果树长期吸收使用。

草利用阳光、空气和从土壤中吸收的水分和养分合成自己的生物体,豆科植物上的固氮菌还有固氮作用,将空气中的氮转化为果树可以利用的氮素形态。草与果树是否争肥,关键看草是否还田。如果将果园生的草全部拿走,果园土壤就会越来越瘠薄,产生草与果树争肥的后果;如果把草全部还田,则会增加土壤有机质的含量,起到培肥土壤的作用。因此,不必担心草与果树争肥。

(2)生草方式。

自然生草:自然生草就是不在果园行间进行人工除草,任草自然生长,定期刈割。根据当地的降水情况,一般每年刈割3~5次。可用自走式割草机、秸秆还田机或割灌机割草。

自然生草还可立足当地自然条件,及时清除影响果园操作和果树生长的高秆杂草和攀缘性杂草,培育优势良性草。只要管理得当,定向培育,一般每个果园都能自然衍生出春夏秋冬每一季节的优势草种。一般每年秋季9~10月行间翻耕1次,长出越冬草,翌年春末夏初越冬草成熟结实并枯死,夏季草长出后逐渐繁茂占据优势,直至秋季成熟枯黄。这样年复一年,形成可持续、良性生态循环。

人工种草:人工种草就是立足当地的自然生态条件,选择适宜的草种进行人工种植,具有生物量较大、土壤培肥效果好、园相整齐美观等优点。传统上使用较多的草种有苜蓿、毛叶苕子(图10-6)、三叶草等,近年来又引进和培育了很多用于果园生草的草种,如黑麦草、鼠茅草等。选择果园适宜草种应考虑的因素有:生物量适中,匍匐或矮秆,不攀缘;对杂草覆盖效果好;不易感病虫,有利于天敌栖息繁衍;耐粗放管理,在当地能正常越冬;残体易腐烂,最好是能固氮的豆科植物,肥田效果好。华北南部、黄淮地区及长江流域推荐使用毛叶苕子和苜蓿,长江流域及其以南地区也可以选用三叶草。

图 10-6　行间种植毛叶苕子

二、土壤管理与施肥[1,16]

土壤是果树生产的基础,果树的生长和结果依赖于根系不断地从土壤中吸收必要的水分和养分。合理的土壤管理是桃树正常生长结果的最基本保障,是实现早果、丰产、优质、高效栽培的基础。

1. 桃园土壤管理

据分析,果树可以从土壤中主动或被动吸收 70 多种元素,其中碳、氢、氧、氮、磷、钾、钙、镁、硫、铁、铜、硼、锰、锌、钼和氯 16 种元素是果树正常生长发育所必需的元素。在这 16 种元素中,除了碳和氧主要来自空气,其余元素主要从土壤中吸收。桃树能否充分有效地从土壤中吸收这些元素，主要取决于根系的吸收能力和土壤的供给能力。土壤管理最主要的目的有2个：一是保证根系正常健康的生长发育，使其具有强大的吸收能力；二是保证土壤中含有丰富的桃树生长所需的元素，并能有效地被桃树根系吸收。

根系的正常生长发育和发挥吸收功能需要适宜的土壤环境，包括合理的水分、氧气和丰富的矿质营养元素；土壤对果树必需矿质元素的供给能力主要取决于3个方面：一是土壤中这些元素的丰度；二是元素的存在形式或形态（果树只能吸收利用一定形式的元素）；三是各种元素间量的平衡，某种元素过多或过少都可能影响桃树对别的元素的吸收，也就是通常强调的"平衡施肥"的依据。

此外，根系对土壤中矿质元素的吸收还受土壤结构、pH值、温度的影响，这些因素都直接或间接地影响根系的吸收活力和土壤的供给能力。

土壤是固相、液相和气相物质构成的复合体系。保持果树生长健壮、丰产稳产的土壤三相比例为：固相40%～55%，液相20%～40%，气相15%～37%。

土壤质量通常包括有机质含量、透气性、供肥保肥能力、涵养水分能力、理化性质、酶活力、微生物群落等，它直接影响树体的生长发育和果实的品质、产量。土壤管理的最主要目的是培育和构建高质量的果园耕作层土壤。土壤管理的要求是创造或维持良好的土壤养分和水分供应状态，促进土壤结构的团粒化，提高有机质含量，防止水土和养分的流失，保持土壤温度变化的均衡。

土壤有机质是指存在于土壤中的各种有机化合物，主要包括各种动植物残体、微生物及其分解、合成的有机化合物。土壤中的有机质一般以新鲜有机物（主要是动植物残体）、半分解有机物和腐殖质3种形式存在。腐殖质是有机物经微生物分解后再合成的一种褐色或暗褐色大分子胶体物质，是土壤有机质的主要成分，约占85%。

有机质含量是评价土壤质量和肥力的核心指标。有机质的作用主要有：优化土壤结构，使之疏松透气；缓冲和蓄存多余的肥力，提高化肥的利用率；平衡各元素的比例，保证中、微量元素的持续供应；涵养有益微生物，活化土壤的矿质元素。我国桃园土壤的有机质含量普遍偏低，只有1%左右，而日本等发达国家的果园达到5%～7%，这直接导致我国化肥的利用效率低，只有发达国家的1/4～1/3。所以，桃园土壤管理的主要任务就是提高土壤的有机质含量。提高土壤有机质含量的主要途径：一是增施有机肥，二是果园生草，三是将果园有机废弃物无害化、资源化处理后还田。

2. 科学施肥

树体的生长发育和结果，会消耗大量的养分，这些养分多是从土壤中获取的。通过施肥可以补充土壤中消耗的营养元素，特别是大量元素。

为了提高肥料的效能必须科学施肥。科学施肥应把握"精准"和"平衡"的原则。精准施肥就是要根据桃树生长和结果的需求，缺什么补什么、缺多少补多少；平衡施肥是指所施各元素间的比例应平衡，避免某些元素过高或过低，影响其他元素的吸收，降低肥料的利用率，甚至造成有害的后果。

目前，科学施肥的主要方法有根据产量水平的消耗补施、测土施肥、叶片诊断施肥等。

（1）根据产量水平的消耗补施，是根据每年桃树生长发育和结果消耗的从土壤中吸收的矿质营养数量，平衡地给予补充。据测算，桃鲜果中的氮、磷、钾含量分别为 1.2 mg/kg、0.38 mg/kg、3.94 mg/kg。根据单位面积鲜果的产量折算的营养消耗，加上修剪下来的枝条和落叶所带走的营养元素，再除以肥料的吸收利用率，就可大体得到当年各种肥料的应施量。

（2）测土施肥，是将实测的土壤各营养元素含量与满足树体正常生长和结实土壤所需的各营养元素的标准值进行比对，根据丰缺程度来确定施肥量。该标准值是通过分析正常生长和结果的桃园土壤中可利用的矿质元素水平的大数据获得的。

（3）叶片诊断施肥，是将实测的功能叶片中的各营养元素水平与叶片诊断标准值进行比对，根据丰缺程度来确定施肥量。叶片诊断标准值，是通过分析正常生长、结果时功能叶片中各种营养元素水平的大数据获得的。

除此之外，还可以根据观察桃园的树相来判断树体营养水平和缺素情况，因为每种元素的缺乏都有相应的指征，即通常所说的"缺素症"。当然，更准确的判断来自于土壤分析或叶片诊断。

3. 桃园施肥

桃园施肥分为施基肥、追肥和根外补充施肥。

我国桃园土壤的有机质含量普遍较低，所以，基肥应以有机肥为主。基肥一般以秋施为主，宜在 9～10 月施。传统上基肥多采用沟施或穴施，费工、费力。近些年有些果园结合秋季翻耕采用行间撒施，撒施后马上进行翻耕，省工、省力且施肥均匀，取得了较好的效果。基肥施用量应占全年用肥量的 70% 左右，这意味着桃园施肥要以基肥为主、追肥为辅，根外施肥（叶面施肥）作为应急补充。

不同果树对矿质元素的需求和吸收比例不同，桃树对氮、磷、钾"三要素"的吸收比例为 10∶3～4∶13～16。施肥还要特别考虑果实生长和结果的不同阶段对不同元素的需要。桃树当年新梢生长和结果主要消耗前一年的营养储备。桃树的根系、树干、大枝内每年秋后会贮藏大量的营养物质，包括糖类、含氮物质及各种矿质营养，这些贮藏营养对翌年春季根系的生长、萌芽和新梢生长、开花结果和幼果生长具有重大影响。桃树的新梢生长与果实发育时期重叠，因而梢果争夺养分矛盾较突出。健壮树花后如果氮过多，则枝梢猛长、落果重；弱树如果氮不足，又会造成枝梢细短、叶黄、果小。应根据树势、树龄和结果量施肥，协调梢果生长矛盾。

不同的施肥方式直接影响肥料的利用率。由于土壤的吸附固定、雨水淋失和分解挥发损失等，施入土壤中的肥料不能全部被果树吸收。一般认为，果树对氮肥的利用率为50%，高于磷肥的30%和钾肥的40%。提高氮磷钾利用率的途径，一是改进灌溉方法，如采用施肥后灌溉的方式，氮肥的利用率为50%～70%，磷肥的利用率约为45%，钾肥的利用率为40%～50%；采用滴灌式施肥，氮肥的利用率为95%，磷肥的利用率为54%，钾肥的利用率为80%。二是提高土壤的有机质含量，增加对矿质元素的蓄存能力，减少流失，同时还可保证桃树所需养分的平衡供应。

除了传统施肥方式，近年来肥水一体化技术、袋控缓释技术、专用施肥枪技术等新的技术手段逐渐普及，不仅提高了肥效，而且省工、省力。

第三节 桃树整形修剪

整形修剪是桃树栽培管理中非常重要的环节。整形是指根据桃树生长发育的特点、开花结果习性和栽植密度（株行距），为实现优质、高产、高效和可持续生产之目的，将树冠修整成一定的形态。修剪则是为实现上述目的而采取的园艺措施。

整形修剪具有很强的实践性，不同的果树，甚至同一树种的不同品种对树形的要求和修剪反应都不相同。如果明确了整形修剪的目的，又了解桃树生长和结果的特性，就可以触类旁通，灵活地运用各种整形修剪技术。

一、目的[1,16]

1. 构筑稳固的树体骨架，保证其负载能力

树体的负载能力与单株的产量和总产量直接相关，树干及各级分枝的粗度、主枝开张角度、着生位置等都会影响树冠的负载能力。

2. 构建并维持合理的树冠结构

桃树是最喜光的树种之一，树冠郁闭、光照不良将直接影响花芽分化，降低果实的品质，甚至导致内膛枝落叶枯死。因此，构建和维持合理的树冠，使枝叶分布均匀、通风透光良好，防止郁闭，提高光合效率，增加生物学产量，对实现丰产、优质非常重要。

3. 协调营养生长和生殖生长的关系

营养生长和生殖生长（开花结果）关系密切，叶片的光合作用产物既是树体和新梢生长的物质基础，也是果实发育和膨大的物质基础，因此可能存在对光合产物的竞争。整形和修剪可以作为一种手段，协调生长和结果的关系，实现早果、丰产、优质、稳产。

4. 保持树体健壮，延长经济寿命

桃树在自然生长状态下，萌芽力和成枝率高，树冠极易郁闭；进入丰产期后，易成花和坐果，修剪不仅可以防止郁闭、调控产量、提高品质，而且可以防止早衰，延长经济寿命。

5. 控制树冠体积大小与高度，便于生产管理

桃树在自然生长状态下属高大乔木，通过整形和修剪，可以根据栽植密度决定分枝的角度和延伸方向，控制树体的高度和树冠体积，便于生产管理。

二、发展趋势[1,17]

1. 技术简化，容易掌握

20世纪80年代之前，我国桃的栽培模式主要是大冠稀植，株行距一般为4m×5m、5m×5m、5m×6m，甚至是6m×6m，树形一般采用三主枝自然开心形，主枝、侧枝、枝组和结果枝级次分明、主次有序，这种树形较好地满足了桃树对光的需求，树冠较低，管理方便，进入盛果期后品质优良。但是，这种树形进入丰产期较晚、早期产量低，整形修剪技术复杂，初学者不易掌握。近年来出现的主干形、二主枝开心形、四主枝挺身形和半直立多主无侧高光效树形（3S树形）的树体结构由原来的4级结构变为2~3级结构，在中心干或主枝上直接着生结果枝或结果枝组，减少了大量的无效枝，枝条自然延伸，不仅简化了整形修剪技术，而且改善了树冠内光照（图10-7）。

2. 省工、省力，节省成本

随着我国的城市化进程，农业劳动力不仅价格飙升，而且日趋短缺和老龄化。因此，作为果园管理重要环节的整形修剪，必然要求省工、省力。近年来新发展起来的简约省力化树形、长梢修剪技术等，都迎合了这一要求。

3. 小冠密植，立体结果

经过比较，宽行密植、小角度高冠整形逐渐为业界所接受。这种方式的行距通常在5m以上，主枝分枝角度小，树冠高度通常在2.5~3.0m，充分利用了上部空间，立体结果，加上树体结构简化，冠内外光照充足，不仅果实品质好、产量高，而且行间不易郁闭，便于生草和机械作业。

| 小角度Y形 | 二主枝开心形 |
| 双错位V形 | 四主枝挺身形 |

图 10-7　主要树形示意图

三、常用技术[1,18-25]

1. 提早结果的技术

早投产、早收益是果树经营者的基本要求。通过以下技术措施，可以实现"一年定植，二年结果，三年投产"的目标。

(1)定植当年，前促后控。黄河流域及以南桃区，可以秋冬定植，促进早生快发；春季桃树萌芽后加强肥水管理，少量多次施用速效氮肥，促进新梢快速生长，其间可以通过多次摘心促发侧枝，扩大树冠；7月上、中旬开始控肥控水，配合叶面喷施多效唑使桃树从营养生长向生殖生长转化，促进花芽分化；进入9月，注意疏除冠内无用的徒长枝，改善树冠光照，促进营养物质的积累和花芽发育饱满。

(2)冬季修剪措施。初期挂果的桃树(定植后2～4年)，一般营养生长旺盛。在加强夏季管理的基础上，冬季修剪要去除强旺枝，留弱枝、斜生枝、下垂枝；轻剪长放，基本不短截；多留结果枝，以果压势，提高坐果率。

2. 增强树势的修剪技术

对于衰老的桃园或生长势偏弱的桃树，可以采取针对性的修剪技术使树势逐渐复壮。

(1)夏剪从轻。夏季是桃树生长和树体有机营养积累的季节，减少修剪量可以保证有足够的枝条和叶面积来增加光合营养。

(2)冬剪从重。应适当延迟冬剪,在光合产物回流并贮藏到树干和根系、树体处于深度休眠的1月进行;冬剪时,少留细弱枝,多留强旺枝;多留营养枝,少留结果枝;去除下垂枝和水平枝,多留斜上枝或直立枝;多短截,少疏枝。

3. 削弱树势的修剪技术

对于幼龄桃树,或由于水肥管理失当、负载太少等原因造成树势过于强旺的,可采用相应的修剪技术缓和树势,实现丰产稳产。

(1)夏季修剪适当从重。桃树春季萌芽后至6月中旬,通过抹芽、疏枝、短截等措施延缓叶幕扩大,消耗树体贮藏的营养;8月中旬后疏除强旺枝、过密枝和不适宜结果的营养枝。

(2)冬季修剪适度从轻。冬剪时间可适当提早,选择在落叶后、树冠有机营养回流到树干和根系之前进行,或推迟到春季萌芽前进行;修剪的技术手段宜采用去强留弱、多疏枝少短截等方法;多留结果枝,少留或不留营养枝,适当加大果实负载量;结果枝尽量选留细弱枝、下垂枝和水平枝。

第四节 桃树花果管理

桃树幼苗经过一段时间的营养生长度过童期之后,在一定的条件下就可以从营养生长转入生殖生长,经过花芽分化、开花、授粉受精、坐果、生长发育和成熟,就可收获果实。根据花芽分化和果实生长发育的规律制定和实施科学合理的栽培管理措施,是实现优质、丰产、高效生产目标的关键。

1. 桃树的花芽分化及促花芽分化措施[1,26-28]

花芽分化是果树从营养生长向生殖生长转化的分水岭。花芽分化可分为生理分化和形态分化两个阶段,前者是发生在细胞内的一系列生理生化变化,包括大量的物质合成代谢;后者则是形态上的变化和花器原基的分化形成。桃的花芽分化要经历一个比较漫长的时间,一般从每年的6月至翌年的3月。

花芽分化需要一定的条件,生产上采取正确的栽培措施可以促进花芽的分化。

(1)营养物质积累。树体只有完成了花芽分化所需要的营养物质(主要是碳水化合物)积累,才可能启动花芽分化。花芽分化前内源激素平衡发生变化,C/N比增加。

(2)新梢生长缓慢甚至停滞。一般认为花芽分化需要大量的营养物质,新梢生长的减缓或停滞可减少对碳水化合物的竞争。

花芽分化期间，不施氮肥、适度干旱、合理使用生长抑制剂、改善冠内光照可促进花芽分化，相反，浇水和过量施用氮肥会导致新梢徒长，可能抑制或延缓花芽分化。树冠郁闭也会导致内膛果枝枯死或花芽发育不良。

2. 坐果的基本条件及提高坐果率、减轻生理落果

坐果良好才可能丰产高效。花芽发育成正常果实需要满足以下基本条件。

(1)花器官发育、分化良好，特别是雌蕊和雄蕊分化和发育正常，具有可育的雌、雄配子。

(2)完成授粉受精。如果是异花授粉才能正常坐果，就需要配植花期相遇、花粉量足且亲和力良好的授粉树。花粉直接或通过一定的媒介落到雌蕊的柱头上，完成授粉；花粉在柱头上萌发，花粉管伸长并进入子房，实现精卵结合，完成受精。完成受精的正常子房才可能发育成果实。

(3)减轻生理落果。坐果以后，由于多种原因可能导致果实成熟前脱落。桃树生理落果的原因主要有：花器官发育不良或畸形；授粉受精不良；树势调控不当，导致营养分配失调，果实营养不良。

坐果率的高低在一定程度上决定着果园的产量。因此，生产上应采取科学的栽培管理措施来提高坐果率，以保证果园优质丰产。

(1)创造适宜条件，保证花芽正常分化和发育。

(2)保证授粉、受精良好。包括配植适量的花期相遇、亲和力良好的授粉品种，引入合适的传粉媒介，创造适宜的温度和湿度。

(3)合理使用生长调节剂。根据树龄、树势，选用适宜的生长调节剂，协调营养生长和生殖生长。

(4)培育壮而不旺的树势，保证果实发育所需的营养。

3. 疏花疏果[28-29]

按照植物学的自然进化规律，果实是主要的繁殖器官，也就是说果实的自然属性是繁衍后代，坐果率越高越好。但当人们把果树作为一种经济作物栽培时，收获的是有商品价值的果实，商品价值越高经济效益越好。果实的品质和大小是决定其商品性的主要因素，但果实品质和大小在一定范围内与坐果率和产量负相关，也就是受叶果比制约。例如，爱保太桃果实的大小与叶果比呈曲线相关，叶果比在30～75时几乎呈直线相关，每增加1片叶，爱保太果实体积增加 0.75 cm^3。因此，要增加单果质量、提高品质，就必须控制产量，疏花疏果。另外，适度控制产量，还可以保证树体生长健壮，增强抗性，延长经济寿命。

对于成花量大、坐果率高的品种可进行疏花操作：开花前通过修剪，疏除或短截多余的花枝；花期(大蕾期或盛花期)用人工、物理或化学的方法，疏除多余的花蕾或花朵。需要注意的是，坐果率不高的品种或坐果期自然灾

害频发的地区可以不疏花。

桃疏果可以分2次完成：第1次在幼果像花生米大小时（第2次生理落果结束后）进行，第2次在果实像核桃大小时进行。为节省用工也可以一次完成。一般早熟品种先疏、早疏，晚熟品种可适当晚疏；坐果率高而稳定的品种可以早疏，不易坐果的品种可推迟疏果。

疏果后的留果量，一般短果枝留1个果，中果枝留2~3个果，长果枝留3~4个果，修剪时每公顷留9万~10.5万个果枝，目标产量为18万~22.5万个商品果。

第五节　桃果实品质的提高

近年来，我国果树产业持续稳定发展，市场供应十分丰富，几乎所有的水果品种都已是买方市场。随着经济发展和生活水平的提高，人们对果品质量的要求越来越高。所以，必须通过栽培措施，充分发挥品种潜力，努力提高果实的外观和内在品质，满足市场不断增长的对高质量果品的要求[1]。

1. 果实品质的内涵及决定因素[15]

广义的果品质量包括外观和内在品质。外观即外在品质，通常包括果实大小、着色、果形、整齐度和均一性等；内在品质多指食用口感，也指内含的营养价值。

从本质上讲，果实品质的内涵是糖、酸含量及其比例、汁液多少、肉质软硬及脆度、香气物质等。通常用可溶性固形物（SSC）表示，但也不尽然，因为果实品质多指人的食用口感和营养价值，其内涵远比可溶性固形物丰富得多。

果实中决定品质的物质——糖（蔗糖、果糖、葡萄糖）、酸（苹果酸、柠檬酸）、香气物质（醇类、酯类、醛类和酮类）主要由碳、氢、氧等元素组成，品质物质（糖、酸、香气物质等）直接或间接地来源于光合作用。也就是说，果实品质的好坏主要取决于碳水化合物的合成与转化。

桃果实的品质是由品种的特性和栽培因素共同决定的。生产上，有效的叶果比是决定果实品质的主要因素。所谓叶果比，即多少片有效叶供养一个果实。有效叶的含义，一是叶片必须发育成熟，而不是幼嫩叶片和衰老叶片；二是叶片必须见光，接受有效光辐射。在一定范围内，有效叶果比越高，果实的品质越好。在生产上，一个品种果实表现最佳品质所需要的叶果比，与当地的光照时间和光照强度都有关系。如果优质桃的生产在长江流域产区需要的叶果比为40:1，新疆和甘肃等地可能为20~30:1即可，而保护地栽培条件下，由于光照强度大幅度减弱，优质桃的生产所需要的叶果比可能要达到 50～60∶1。

2. 影响桃果实大小的因素

一般而言，果实的大小是由组成果实的细胞数量和细胞体积共同决定的，细胞数量越多、细胞体积越大果实就越大。桃果实的细胞分裂发生在果实发育早期，从受精后开始，谢花后 30 d 结束，以后果实的膨大就主要依赖细胞体积的增加。所以，凡是有利于细胞分裂和细胞体积膨大的因素，都有利于增大果实。

3. 提高果实品质的栽培技术[1,15]

(1) 合理调节负载，增加有效叶果比。已如前述，果实的品质构成物质是由果实内碳水化合物的积累和转化形成的，栽培方面能够提高果实品质的最主要措施就是增加有效叶果比，提高叶片的光合性能，促进光合产物的运输、积累和转化。在每年桃树生长发育前期，通过水肥管理促进新梢和叶片的快速生长、树冠和叶幕面积的迅速扩大，中后期注意生长季修剪，保持树冠通风透光，特别是保证叶片受光良好，防止因遮挡出现光合无效叶片。另一方面，注重疏果，合理负载，控制产量，提高叶果比，果实采收前 1 周左右不浇水，提高果实可溶性固形物的含量。

(2) 合理施肥，科学调控新梢生长。果树可以主动或被动从土壤中吸收 70 余种元素，但只有 16 种是其生长发育所必需的，即碳、氢、氧、氮、磷、钾、钙、镁、硫、铁、锌、锰、硼、铜、钼、氯，其中的碳、氢、氧占总干重的 90% 以上，也就是说，果树总干重（根、茎、叶、果等）的 90% 以上都来自光合作用，只有很少比例（不足 10%）的干物质来自施肥或土壤中的矿质元素。

氮和磷是蛋白质和核酸的重要组成元素。春季在新梢生长、开花、坐果和幼果的生长期，细胞分裂旺盛，不仅需要大量的碳水化合物，也需要较多的氮和磷，特别是氮。树冠形成之后，特别是在果实发育的中后期，果实细胞分裂停止，果实的增大主要依赖细胞体积的增加，细胞体积的增加则主要依靠来自叶片的光合产物。据此得出施肥原则：在果实生长发育的前期要充分保证氮、磷供应，促进新梢的生长、树冠叶幕的快速扩大、幼果的细胞分裂和发育；进入生长的中后期，树冠形成之后要合理控制土壤和树体内的氮、磷水平，促进光合产物向果实运输，保证果实增大和品质提升对碳水化合物的需求，如果此期氮素供应较多，就会刺激和促进新梢旺长，消耗大量光合产物，这不仅加剧了与果实对碳水化合物的竞争，而且旺长的新梢易造成树冠郁闭，影响整株桃树的光合积累，最终导致果实偏小、品质低下。

另外，钾元素在保证细胞膨压、促进碳水化合物的运输和转化中起重要作用，在果实发育后期保证钾元素的充分供应对提高果实品质也大有裨益。

（3）合理调控树势，促进品质提升。栽培实践表明，中庸偏弱的树势有利于提高桃果实品质。相反，如果树势偏旺，说明营养生长和生殖生长失调，光合产物被更多地用于新梢生长，造成果实有机营养不良。构建有利于果实品质提升的中庸树势的主要途径有：严格控制生长中后期的氮素供应；加强生长季修剪，保证通风透光；必要时合理使用生长抑制剂；合理负载，保证合理的有效叶果比；果实成熟采收前合理控水。

参 考 文 献

[1] 王志强. 当代桃和油桃[M]. 郑州：中原农民出版社，2020.
[2] 彭晓梦. 桃树建园技术要点[J]. 山西果树，2018(3)：61-62.
[3] 段永. 提前科学规划 新建标准桃园[N]. 河南科技报，2014-12-09(B08).
[4] 程醒燕. 优质高产桃园建园和经营技术[J]. 农业科技与信息，2008(15)：25-26.
[5] 王志强. 桃树再植障碍与栽植技术[J]. 果农之友，2009(2)：22.
[6] 王志强，牛良，崔国朝，等. 桃园生草的三种方式[J]. 果农之友，2018，194(7)：12-13.
[7] 郑平生. 不同覆盖处理对旱地桃树生长结果及土壤物理性质的影响[J]. 中国果树，2019(3)：48-53.
[8] 孙辉. 废弃物堆肥化基质地面覆盖对果园土壤及果树生长的影响[D]. 泰安：山东农业大学，2015.
[9] 杨丽娜，王小侠，雷煜杰. 果园生草覆盖原理及技术[J]. 河北果树，2018(Z1)：54-55.
[10] 郭家选，何桂梅，师光禄，等. 生草免耕桃园生态系统的碳交换动态变化特征[J]. 农业工程学报，2012，28(12)：216-222.
[11] 万年峰，季香云，蒋杰贤，等. 桃园生草对桃树上主要害虫及天敌生态位的影响[J]. 生态学杂志，2011，30(1)：30-39.
[12] 白瑞霞，王越辉，马之胜，等. 桃园生草研究进展[J]. 河北农业科学，2016，20(1)：38-41，54.
[13] 王中堂. 有机物料覆盖对桃园土壤理化性质及桃生长结果的影响[D]. 泰安：山东农业大学，2011.
[14] 张兴兴，赵鲁，安渊. 种草对桃园土壤物理性状、果树生长及果实品质的影响[J]. 上海交通大学学报(农业科学版)，2011，29(2)：58-63.
[15] 王志强. 提高桃果实品质的原理与技术[J]. 果农之友，2021(12)：1-2.
[16] 张福兴，刘美英. 关于改革桃树栽培管理制度的几点看法[J]. 北方果树，1993(4)：28-29.
[17] 王田利. 近年来桃树整形修剪发生的变化[J]. 果树实用技术与信息，2015(6)：29-30.
[18] 高新一，王玉英. 谈谈桃树宽行密植的修剪方式[J]. 科学种养，2018(5)：9-10.

[19]刘万民,刘家素.桃密植栽培早期丰产技术[J].天津农林科技,2000(3):6-8.
[20]徐明举.桃树"Y"形快速整形修剪技术[N].山东科技报,2014-07-21(002).
[21]冯孝严,孙乃波,王宝申.桃树的主要树形与整形修剪技术[J].北方果树,2018(6):26-27,29.
[22]朱运钦,乔改梅,王志强.桃树主干形快速成形整形修剪技术[J].果农之友,2015(12):15,29.
[23]杨玉凤,李小玲,刘剑霞,等.桃树主干形的优势及整形修剪技术[J].河北果树,2006(6):19-20.
[24]王安柱,张芳芳,韩明玉,等.主干形桃树对光截获能力和果实产量品质的影响[J].果树学报,2009,26(1):86-89.
[25]王志强,崔国朝,牛良,等.桃树整形修剪的新方式——半直立多主无侧高光效树形[J].农之友,2015(11):15.
[26]庞录侠,贾谭科,闵显宁.桃树花果管理存在问题及解决办法[J].山西果树,2008(3):33-34.
[27]安小梅.桃树花果管理中存在的问题及解决对策[J].甘肃林业,2009(3):39-40.
[28]李述广,孙明远.桃树花果管理中的问题及对策[J].现代农业,2008(9):15.
[29]陈国华.桃树疏花疏果增产效益[J].农村科技,1994(12):28-29.

第十一章 桃设施栽培

桃设施栽培包括促早栽培、延迟栽培和避雨栽培，促早栽培为主要模式。桃树以其特殊的生物学特性，成为设施促早栽培发展最早的落叶果树之一。本章主要讨论促早栽培。

设施栽培的主要优势有：成熟早，3～5月上市，可调节淡季鲜果供应；季节性差价大，经济效益好，收益稳定在15万～45万元/hm^2；成熟季节外界气温低，果实易于长途运输；树体相对矮小、干性弱，易于在设施内密植和整形；对多效唑敏感，控制树势效果明显；早期丰产性好，种植后13个月产量可达22.5 t/hm^2；栽培环境相对密闭，病虫害发生轻，农药用量少；设施内可避免太阳光直射，果面干净、细腻；桃树寿命短，适合快速更新品种；近年来极端天气频发，设施栽培有效防御了冬季绝对低温、春季倒春寒等自然灾害。同时可用防虫网阻隔蚜虫等害虫产卵，减少农药使用量。

桃设施栽培的主要不足表现为：品质下降，设施内的弱光导致果实可溶性固形物含量降低，风味品质下降；栽培技术难度大，休眠调控、整形修剪、花果管理等技术要求高；机械化程度低，劳动力成本高。

桃设施栽培具有明显的中国特色，在过去30年，通过自主创新，实现了桃设施促早栽培从无到有、从零星栽培到产业化发展，从数量型到质量型的不断进步、从同质化严重到多样性丰富的跨越。

第一节 设施栽培历史

一、国外设施栽培概况

虽然果树设施栽培在国外已有100多年的历史，但直到40年前，在强大的资本和技术进步的加持下,这种栽培方式才得以快速发展。意大利、日本、以色列等国的设施果树栽培都得到了一定规模的发展,主要树种是桃和葡萄。但由于设施栽培的劳动力成本高,栽培规模有限。同时,受环境保护等思潮的影响,消费者更倾向于消费时令水果,这在一定程度上也阻碍了果树设施栽培的发展。

1. 品种选择

日本的果树设施栽培多以提高风味品质为主要目的,适当提早果实成熟期,在品种选择上以早中熟高品质品种为主,也有一些中晚熟品种。在桃设施栽培适宜品种的选择方面,意大利 Bellini 等对110个桃、油桃品种在设施栽培中的表现进行了试验评价,只有9个普通桃、2个油桃品种适合设施促早栽培。虽然美国培育出系列低需冷量普通桃、油桃品种和综合性状优良的紧凑型柱形桃种质,但因为设施的环境与露地有很大的不同,这些品种是否适合设施栽培还需要验证。

2. 设施结构

因为资金雄厚,材料和技术有保证,发达国家设施果树栽培的设施结构与我国经济实用型的温室或大棚有着明显的不同。连栋式大棚和有加温设施的日光温室被普遍采用。

3. 栽培模式

设施栽培模式中,意大利普通桃、油桃等核果类果树一般采用高密栽培(4 500~10 000 株/hm^2),树形选择自由纺锤形、Y形或低干开心形(图11-1),采取采后去冠(postharvest canopy removal,PCR)修剪。夏季修剪、秋季环剥、人为干旱胁迫、断根、疏根等技术被用来进行生长调控。

图 11-1 意大利低干开心形设施栽培桃

4. 环境调控

日本、意大利等国的设施栽培，基本采用计算机联网系统进行生态因子的综合调控，监测土温、气温、叶温、湿度、二氧化碳浓度和土壤含水量等。通过生长模式计算出果树的各种生长参数，然后进行环境的自动调节和控制。

5. 熊蜂授粉

蜜蜂在设施果树授粉中具有很大的局限性，适合设施栽培应用的熊蜂饲养已获得成功，并实现了产业化。欧盟及美国等相继建立了工厂化周年繁育和出售授粉用熊蜂的专业公司，随时向果农、菜农提供授粉蜂群并销售至国外。同时，欧盟的一些国家禁止使用激素类授粉的果蔬进入，而由熊蜂授粉的蔬菜广受欢迎且售价很高，利用熊蜂授粉已成为发达国家温室蔬菜生产的重要技术措施。

二、我国设施栽培历史

1. 起步阶段（20世纪90年代初期）

桃设施栽培最早由辽宁沈阳市辽中县果农率先取得成功。然而由于缺乏对落叶果树自然休眠的认识，尤其是对需冷量要求极为严格的桃缺乏了解，错误地认为扣棚升温的时间越早开花越早，果实成熟期可以越早，导致了不能正常开花结果、果实畸形、产量低等一系列问题。同时，缺乏对设施环境调控指标的基本认识，技术不成熟，只有少数获得成功。种植的品种主要是春蕾等极早熟品种（图11-2）。

春蕾开花不整齐、不结果(郑州，1992年)　　设施春蕾(郑州，1994年)

图11-2　20世纪90年代初桃设施栽培

2. 以提早为主要目的的发展阶段（20世纪90年代中期—21世纪初期）

桃设施栽培的发展在20世纪90年代进入黄金期，辽宁大连等地设施桃的售价曾经高达100元/kg。郑州市场1996年的售价为60元/kg，1997年为40元/kg，到1998年则降为20元/kg。主要栽培品种是早红2号和"甜油桃"曙光等(图 11-3)，大连普兰店果实成熟期提早至 4 月中旬，比露地栽培成熟期提早 60～70 d。2000 年全国桃设施栽培总面积超过 6 000 hm^2。

早红2号(大连，1996年)　　　　　曙光(郑州，1998年)

图 11-3　设施栽培的早红 2 号与曙光

3. 以油桃为主，以品质提升为主要目的的稳定发展阶段(2001—2010 年)

这段时期，伴随着产量的提高，设施栽培桃的市场需求由数量型转变为质量型，栽培面积和市场价格趋于稳定，风味品质成为限制桃设施栽培的首要因素。形成了以大连普兰店、安徽砀山等地为主要栽培区域的格局。高品质黄肉油桃品种中农金辉(油桃 126)成为最主要的栽培品种。白肉油桃品种中油 5 号和黄肉油桃品种中油 4 号也发展较快，成为主要栽培品种(图 11-4)。2010 年全国桃设施栽培总面积在 1.6 万～2.0 万 hm^2。

中农金辉(漯河，2001年)　　　　　中油5号(陈湖 提供)

图 11-4　设施栽培的中农金辉与中油 5 号

4. 以油桃和全红型普通桃为主的适度发展阶段(2010—2020 年)

这段时期中农金辉和中油 4 号依然为设施栽培最主要的品种，春雪和中桃红玉占据设施栽培普通桃的前列(图 11-5),套袋栽培在设施栽培中开始应用;蟠桃、油蟠桃开始在设施栽培中种植。目前全国桃设施栽培的总面积约为 3.3 万 hm²,栽培区域集中分布在辽宁大连的普兰店市和瓦房店市,河北乐亭县和昌黎县,山东潍坊市、日照市和莱西市,安徽砀山县,河南内黄县等地。

春雪　　　　　　　　　　中桃红玉(陈湖 提供)

图 11-5　设施栽培的全红型普通桃

5. 蟠桃、油蟠桃在桃设施栽培中崭露头角

2019 年以来,中蟠 13 号和中油蟠 9 号(图 11-6)等高糖优质品种在设施栽培中表现抢眼,开始引领设施桃栽培的新方向。

图 11-6　中油蟠 9 号在设施栽培中的表现(石爱芹 提供)

三、我国设施栽培研究历史

20世纪90年代，我国设施果树（包括桃）的理论研究落后于生产，尤其是在起步阶段，对于设施果树的一些基本理论、优质丰产技术的研究几乎是一片空白。以中国农业科学院郑州果树研究所为牵头单位、山东农业大学等为主要参加单位的国家863课题和国家科技支撑课题在设施果树，尤其是设施桃栽培的理论与技术研究方面取得了重要进展，为我国桃设施栽培从经验式到系统理论指导下的跨越提供了技术支撑。下面重点介绍以上两个单位的主要研究结果。值得一提的是，有关设施果树栽培的理论、技术研究是20世纪80～90年代和21世纪最初10年内果树学最为活跃的研究领域之一。

1. 桃需冷量评价方法确立阶段（1990年以前）

20世纪80年代以前，国外对桃品种的需冷量已经进行了大量的研究。尽管我国生产中时常出现桃需冷量不足的现象，例如四川潼南县种植的黄桃，由于需冷量不足引起开花延迟和坐果畸形，但尚未开展此方面的理论研究工作。需冷量又被翻译成需寒量或低温需求量或低温需要量。

20世纪80年代初期，中国农业科学院郑州果树研究所开始进行"桃品种需寒量评价方法"的研究。通过低温层积和直接剪取田间枝条等多种方法的比较，到1988年，基本确立了利用剪取田间枝条、水培插条、犹他模型的方法测定品种的低温需冷量，并完成了部分品种低温需冷量的测定评价。与此同时，西北农业大学也开展了这方面的研究，主要目的是回答深州蜜桃枯花芽严重的问题，也确立了利用剪取田间枝条、水培插条、犹他模型和0～7.2℃的方法确立品种的低温需冷量（王力荣等，1992）[11]。这些研究在一定程度上为我国设施果树理论的形成起到了前期铺垫的作用。

2. 低需冷量优异资源发掘及其应用阶段（1991—2000年）

在国家"八五"科技攻关子专题"核果类果树种质资源收集、保存、评价与利用"的资助下，自1990年开始，对450份品种资源进行了系统的需冷量评价，对"七五"期间筛选出的低需冷量品种进行了遗传特性评价，并于1996年开始开展低需冷量育种工作。在这个阶段，我国桃设施栽培快速发展，种植者在无理论指导的情况下进行扣棚升温，试图促其早开花、早结果，结果事与愿违，常出现开花不整齐、花朵畸形的情况，无法达到正常的产量。此时郑州果树所对品种需冷量的研究结果进行总结、扩展，及时将有关需冷量与设施栽培的关系的研究成果发表在1995年的《中国果树》（王力荣等，1995）[12]上，自此设施栽培与品种需冷量这两个概念紧密结合在一起。之后，《中国桃品种需冷量的研究》（王力荣等，1997）[13]和《桃需冷量遗传特性的研究》（王力荣等，1996）[14]等论文相继发表，同时将需寒量、低温需要量、低温需求量等名词统一为需冷量[之所以统一为"冷"，一方面是由于英文 chilling 是"冷"不是"寒（cold）"，另一方面有效低温在 1.4～12.5℃]。郑州果树所也开展了设施桃环境、关键栽培技术的系统研究与集成工作，《桃保护地栽培的关键技术》（王力荣，1997）发表在《果树科学》上[10]。1998 年，从美国引进的 20 多个中、低需冷量桃品种，奠定了我国低需冷量品种选育的基础。1999 年"中、低需冷量油桃优良品种的引进"（991047）项目获得农业部"948"项目资助，为我国引进了一批优异的低、中需冷量品种资源，奠定了我国此类品种育种工作的物质基础。

3. 桃设施栽培技术研究正式纳入国家科技项目计划（2001—2010 年）

在此阶段，包括桃在内的果树设施栽培得到了国家及省、部各级课题的资助，其中国家和农业部资助的主要课题包括：

（1）农业部引进国际先进农业科学技术项目（948）"优良短低温、中低温油桃品系的引入"（991047）（1999—2004 年）。

（2）"十五"863 课题"可控环境下园艺作物生长模拟及优质高效栽培技术"（2001AA247041、2001AA247040）（2001—2005 年）。开始了设施栽培关键技术的系统研究。

（3）"十五"国家科技攻关计划项目子课题"低需冷量、早熟油桃种质资源的创新利用研究"（2001—2006 年）。

（4）"十一五"国家科技支撑项目"资源高效利用型设施果树安全生产关键技术研究与示范"（2006BAD07B06）（2006—2010 年）。进一步将相关技术进行熟化、归纳、提高，并建立了比较好的示范基地。

（5）"十二五"国家科技支撑项目"果树花卉设施优质和低耗生产关键技术研究与示范"（2011BAD12B02）（2011—2015 年）。

第二节　适宜品种选择

在系统总结研究成果和生产经验的基础上，从科学性、先进性和实用性（我国品种与育种基础）的角度出发，提出了我国设施桃品种选育的适宜技术指标：桃鲜食品种要求低需冷量（≤500 h）或中等需冷量（500～650 h），半矮化或紧凑型，树势不强于华光或早红 2 号，耐弱光，自花结实≥25%，适宜的糖酸比（其中可溶性固形物含量不低于 12%，可滴定酸含量 0.35%～0.45%），果实发育期在 80 d 以内。

1. 需冷量

低需冷量品种在设施栽培中具有以下优势：扣棚升温时间早，在相同的果实发育期，果实成熟时间早；果实成熟期相同的品种，低需冷量品种开花早，果实发育期长，品质更为优良；低需冷量品种生长旺、更容易形成花芽，在果实采后重修剪更容易进行营养生长、形成花芽和产量。因此，原则上需冷量越低的品种在设施栽培中越有优势。考虑到我国低需冷量品种的育种基础比较薄弱，从国外引进的品种却不适应我国消费者喜爱低酸的习惯，提出需冷量≤650 h 是设施栽培的适宜技术指标，其理由是目前我国主要早熟油桃栽培品种的需冷量≤650 h，大多数品种能够满足此指标。应该指出的是，同一桃树品种在黄河以北地区及更远地区比郑州地区满足休眠期需冷量的时间依次要早些，其扣棚时间也比露地栽培的桃果实相对成熟期依次要早些。据此，黄河以北地区及更远地区比郑州地区保护地栽培品种的选择要宽广些，可能更有利于保护地栽培。

2. 果实发育期

对于需冷量 650 h 的品种，果实发育期超过 90 d，其保护地栽培的果实往往不能在露地桃上市之前成熟，达不到果实提早成熟的目的。因此，设施栽培宜选择成熟期早的品种，一般果实发育期不宜超过 90 d。

3. 风味品质

果实品质下降是设施栽培中存在的主要问题之一，主要表现在可溶性固形物等风味物质和香气物质含量的下降。果实发育期 90 d 的主要栽培品种的可溶性固形物含量一般在 14% 以下，主要集中在 10%～12% 之间；以可滴定酸含量 0.4% 为甜桃和酸桃的划分界限，我国多数栽培品种的可滴定酸含量在 0.3% 以下。选择品种时要综合考虑这些因素，适当提高品质指标要求，如选择可溶性固形物含量≥14%、可滴定酸含量在 0.35%～0.45%，这样选择的品种其设施栽培果实的可溶性固形物含量可以达到 12%、可滴定酸含量可以达到 0.2%，才能达到"有桃味"的基本指标。

4. 自花结实率

露地栽培中，桃品种的自花结实率在 15% 以上时，就能基本满足生产中正常产量的要求。设施栽培中，由于湿度大，增加了对自花结实率的要求。因此，从降低授粉劳动力成本或昆虫授粉成本，但丰产、稳产的角度出发，提出达到丰产的品种自花结实率≥25% 的指标。

5. 树势

由于我国设施的骨架较低，桃生长旺盛（低需冷量品种更旺，是对设施栽培极为不利的特性），设施桃多采用植物生长调节剂多效唑来控制树势。多效唑在土壤中的残留是显而易见的，且多效唑会加剧桃再植病，发达国家基本不使用多效唑来控制桃树的树势。本着少用、不用的理念，提出设施桃品种的树势不强于华光、早红 2 号，或采用紧凑型、半矮化树形。曙光、早红 2

号、中农金辉、中油4号、中桃红玉(5个品种均含有矮化基因)树势中庸，且对多效唑比较敏感，选择这些品种可以有效地减少多效唑的使用量。

第三节　生长发育规律与关键栽培技术

一、我国桃设施栽培适宜区域

通过对我国冬季打破桃有效低温区域的分布、现有品种与技术集成，提出我国桃设施栽培的主要区域应在北纬34°～42°范围内，以37°～41°为佳。

(1)黄河流域及其以北地区是桃设施栽培的主要区域，而黄河流域以南地区果实的成熟期与露地差别较小，优势不明显。

(2)黄河中下游地区具有充足的光热资源，具备较强的技术优势，是桃设施栽培的主要地区之一。其中郑州及其以南地区应以大棚为主，日光温室的提早效应不够明显，而以北地区可以日光温室为主。

(3)环渤海湾地区的温热资源丰富，技术力量雄厚，经济基础好，是桃设施栽培的主要地区之一。沈阳以北地区，虽然满足桃低温需冷量的时间早，理论上果实成熟期应该早，但扣棚升温后的自然有效积温不足，可能需要辅助加温，限制了设施桃的发展。

(4)西北地区具有充足的光热资源，设施桃发展的潜力巨大，但经济和技术力量相对薄弱，有待加强。

随着低需冷量品种育种的进展，适宜桃设施栽培的区域可以南移。

二、适宜扣棚升温时间

桃是对需冷量要求极为严格的树种，根据1986—2005年郑州地区低温累计平均值，提出了郑州地区打破自然休眠有效低温积累的进程表(表11-1)。从表11-1中可以看出，由于目前主要栽培品种的需冷量在650 h左右，因此适宜的扣棚升温时间约在1月中旬。

三、环境调控技术

根据桃生长期对温度、湿度因子的需求特点，集成创新提出了设施桃环境调控技术指标及调控措施；通过配套栽培管理措施的实施，不同生育期设施桃可以达到正常生长所需要的主要环境指标(表11-2)[19]。

表11-1 郑州冬季累积低温进程表

日 期	0～7.2℃累积值/h	近似值/h
11月20日	81	100
11月30日	208	200
12月10日	316	300
12月20日	450	450
12月30日	552	550
1月10日	676	650
1月20日	745	750
1月30日	838	850
2月10日	978	1 000
2月20日	1 114	1 100
3月1日	1 168	1 200

表11-2 设施桃不同生育期的适宜温湿度及管理[19-20]

生育期	温度/℃		相对湿度/%	主要栽培管理措施
	最高	最低		
催芽期	28	0	80	休眠结束后覆盖棚膜催芽
萌芽期	25	0	80	灌水后地膜覆盖，提高地温
始花期	25	5	50～60	白天注意通风降温，夜间注意放苫保温
盛花期	22	5	50～60	注意通气，切忌高温多湿；人工授粉或放蜂；抹芽
落花期	25	5	50～60	第一次疏果
生理落果期	25	5	60以下	第二次疏果，抹芽、疏枝等夏剪
新梢速长期	25	10	60以下	灌水
硬核期	25	10	60以下	定果
果实膨大期	25	10	60以下	利用反光膜提高着色度
果实着色期	28	15	60以下	逐步去掉塑料膜
采收期	30	8	60以下	进行一次回缩修剪，其他与露地相同，但要严格控制树高

四、二氧化碳施肥和反光膜技术

设施内油桃单叶的光合特性表现为：单位质量叶片的叶绿素含量增加；光

饱和点和光补偿点降低，分别由露地的 740 $\mu mol/(m^2 \cdot s)$ 和 32 $\mu mol/(m^2 \cdot s)$ 降至设施内的 560 $\mu mol/(m^2 \cdot s)$ 和 20 $\mu mol/(m^2 \cdot s)$，对弱光[PAR<400 $\mu mol/(m^2 \cdot s)$]的光能利用率提高，对强光的利用率降低。设施内光合速率日变化由露地的"双峰"曲线变为"三峰"曲线，最大光合速率出现的时间比露地提前 2 h，在 8：00 左右出现；光合"午休"现象不明显；晴天设施内日平均光合速率为 5.97 $\mu mol/(m^2 \cdot s)$，比露地的 7.00 $\mu mol/(m^2 \cdot s)$ 降低 17.25%。

设施内二氧化碳加富对油桃光合作用和产量、品质有重要影响，较大幅度地提高了 8：00~12：00 之间的光合速率和光能利用率，光合日变化趋势由对照的"三峰"曲线变为"双峰"曲线，日平均光合速率达 6.95 $\mu mol/(m^2 \cdot s)$，比对照的 5.52 $\mu mol/(m^2 \cdot s)$ 提高了 25.9%。树体生长健壮，生物量(未含果实)增加 12.4%，比叶重增大，产量提高 19.8%，品质改善(王志强等，2000；2001)[15-16]。

不同品种对设施内弱光的适应能力表现不一，朝晖较耐弱光，南方早红耐弱光能力差。植株通过光合调节适应遮阴的能力在 30% 遮阴条件下比 70% 遮阴条件下表现明显，不同品种的适应能力具有很大差异，因此，设施内补光是重要的栽培技术措施，包括铺反光膜等关键技术措施(曹珂等，2006)[2]。

五、过量低温与果实发育

桃设施栽培容易产生果实变尖的问题，严重影响桃果的商品价值。设施栽培的主要特点是扣棚升温早，这导致低温积累量相对大田栽培减少。为了解低温积累量与果实形状的关系，明确导致果实变尖的原因，分析了不同冬季低温积累条件下桃的开花时间和果实形状。结果表明，低温积累量与开花所需时间和需热量呈负相关，增加冬季低温积累量能提早开花，可以减少开花所需的热量。桃的果形指数和果尖长度与冬季低温积累量呈显著负相关($P<0.01$)(图 11-7)，低温积累过少是设施栽培桃果实变尖的原因之一(李勇，2014)[6-7]。

六、适宜的树形及果实采后重修剪技术

1. 适宜的树形

桃设施栽培树形主要有小冠开心形(多主枝形)、主干形和 Y 形，也有少量的一边倒树形(图 11-8)。

需冷量不足导致早红2号果实变长　　不同低温累积量对中农金辉果形的影响

图 11-7　需冷量不足对果形的影响

小冠开心形　　　　　　　　　　主干形

二主枝开心形　　　　　　　一边倒形（崔俊利 提供）

图 11-8　桃设施栽培主要树形

2. 果实采后量化修剪技术

桃设施栽培中，由于生长期延长、湿度大、温度高、通风透光不良等因素，常出现树体徒长、上强下弱、内膛枝枯死，从而影响花芽形成的数量和质量。果实采后修剪多采用疏枝和回缩等夏剪技术，但仍然会或多或少地出现郁闭的情况。为解决这一问题，意大利科学家 Bellini 等经过近 10 年的系统研究创立了 PCR 修剪，在意大利取得了较大成功。然而 PCR 是一种重度修剪方法，只有在修剪后对树体采用严格的栽培管理措施，才能保证再生树冠的形成。为此，我国也对这一技术进行不断的试验，以期获得更为精准的修剪方式。

(1) 幼树采后修剪。为了对桃设施栽培下幼树果实采后修剪的指标进行量化，以株行距1m×1.5m种植的2~5年生设施桃曙光和千年红为试材，对其进行了采后不同修剪量的回缩、短截试验。结果表明，对设施内桃幼树进行适宜的果实采后修剪，控制了枝条平均长度和数量，树体生长空间合理，因而通风透光；形成的花芽量适中，花芽饱满，果实的产量和质量有了保证。但对于不同品种应进行不同程度的修剪，生长势较弱的曙光宜重度修剪，生长势较旺的千年红以中度修剪为宜(朱更瑞等，2009)[17]。

(2) 成龄树采后修剪。研究设施栽培桃果实采后的适宜修剪量，为设施栽培桃不同品种采后修剪提供指导。以曙光与早红艳4年生成龄树为试材，连续6年在果实采后对1年生枝组进行适宜修剪量试验。以不修剪为对照，按剪下叶量占植株总叶量的比例进行轻度(20%~30%)、中度(40%~50%)和重度修剪(70%~80%)及全剪处理，分析不同修剪量对树冠的光截获能力、1年生枝组叶片的净光合速率和1年生枝组的年生长量以及植株总产量和果实品质的影响。结果表明，对曙光进行中度修剪处理后，后期结果枝组能更快形成，短果枝比例降低，更有利于提高单株负载量和果实品质。对早红艳进行轻度修剪后，枝条总数增加，短果枝比例降低，植株负载量及果实品质明显优于对照，表明该品种更适于轻度修剪(陈昌文等，2011)[3]。

3. 多效唑的应用

对大棚桃进行主干形整枝，通过密植、配合喷施多效唑和磷酸二氢钾，当年可形成足量的花芽，定植后13~15个月，产量可达22 500 kg/hm^2。多效唑的使用浓度、使用时间和使用次数应严格掌握，且要因品种而异。郑州地区在6月中、下旬，当二次枝长到40~50 cm，或二次枝摘心后三次枝长到25~30 cm时，喷施15%的多效唑300倍液。10 d后再喷1次100倍液。如果生长过旺，7月下旬还需再喷1次。对生长旺的品种，应增大使用浓度，建议3次均按100倍液喷施(朱更瑞等，2000)[18]。

在设施栽培桃上广泛应用多效唑，且使用浓度和次数均高于露地栽培。对多效唑在桃园中使用的安全性评估表明，在大棚条件下质量浓度不超过1 000 mg/L、喷施次数不多于2次时，果实中的多效唑残留量不会超标。可见，在桃设施栽培中正确使用多效唑，其安全性是可以保证的(陈锦永等，2013)[4]。

4. 果实采后快速高接换种

在综合兼顾2年经济效益的前提下，开展了日光温室桃夏季高接换种当年成花技术的试验。在春夏季不同时间对3年生温室栽培的早红2号进行新品种高接换种,结果表明:日光温室桃夏季高接换种,可在保证当年产量和效益的前提下,经过精心管理,改接的新品种当年即可较好地恢复树冠、形成较充足的枝条和花芽,次年也能有较好的产量,综合效益显著(刘端明等,2007)[8]。

5. 果实采后断根、施肥

对设施栽培条件下1年生成苗根系周年发生动态的研究结果表明:一级新根发生在整个生长过程中只出现1次高峰,该高峰在生长周期的前期(3月,测定地点为郑州,以下相同);二级新根出现2次发生高峰,第1次在生长的前期(5月),第2次在生长的后期(9月)。低需冷量桃品种一级新根和二级新根的发生速度和数量比其他2个中需冷量品种高。由于二次根发生在5月,此时是果实成熟的关键时期,采收后同时重回缩,会造成新根大量死亡。因此,提出在果实成熟后、修剪前使用有机肥,一方面可断根、刺激新根的发生,另一方面使用的有机肥在修剪后发生作用,可避免由于根系大量死亡造成树体黄化(孙旭武,2004)[9]。

6. 限根栽培

为控制多效唑的使用量,限根栽培(图11-9)成为控制树体旺盛生长的有效手段。利用根域限制技术控制高密栽培条件下桃树的生长,对适宜的根域限制方式和根域体积进行了研究。各种限根方式对地上部营养生长都有抑制作用,表现为生物量和冬季修剪量减少、新梢的长度和粗度下降;当根域体积大于150 L时,限根对幼龄桃树干高、干径、冠幅的影响不明显;抬高式限根和箱筐式限根比槽式限根对生长影响大;在限根当年没有观察到限根措施对成花的促进作用,第2年可促进花芽形成;适度限根可提高坐果率、增加产量,且果实大小和糖含量不受影响,但限根过度则会影响产量。因此,在对适宜的限根方式和根域体积进行比较的基础上,认为在株行距1m×2m的高密条件下,华光油桃的根域体积以100~150 L为宜,槽式栽培的根域体积可适当减小(方金豹等,2006)[5]。通过多年的田间观察,利用土工布限根后树体高度和冠幅减少了20%~30%,控冠效果明显,且对结果习性和果实品质无显著影响。控根器的根域限制栽培效果优于双容器(李勇等,2014)[6]。

7. 熊蜂授粉配套技术

熊蜂授粉配套技术体系包括:温室桃树始花期前60 d开始繁育熊蜂;在从繁育房移至温室的过程中,对授粉蜂群进行2 d预处理,以提高蜂群的适应性;开花前用防虫网防护温室的放风口,以防蜂群飞出;在运输过程中,蜂箱要保持稳定;蜂箱运至温室后2 h才能开启巢门;一般每个温室(约667 m²)配置熊蜂1箱。蜂巢门朝南,挂在设施中央,高度基本与树体中心持平(图11-10)。蜂群在放入温室前要放入足够的饲料,避免极端天气对蜂群的影响。熊蜂授粉不仅提高了坐果率,而且与人工授粉相比,果实的畸形率大幅度降低(安建东等,2004)[1]。

图11-9 桃限根栽培

图11-10 设施栽培中利用熊蜂授粉

第四节 桃设施栽培现状与发展建议

一、现状

1. 经济效益依然可观

我国环渤海湾桃产区,设施栽培桃的批发价一般为10~16元/kg(5月中旬后期也有6~8元/kg的),产量4.5万~5.25万 kg/hm²(图11-11、图11-12);化肥、农药、农膜等生产资料的成本4.5万~7.5万元/hm²,不算劳动力成本的收益在22.5万元/hm²以上。套袋"金果"比不套袋"红果"的价格高 4~6 元/kg。通过采用预备苗更新措施(图 11-13)，在果实采后进行更新，可实现种植第 2 年丰产、果实成熟(定植后 12 个月)，1~2 年就能收回简易棚的投资成本。

图 11-11 "暖棚"桃设施栽培

图 11-12 "冷棚"桃设施栽培

图 11-13 桃设施栽培更新预备苗

2. 果实品质显著提高

通过采用小冠、多主枝树形以及果实采前摘叶等技术措施，可使果实外观品质显著提升，果面干净，全部着红色，果实较大(150~200 g)；套袋果实的外观细嫩、金黄，非常艳丽。生产者已开始重视采用提高果实风味品质的技术措施，如只用有机肥不用化肥，果品风味品质明显提高，可溶性固形物含量 11% 以上已非常普遍，个别达到了 14%；市场上"尖嘴猴腮"的果实显著减少。2018—2021 年连续 4 年在山东莒县召开了全国设施栽培赛桃会，其中 2018 年少有可溶性固形物含量 12% 的样品，2019 年则比较普遍，2020 年普遍超过 13%，2021 年出现可溶性固形物含量 19% 的样品，这一现象也说明了设施栽培桃的内在品质在不断提升。

3. 品种呈现多样化趋势

中农金辉油桃品种在设施栽培中占主导地位(图 11-14)，蟠桃、油蟠桃备受青睐,特别是油蟠桃。分析其原因,一是蟠桃、油蟠桃品种在设施弱光条件下"糖点"减少,外观更为亮丽;二是蟠桃、油蟠桃的含糖量高,即使在设施栽培条件下含糖量仍然可以达到14%以上,比原来的油桃品种有大幅度提高;三是符合消费者的猎奇心理。例如,中油蟠9号在温室内进行套袋栽培,裂果轻、果面金黄(带袋采收)或鲜红(解袋后上色再采收)(图11-15),可溶性固形物含量普遍在14%以上,风味香甜,在设施栽培中发展迅速。

图11-14 设施栽培的中农金辉丰产状

图11-15 设施栽培的中油蟠9号(于海涛、石爱芹 提供)

4. 风味偏淡的问题

部分收购商只看大小和外观,不重视内在风味品质,优质不优价,致使种植者片面追求高产、不重视风味品质的现象较普遍。大肥大水的栽培模式,致使产量、果实颜色、果个上去了,风味下来了。其结果是消费者抱怨设施桃不好吃,满意度低。近年来,设施桃套袋"金果"比不套袋"红果"的价格高,又驱使果农进行设施桃套袋，而套袋果的可溶性固形物含量又有所降低，风味更淡。

片面追求早熟和高产是影响风味的主要因素。由于早熟桃的价格优势明显，果实往往在六七成熟时就采收，这是严重影响风味品质的关键因素。同时，为追求早熟和大果，个别果农使用休眠破除剂和膨大剂，对环境和产品均造成安全隐患。也有部分冷棚的中农金辉在5月中旬成熟，受南方早熟桃的冲击，收购价格下滑。

二、发展建议

(1)不片面追求早熟，以追求品质为核心。目前果品市场的丰富度大大提高，从澳大利亚和利智进口的反季节油桃对我国设施桃形成了竞争，5月中旬后广西、云南等地的早熟桃上市对设施桃价格也有较大的冲击。但同时也要认识到，进口反季节桃毕竟量较小，南方早熟桃存在风味淡、果实小等问题，可选择的多样性品种也有限，因此，只要提高风味品质，北方设施桃就有市场，就可持续发展。

(2)适当调整品种结构，种植差异化高糖品种。中农金辉(原代号126、12-33等)已有20年的栽培历史，在西部设施栽培少的区域适当种植，仍为优良品种，但不建议中东部地区再扩大种植面积。建议适当种植早熟(果实发育期为65～90 d)、高糖(可溶性固形物含量达15%以上)的鲜食黄肉桃、蟠桃和油蟠桃品种，让市场更加多样化。不建议发展极早熟品种；对于新品种务必进行试验，不可盲目扩大规模。目前，新品种基本是露地栽培选育出来的，这些品种的设施栽培适应性有待试验。

(3)适当控制产量，控制化肥和灌溉用水量。为追求产量和果实光泽度，生产中常用大肥大水的栽培方式。建议将中农金辉的产量控制在37 500 kg/hm²，在3个时间点施有机肥：秋季扣棚降温前施粗有机肥，果实成熟前1～2个月施腐熟的饼肥，果实采后、树体重修剪前施粗有机肥加适量复合肥。改大水漫灌为滴灌，适当控制用水量。铺设下黑上白的双色地膜，以减少杂草、降低棚内湿度、增加树体底部的光照。

(4)适时采收，提高优质果率。在果实接近成熟时，70%以上的叶片被摘除，果面着色更加鲜亮，但这一定程度影响了光合产物的形成与运输，继而影响品质。因此，果实采收前摘叶要适量，要保证正常的叶果比。桃属于时令鲜果，采收成熟度是影响风味品质的重要因素。建议果实八九成熟时采收，使可溶性固形物含量在12%以上，配合单层独立包装，提高果实的商品性。由于果实成熟季节外界温度不高，果实耐贮运性更好，可适当晚采。套袋果实,可根据市场需求调节着色。"金果"多了,价格必然降低。"红果"比"金果"晒太阳更多,风味更好,人工投入更少,因此,"红果"还应该是主流。

(5)重视包装和电商销售,提高果实商品率。探索新的销售方式,使设施桃向"轻奢品"方向发展,以体现其价值。目前的设施桃多在大市场集中销售,价格基本由经销商决定。如果经销商要多少采多少,其余果实留在树上继续"增糖",就可以充分保证种植者、经销者和消费者三者的利益。树上成熟的果实要采用单果包装,以减少运输、销售过程中桃果的损伤。目前利用线上平台销售果品方兴未艾,它实现了生产者和消费者点对点的直接联系,大大节省了流通时间,可以保证果品的充分成熟,充分体现品种应有的品质风味。

参 考 文 献

[1] 安建东,国占宝,童越敏,等. 温室桃熊蜂授粉配套技术体系的创建[J]. 蜜蜂杂志,2004(2): 9-11.
[2] 曹珂,朱更瑞,王永熙,等. 遮光对桃幼树形态及一些生理指标的影响[J]. 植物资源与环境学报,2006,15(4): 52-56.
[3] 陈昌文,朱更瑞,曹珂,等. 设施栽培桃果实采后树体适宜修剪量的探讨[J]. 果树学报,2011,28(1): 31-36.
[4] 陈锦永,方金豹,顾红,等. 多效唑在桃上安全使用技术规程[J]. 果农之友,2013(3): 31-32.
[5] 方金豹,顾红,陈锦永,等. 根域限制对幼年桃树生长发育的影响[J]. 中国农业科学,2006,39(4): 779-785.
[6] 李勇. 桃自然休眠过程中低温积累量对开花和果实形状的影响[D]. 泰安:山东农业大学,2014.
[7] 李勇,方伟超,朱更瑞,等. 双容器与控根器限根对桃树生长发育的影响[J]. 果树学报,2014,31(2): 213-220.
[8] 刘端明,吕金山,郑伟,等. 日光温室桃夏季高接换种当年成花技术研究初报[J]. 山西果树,2007(4): 12-13.
[9] 孙旭武. 低需冷量桃童期及其花芽分化期的生理生化特性研究[D]. 兰州:甘肃农业大学,2004.
[10] 王力荣,朱更瑞,左覃元,等. 桃保护地栽培的关键技术[J]. 果树科学,1997,14(2): 137-138.
[11] 王力荣,胡霓云. 桃品种的低温需求量[J]. 果树科学,1992,9(1): 39-42.
[12] 王力荣,朱更瑞,左覃元. 桃树保护地栽培的品种选择[J]. 中国果树,1995(4): 34-35.
[13] 王力荣,朱更瑞,左覃元. 中国桃品种需冷量的研究[J]. 园艺学报,1997,24(2): 194-196.
[14] 王力荣,朱更瑞,左覃元. 桃需冷量遗传特性的研究[J]. 果树科学,1996,13(4):

237-240.

[15] 王志强,何方,牛良,等.CO_2施肥对大棚油桃光合作用及产量品质的影响[J].果树学报,2001,18(2)75-79.

[16] 王志强,刘淑娥,牛良,等.油桃大棚内主要生态因子特点及变化规律[J].果树学报,2000,17(S1):15-21.

[17] 朱更瑞,方伟超,陈昌文,等.桃设施栽培果实采后修剪量化指标探讨[C]//中国园艺学会桃分会第二届学术年会论文集,2009,165-171.

[18] 朱更瑞,王力荣,方伟超,等.大棚桃主干形整枝与多效唑处理效应[J].山西果树,2000(4):3-5.

[19] 朱更瑞,王力荣,等.大棚桃[M].北京:中国农业科技出版社,1999.

[20] 王力荣.桃保护地栽培[M].郑州:中原农民出版社,2000.

第十二章　桃园土肥水综合管理

土肥水管理是桃生产中的一项系统工程，只有土壤管理、施肥、灌溉排水措施的密切配合，桃园生产才能获得更高的效益。

第一节　我国桃园土肥水管理

与其他作物栽培发展的历程相似，桃园土壤管理先后经历了传统农业时期、化学农业时期和有机生态农业时期3个阶段。在传统农业时期，由于桃产出较少，桃农注重秸秆还田和有机肥料的使用，果园土壤肥力在一个较长的时期内保持了相对稳定。20世纪80年代前后我国桃园开始大量使用化肥，具备了典型的化学农业的特征，由于高产技术的普及和产量的大幅度提高，桃园土壤的投入产出失去平衡，随之而来的是大量的化学污染，土壤理化性状、团粒结构遭到破坏，保水保肥能力、透气性、酸碱度变差，有机质含量降低，营养失衡，果品质量变差。目睹了化学农业的危害之后，从90年代开始，我国已有一些农户开始探讨有机农业的运行模式，这一模式的显著特征为：以追求超高品质为目标，合理负载，限制高产，减少土壤产出；大力发展堆肥，广开肥源，一些果农发展起了畜牧业，保证果园有足量的有机肥；限制化学肥料和农药的使用；实行果园生草。上述措施，由于土壤产出少了，而补充多了，土壤进入了良性循环，有机质含量逐年增加，果实品质得到提高，树体抗性增强。推广应用有机生态农业模式是我国桃园土肥水管理技术发展的重要方向。

但目前我国绝大多数桃园生产中存在重视化肥施用、轻视有机肥施用的倾向，并且土壤管理还是以清耕为主，导致化肥利用率低，桃园土壤质量下降，制约了桃产量与品质的提高。彭福田等(2010)对我国桃主产区土壤肥力与管理现状的调查结果可以证明上述观点，调查发现，我国95%以上的桃园仍采用清耕制，70%以上的桃园土壤有机质含量不足1%。田间^{15}N示踪试验结果表明，氮肥当季吸收利用率不足20%，当季损失率高达40%。虽然桃园肥料投入量大，但是通过土壤养分分析测得的氮磷钾含量并不是太高，而且含量不足的也占相当一部分：0~20 cm土层中，硝态氮低于20 μg/g的占11.1%，有效磷低于10 μg/g的占55.6%，速效钾低于100 μg/g的占33.3%；20~40 cm土层中，硝态氮低于20 μg/g的占33.3%，有效磷低于10 μg/g的占66.7%，速效钾低于100 μg/g的占44.4%。

除了土壤管理制度不合理导致土壤肥力下降的问题外，肥水管理方面也存在诸多问题。由于桃产区在我国分布广，不同区域乃至同一区域不同农户之间的施肥量和施肥时期存在很大差异，施肥过量与不足并存。以土壤有效磷含量为例，虽然存在相当比例的缺磷果园，但我国北方桃主产区山东、河北、北京等地约有30%的桃园土壤有效磷含量超过60 μg/g，属于应该控制磷肥使用的果园。在施肥时期方面，秋施基肥的果园不足30%，施肥时期不合理，影响了施肥的效果。另外还普遍存在为追求大果，在果实膨大期过量供应肥水，导致果实风味品质下降的问题。

第二节 桃园土肥水管理现状与发展趋势

采用科学的土肥水管理技术是桃丰产优质的基础，土肥水管理的目的是为桃正常生长发育提供一个适宜的土壤环境，包括物理环境、化学环境与生物环境等，同时满足生长与结果对养分与水分的需求。近年来，随着人们产品质量意识、食品安全意识与环境保护意识的日益增强，开发生态可持续型、资源高效利用型以及省工型的土肥水管理技术新模式成为果树专家的研究重点。

一、土壤管理

在土壤管理制度方面，大多数国家的桃园都采用生草制，桃园行间自然生草和人工种草相结合，很少清耕。欧洲行间生草多选用三叶草和黑麦草等，日本的许多果园普遍种植红三叶、苜蓿，此外还有白三叶、草木樨、禾本科绿草等。当草生长到30 cm左右时留2~5 cm刈割。割草时，先保留周边1 m不割，给昆虫（天敌）保留一定的生活空间，等内部草长出后，再将周边杂草割除，割下的草直接覆盖在树盘周围的地面上。果园生草不但可以减少对土壤结构和微生物环境的破坏，减少水土流失，培肥地力，减少施肥量，而且可以促进果实着色，改善果实品质，同时还可以招引有益昆虫和鸟类，有利于有机生产。近年来，采用覆盖制的果园数量呈现增加的趋势，行内采用稻草或树皮等有机物料覆盖，可起到保温、调温、保水、增肥和提高果实品质的作用，既利用了有机废弃物，又防止了因焚烧而造成的环境污染。目前有机果树种植中采用园艺地布覆盖，透气、透水，能抑制杂草生长，正在替代地膜覆盖，并用于多年生果树栽培中。

在土壤培肥方面，许多果园，尤其是进行有机生产的果园，应充分利用发酵肥料和腐熟的农家肥培肥土壤，满足桃树对养分的需求。常用的有机肥料如堆肥、厩肥、棉籽粉、羽毛、血粉等含有大量的不溶成分，肥效迟。为确保其足量降解，使果树适时获得营养，一般应在早春提前施用。当果树营养不足时，应用可溶性的有机肥料如鱼乳状液、可溶性的鱼粉或水溶性的血粉等进行叶面喷施。日本琉球大学的比嘉照夫教授经过多年的研究，从土壤中发现并分离了大量的有益微生物，开发出了系列有益微生物群（effective microorganisms，EM）产品，在日本及世界许多国家推广应用。EM实际上是一群来源于自然的微生物，包括乳酸菌、酵母菌、光合细菌、放线菌等10属80种以上的微生物。在日本，常采用EM发酵有机肥料，也利用EM发酵农家肥和秸秆及生活垃圾等。

二、养分管理

1. 桃对养分的需求特性

桃对养分需求的研究，目前以氮素营养方面的研究较多，主要包括氮素的需肥特性，施氮对桃树生长、产量和品质的影响等，而有关磷钾及微量元素营养的研究很少。Munoz等施用^{15}N标记的硝酸钾研究结果表明，从开花至果实发育阶段，生长所需氮的7%来自肥料，其余来自老器官中贮藏的氮。1年内的氮吸收最大值在营养生长高峰期和果实成熟期。落叶前，50%的叶片氮可被转移并贮藏在树体的木质部位，在下个生长季节使用，树体的多年生部位对树体吸收的氮具有贮藏能力（大约30 kg/hm^2）。Rufat J.等的研究表明，在桃树每年生长的前30 d内，所利用的氮来源于贮藏器官，当季树体从贮藏器官中释放的氮能持续到开花后约75 d。当年树体累积的干物质与氮肥施用量呈正相关，施氮肥树体的总氮含量是不施肥的2倍。施肥桃园氮的日利用量大约是1 kg/hm^2，而不施肥桃园的仅有0.5 kg/hm^2。

有研究认为，通过增加氮肥滴灌施用次数能改善生长，提高桃果产量。氮素施用频率与产量的关系依不同的施用方法、品种或者不同的试验地区有不同的结果。研究表明，在中等施氮水平时果实总可溶性固形物、蔗糖和7-

癸内酯的含量最高，高氮处理的最低；其果实中可滴定酸、柠檬酸和苹果酸的含量也是中等施氮最高，但果皮颜色最差。果胶成分的分析表明，高量施氮阻碍了果肉中多糖醛酸苷的早期降解，导致了低分子量多糖醛酸苷的累积，这可能会引起果肉质地变差，影响桃果的商品价值。氮肥通过增加根内维管系统的数量来提高桃树根系的吸收能力，吸收根的数量和寿命增加，可以延续到生长季节结束。此外，过度施用化肥和杀真菌剂对共生菌根有抑制，影响根系活动。

叶面施肥和土壤施肥混用的方法能在既维持桃树正常生产，又能抑制过度营养生长和降低土壤污染风险之间有效地找到平衡。研究表明，叶面施肥能为包括根、茎和芽等不同器官提供足够数量的氮，但平均单果质量小于土壤施肥处理。如果将50%的氮采用叶面喷施（秋季初），另外50%的氮采用土壤施用（夏季末），则可获得与单纯土壤施肥相同的产量和单果质量。土壤和叶面施钾能增加果实酚类物质的含量（Hernandez-Fuentes，2002）。Wooldridge的研究结果表明，在头4个挂果季节，桃树的营养生长和产量对土壤中的钾和氮都很敏感，如果产量维持在35.5 t/hm^2，则每树每季需钾肥300 g、氮肥267 g，超过上述施肥量以后果实的产量和品质不再提高。此外，在桃园中种植有机绿肥能供应桃树在最大氮需求期的氮素，也是减少土壤污染的有效途径。

桃对氮磷钾三要素的质量吸收比例大体为100∶30～40∶60～160，只有按照树体所需均衡供应各种养分，树体才能健壮生长，并生产出质量较高的果实。

2. 土壤诊断施肥

由于对氮素在土壤中空间分布的差异、桃根系适应土壤氮素的矿化过程研究得不深入，要想准确地了解某一特定土壤的供氮能力非常困难，桃当年的生长结果状况并不完全取决于土壤氮的有效性，树体贮藏氮的水平比土壤的供氮能力对新生器官的生长更为重要，因此Jones指出，对多年生的园艺作物来说，进行植株分析诊断比土壤分析诊断更有效。但近年来欧洲部分桃园根据土壤无机氮（硝态氮＋铵态氮）的含量进行推荐施肥，取得了一定的成效。生长季末期如果土壤中无机氮的浓度很高，从降低投入、保护生态环境等角度考虑，完全有必要降低氮肥的施用量[1]。

3. 树相诊断

生长季新梢基部叶片呈浅绿色是树体明显缺氮的征兆，但当树体轻度缺氮时仅靠辨别叶色就很难作出判断，况且许多因素都影响叶绿素的合成。叶绿素直读仪为大田诊断提供了方便，Singha等对直读仪的测定值与叶片叶绿素含量的相关性进行了研究，认为采用叶绿素直读仪进行叶色诊断时，每株树至少应测定 10 片叶，以降低测量误差。他还指出，在不同果园或同一果园的不同年份，读数值与叶绿素真实含量的相关系数并不相同，但由于该仪器使用起来非常方便，因此可以指导某一具体果园的氮素管理。

4. 叶分析

叶分析是诊断植株是否缺氮的常用手段，各国对桃的叶分析标准值都有研究报道。而在实际应用中，叶分析的最大贡献是提供降低施肥量的依据。叶分析的标准值分为五级，即缺乏、低量、适宜、高量、过量。如果叶分析值处在高量或过量范围就应降低施氮量或不施用氮肥。但具体的应用过程要复杂得多，首先叶分析标准值在不同地区可能是不同的，其次来自不同果园相同的叶分析结果并不意味着这些果园应采用同一施肥方案。桃树的结果数量、生长势、修剪措施以及土壤管理制度都会影响叶分析的结果。在解释叶分析的结果时一定要考虑生长势等因素，Sanchez 认为，如果植株生长势强，即使叶分析值低于适宜范围，也不一定要增加施氮量[3]。

5. 化肥限量施用

从果实品质与环境保护两个方面考虑，许多国家开始对桃园化学肥料的施用量进行控制。以日本为例，桃园施肥以有机肥为主，大多采用农协生产的有机堆肥（颗粒肥），以少量速效性化肥作追肥。每公顷桃园分别施氮、磷、钾肥 100～120 kg、60～70 kg 和 80～90 kg。每株树的用量因树龄而异，第 1 年、第 3 年、第 5 年的纯氮用量分别为 0.1 kg、0.2 kg 和 0.3 kg。

6. 灌溉施肥

灌溉施肥是指按照桃生长各个阶段对养分的需求和土壤、气候等条件，准确地将溶解在灌溉水中的肥料养分施用在根系附近，被根系直接吸收利用的施肥方法。近年来灌溉施肥技术在国际上应用更加广泛，技术也在不断升级完善：①利用多学科综合技术，确认时间和空间因素对产量、品质的影响。②利用遥感技术、土壤测量技术与工业领域进行合作开发新的方法，来评估土壤、水和植株参数。③改进或创新土壤、水和作物的取样方法和数据分析过程，包括时间、地点的明显变化，以提高灌溉土地上定位管理技术的经济可行性。④与工业领域合作，创造和生产新的技术和设备，并将这些技术和设备投入生产实践中，实现植株生产全过程的定位管理，最终通过推行精确灌溉技术，改善灌溉作物品质并提高环境质量。

三、水分管理

具有双 S 生长曲线的桃，果实体积大部分是在果实发育的最后 20～30 d 获得的，果实第一速长期及之后的硬核期，对水分胁迫有较强的忍耐能力，国外部分桃园在桃需水非关键期进行调亏灌溉，取得了在不减产甚至增产与提高果实品质的前提下节水的效果。在此基础上，有的桃园还结合"部分根区干旱理论(partial rootzone drying，PRD)"进行分区灌溉或交替灌溉实践，使节水技术体系更加完善。

第三节　桃园土肥水管理综合技术

一、桃园土壤培肥

1. 桃园土壤培肥的重要性

土壤培肥是指通过增施有机物料、生草等措施提高土壤肥力，保证桃园的丰产优质与可持续生产能力。我国多数桃园分布在山地、丘陵地和沙滩地上，土壤存在土层薄、有机质含量低、养分不均衡、透气性差和保水保肥能力低等不利因素，而生产中有重视化肥施用、轻视土壤管理的倾向，导致桃园土壤肥力下降，因此，加强桃园土壤管理的任务十分迫切。

2. 土壤培肥技术

(1)幼龄果园采用宽行密植模式，成龄果园通过修剪、间伐等措施打开行间。

(2)行间自然生草或人工种草。自然生草春季可选留伏地菜、益母草等，夏季可选留牛筋草、虎尾草等，人工种草可选用毛叶苕子、苜蓿等。注意前两年每公顷增施氮肥180 kg，每年夏季割草2～3次，覆盖到树盘下。

(3)行间有机物料覆盖。收集秸秆、锯末、树皮、菇渣等有机废弃物，采用微生物菌种腐解处理15～20 d，于夏季或秋季覆盖到树盘下，覆盖厚度为10 cm左右。

(4)施用微生物发酵有机肥。收集禽畜粪便与秸秆，按7:3的比例(干质量)混匀，接种复合微生物发酵菌种，达到完全腐熟后秋季以条沟法施入，用量为45 m^3/hm^2左右。经济条件较好的果园也可直接施用商品生物有机肥。

二、桃树需肥特点与平衡施肥

1. 桃树需肥特点

桃树正常生长结果需要氮、磷、钾、钙、镁、硫、铁、锰、硼、锌、铜、钼、氯、镍14种必需矿质元素与硅等有益元素，桃树的需肥特性随树龄不同而异。幼龄和初果期树，易出现因氮素过多而徒长和延迟结果，要注意适当控制氮素，适当增加磷肥促进根系发育，氮、磷（P_2O_5）、钾（K_2O）可以按1:1:1的质量比例供应。盛果期桃树的需钾量显著增加，每生产100 kg桃果约需吸收氮0.46 kg、磷（P_2O_5）0.29 kg、钾（K_2O）0.74 kg。施肥时可以参考上述数据，并根据土壤分析、植株诊断与肥料的利用率确定施肥的数量与比例。

2. 科学确定桃园施肥量

不同的目标产量、土壤条件、品种、树龄、树势等要求桃园的化肥用量不同。确定桃树施肥量的方法很多，幼龄桃园可以根据树龄确定施肥量，定植后前三年的氮肥施用量分别为120 kg/hm²、180 kg/hm²和225 kg/hm²，磷、钾用量可以与氮肥相同。进入盛果期，在施足有机肥的基础上，每生产100 kg桃果需要补充化肥折合纯氮0.6~0.8 kg、磷（P_2O_5）0.3~0.4 kg、钾（K_2O）0.7~0.9 kg。例如，对于产量为45 t/hm²的果园，需要补充尿素600~800 kg/hm²、过磷酸钙1 125~1 500 kg/hm²和硫酸钾525~675 kg/hm²。在对某个具体果园确定施肥量时，还要根据土壤中的养分含量状况、植株养分诊断结果以及施肥方法进行调整[2]。

3. 桃树容易出现的微量元素缺乏症及应对措施

桃产量高，每年果实带走大量的养分，施肥时往往比较重视氮磷钾的补充，而桃正常生长结果需要14种矿质元素与硅等有益元素，虽然消耗的中微量元素（钙、镁、铁、硼、锌和钼等）较少，但如果忽视补充往往也会引起缺乏。我国多数桃园的土壤有机质含量低，部分桃园的pH值偏高或偏低，这些因素也会影响养分的有效吸收，造成我国许多桃园缺乏中微量元素。

因此，在施肥时要注意中微量元素养分的施用。补充钙、镁可选用钙镁磷肥、硝酸铵钙、硫酸镁等肥料，施用量一般为钙（CaO）180 kg/hm²、镁（MgO）52.5 kg/hm²；补充硼、铁、锌等微量元素可选用硼砂、硫酸亚铁（黄腐酸铁更好）、硫酸锌等，施用量一般为各30~45 kg/hm²。中微量元素肥料可以结合有机肥秋季施用，每2~3年施用1次。缺素严重的果园可以每年施用，并适当增加用量。

中微量元素缺乏的果园也可以采用叶面喷施的方法补充，严重缺乏时应与土壤施用相结合，并注意改良土壤。

4. 桃园秋施基肥的技术要点

桃树秋施基肥比春施基肥有很多优点。秋季土温比较高、肥料分解快，加之秋季正是桃树根系进入第3次生长高峰时期，吸收根数量多，且伤根容易愈合，肥料施入后很快就被根系吸收利用，从而提高秋季叶片的光合效能，制造大量的有机物贮藏于树体内，对来年桃树生长及开花结果十分有利。

秋施基肥的时间以9月下旬至10月中旬为宜，肥料的种类以有机肥为主，包括农家肥、生物有机肥、豆饼、鱼腥肥等，配合部分化肥（全年化肥用量的1/3)施用。一般农家肥的施肥量最好在45 t/hm^{2}以上。施用方法一般为条沟法，在行间或株间开沟，沟的深度与宽度一般为40~50 cm，长度根据施肥量确定。需要注意的是，有机肥一定要腐熟好，在施用时与表土混匀后再回填。

三、桃树需水规律及桃园灌溉

1. 桃树需水规律

桃树在下述6个时期对水分供应比较敏感，若墒情不足，应及时灌溉。

(1)萌芽至花前。此期缺水易引起花芽分化不正常，开花不整齐，坐果率降低，直接影响当年的产量。此期可灌1次足水，水量以能渗透地面以下80 cm为宜，尤其是北方经常出现春旱，所以必须灌足水，以促进萌芽、开花，提高坐果率。

(2)硬核期。此期是新梢快速生长及果实第1次迅速生长期，需水量多、对缺水极为敏感。因此，此期必须保证水分供给，灌水量以湿润土层50 cm为宜。南方地区此期正值雨季，可根据实际情况确定是否灌溉及灌溉量。

(3)果实膨大期。此期正值果实生长的第2次高峰期，果实体积的2/3是在此期生长的，如果此期不能满足桃树对水分的需求，会严重影响果实的生长，造成果个变小、品质下降。水分供应充足有利于果实生长、增大果个、提高品质。在果实发育的中后期应注意均匀灌水，特别是油桃，应保持土壤良好、稳定的墒情，久旱后突灌大水易引起裂果。

(4)果实采收后。此期根据土壤墒情适当灌1次水，以延缓叶片脱落，有利于花芽分化和树势恢复。

(5)秋灌。应在晚秋施基肥后灌1次水，以促进根系生长。

(6)冬灌。北方地区一般在封冻前灌1次封冻水，以保证度过严冬时蓄积充足的水分。冬季（封冻前）雨雪多时，可以不进行冬灌。

2. 灌溉方法

灌溉方法有沟灌、树盘浇水、喷灌、滴灌等，应依据当地的经济条件、水源情况、水利设施条件以及地形等综合因素，选用适宜的灌溉方法。总的要求是：在节约用水的前提下，保证水分能及时渗透到根系集中分布的土层，使土壤保持一定的含水量。如果条件许可，尽量使用滴灌或涌泉灌等管道灌溉法，因为这种方法不仅节约用水，对地形地貌的要求也不高，特别适合山区、丘陵地果园，而且可以很方便地控制灌溉区域，减少行间滋生杂草，降低局部空气湿度，减轻病虫害的发生。

参 考 文 献

[1] 张福锁. 养分资源综合管理[M]. 北京：中国农业大学出版社，2003.
[2] 彭福田. 桃园土肥水管理关键技术[J]. 落叶果树，2014(4)：1-4.
[3] Sanchez, Righetti, Sugar, et al. Effects of timing of nitrogen application on nitrogen partitioning between vegetative, reproductive, and structural components of mature comice pears[J]. J. Hort. Sci, 1992, 67：51-58.

第十三章　桃树主要病虫害综合防控

桃树病虫害防治应坚持"预防为主、综合防控"的原则，综合运用农业、物理机械、生物、化学等防控措施，将病虫害的发生控制在经济阈值以下。多年来化学防治始终占据果园病虫害防治的主导地位，化学农药使用量居高不下，实际用量远超病虫害防治的实际需求。在桃树病虫害的管理过程中，既要实现病虫害的有效控制，又要减少化学农药的使用量，确保果品质量安全、降低环境污染，需要在综合运用上述各类防治措施的基础上，筛选高效的化学药剂，实现精准识别、把握精准时机、制定精准方案、选择精准剂量，按需、适时、精准防治，有效控制病虫害危害。

第一节　桃树主要病虫害的调查方法与防控原则

一、病虫害调查

病虫害调查包括对病虫种类、分布、为害情况及发生发展规律等的调查[1]。评估果园病虫害发生水平是果园病虫害综合治理的基础，只有依据可靠的调查数据，才能作出科学的防控决策，以避免盲目用药。要学习有关病虫害的生物学知识，观察果园病虫害的发生种类、发生动态，根据实际情况采取合理的防控措施。

发达国家管理面积大的果园，一般会聘用技术顾问来监测和治理病虫害。结合我国果园管理情况，特制定下述简易调查方法[2]。在初步建立的桃树病虫害综合治理体系中，许多技术借鉴了苹果或其他作物病虫害防控的成果，希望在以后的实践中逐步完善桃树病虫害防控技术。病虫害调查的内容依据调查的目的而定，根据调查的内容确定采用的调查方式。调查内容一般包括病虫害的分布及种类、病虫害的发生发展、农事操作与病虫害的关系等，取样方法要尽量简化，以便于掌握和实施，并易于作出科学决策。

1. 取样部位

取样地块、取样点和样品的选择是病虫害调查的关键。调查虫害一般每 2 hm² 作为 1 个取样单位，但必须分品种和害虫进行取样，因为不同品种对不同害虫的敏感性有差异，如卷叶蛾喜欢光皮的油桃型和晚熟品种，粉蚧喜欢大树。不要有意选取高密度虫量样本，不要只在周边取样，要在整个区域多点取样，每点可少取样本，不要在少量树上取大量样本。要使所取样本在整个区域具有代表性。

对于品种混栽的情况，要分别对各种植品种取样，分别记载。还可以进一步细化调查，如进行捕食螨与螨的数量关系的调查。

2. 调查方案

调查分叶片调查、新梢调查、枝干调查和果实调查，以及利用性诱剂诱捕调查。

(1) 叶片调查对象包括穿孔病、叶螨、潜叶蛾及其天敌等。采用五点取样法，每个果园选 5 个取样点，每个点选 4 株树取样，每株分别从 5 个内膛丛枝上各取成熟叶 1 片，共从 20 株树上取 100 片叶。每周调查 1 次。

(2) 新梢调查对象包括穿孔病、蚜虫、卷叶蛾、盲蝽及其天敌等。采用五点取样法，每个果园选 5 个取样点，每点选 4 株树取样，每株选 5 个梢，共从 20 株树上选 100 个梢。每周调查 1 次。

(3) 枝干调查对象包括流胶病、介壳虫、天牛等。采用五点取样法，每园调查 20 株树花前普查，调查病株发生率。介壳虫调查 2 年生枝 5 个，从基部向端部调查 30 cm 长。根据流胶病发生情况分级调查流胶病[3]。生长期可以不定期调查。

(4) 果实调查对象包括桃蛀螟、梨小食心虫、桃小食心虫等。采用五点取样法分品种调查，每点调查 2 株树，采收期调查蛀果率，每株调查中上部 100 个果，每园共调查 1 000 个果；生长期调查监测卵果率，每株调查 100 个果，每园共调查 1 000 个果。

(5) 性诱剂诱捕器监测桃小食心虫、梨小食心虫、卷叶蛾等。可每 100 m 挂 1 个诱捕器，每园挂 4 个诱捕器。每周调查 1 次，记录每个诱捕器的诱蛾量。

二、主要病虫害参考防控指标

1. 防治指标的意义

目前推行的果园综合管理生产制度(IFP)的病虫害防控，其核心建立在病虫害综合治理基础之上，尽量采用环境可以接受的措施防控病虫害，当病虫害发生达到将要为害作物造成损失时及时进行防控，病虫害防治指标成为其基本要素[4]。我国在1975年的全国植保大会上提出了"以防为主，综合防治"的植保方针，目前综合治理的概念是："从农业生态系整体出发，充分考虑环境和所有生物种群，在最大限度地利用自然因素控制病虫害的前提下，采用各种防治方法相互配合，把病虫害控制在经济允许为害水平以下，并利于农业的可持续发展。"其中的"经济允许为害水平"是实际操作中衡量病虫害防治的标尺，防治指标是经济允许为害水平评估中害虫数量的具体密度，是实行科学防治的关键标志。

2. 影响防治指标的因素

经济允许为害水平由下式决定：

$$L = \frac{C}{Y \times P \times E} \times 100$$

其中，L为经济允许损失，C为防治费用，Y为产量，P为产品价格，E为防治效果。

制定防治指标要考虑影响其形成的因素，防治费用受到防治方法、农药种类、人工费用等的影响，产量受到土壤、人工管理、气候、大小年等的影响，防治效果受防治方法、使用农药种类、操作技术等的影响，要考虑害虫的为害特性，为害果实和为害叶片所造成的损失不同，不同虫口密度、龄期的为害程度不同，作物对为害的反应受到补偿能力、生育期等的影响。在具体的每项因素中又受到其他因素的影响，如为害程度受到为害部位、为害时期的影响，而产品的价格又随着市场的变化随时在波动。因此，经济允许为害水平是一个理论上的指标，在实际应用过程中要考虑多种综合因素，尽量选取具有普遍意义的要素数值。

3. 桃树害虫防治指标的使用

过去对桃树害虫的防治指标研究得很少，多数情况下凭经验进行防治。桃树主要害虫防治指标汇总表（表13-1）借鉴了目前我国苹果园发生的害虫防治指标汇总表，期望在以后逐渐完善。在使用过程中应注意根据当地桃园的实际情况进行适当调整，考虑的主要因素简化为果园的产量水平、防治费用、防治效果、需要兼治的病虫害、气候状况、栽培习惯等。

4. 防治指标使用过程中应注意的问题

收集整理的指标有些是过去多年前的研究结果，有些是引用类似害虫的资料，适用性有待验证，各地可以根据生产情况适当调整。建立起防治指标体系框架以后，应该在实践中逐步完善，以便为防治提供依据，避免农药的盲目使用。

第十三章 桃树主要病虫害综合防控

表 13-1 桃树主要害虫防治指标汇总表

害虫种类	防治指标	说 明
桃蛀螟 梨小食心虫	①卵果率 0.5%～1%；②树上防治：桃蛀螟诱捕器平均每天每器诱到 3 头以上成虫，梨小食心虫诱捕器平均每天每器诱到 20 头成虫	桃蛀螟和梨小食心虫性诱剂灵敏度差异较大，不同季节间也有差异。在利用诱捕器监测的基础上，在成虫数量明显增加时开始查卵，卵果率在 0.5%以上开始喷药
桃潜叶蛾（借鉴苹果树金纹细蛾）	落花后至麦收前，平均 1 头活虫/100 叶；麦收后 5 头/100 叶；7～9 月 8 头/100 叶以上	推荐使用昆虫生长调节剂类药剂，在成虫羽化初期喷药
桃蚜	虫梢率 20%	根据天敌数量，指标可以灵活掌握
山楂叶螨 二斑叶螨	落花后成螨 1 头/1 叶；麦收前成螨 2 头/1 叶；麦收后无天敌 3 头/1 叶，有天敌 5 头/1 叶	麦收前以调查内膛叶片为主，麦收后随机取叶
苹小卷叶蛾	卷叶率 5%	新梢调查
桃球蚧	虫枝率 10%	调查 2 年生枝条

在整个桃生产过程中要有一个完整的病虫害控制计划，建立以生态控制为中心的综合防控模式，从栽培措施、生物防治、人工防治、物理防治等方面有针对性地进行预防。生长季采用科学的调查方法针对主要病虫害进行定期监测，随时掌握各种病虫害的发生动态。要同时兼顾各种病虫害的防控。在保证丰产丰收和果品安全的前提下，尽量减少农药使用，减少劳力投入。

三、桃树病虫害防控原则

植物病虫害防治要坚持"预防为主，综合防治""有害生物综合治理（IPM）""可持续发展"等原则，既要满足当时当地植物群落和人们的需要，更要兼顾人与自然的和谐共生，维持生物的多样性，适应生态平衡和可持续发展的需要。通过调节环境条件、充分利用自然控制因素、协调各种防治措施来减轻主要病虫的为害。

有害生物综合治理是对病虫害进行科学管理的体系，体系要求从果园生态体系总体出发，根据病虫害和环境之间的相互关系，充分发挥自然控制因素的作用，因地制宜、协调应用必要的措施，将病虫为害控制在经济允许损失水平之下，以获得最佳的经济效益、生态效益和社会效益，达到"安全、绿色、经济、有效、简便"的目标。要点是：

（1）制定病虫害防控方案要贯彻"预防为主、综合防治"的植保工作方针，防控病虫害要服从作物高产、优质、高效的生产目标。

（2）从农业生态学的要求出发，全面考虑农业生态平衡，保护环境，兼顾社会效益和经济效益。

（3）从实际出发，目的明确，内容丰富，语言简明、流畅。量力而行，有可操作性。

（4）因地制宜地体现将主要害虫的种群和病害的发生为害程度控制在经济允许为害水平以下。

（5）充分利用农业生态系统中各种自然因素的调节作用，因地制宜地将各种防治措施，如植物检疫、物理机械防治、生物防治和化学防治等纳入当地农作物生产技术措施体系中，以获得最高的产量、最好的产品质量、最佳的经济和社会效益。

四、以生态控制为中心的综合治理关键措施

1. 果园卫生与树体保健

许多病虫常年存在于果园，冬春清除病虫源对生长季防治至关重要。如褐斑穿孔病、桃潜叶蛾在落叶中越冬，树上的病僵果、枯死枝是来年的褐腐病、疮痂病、炭疽病的重要传染源，发芽前将这些病虫源及时清理出果园，可显著降低生长季的为害。在花芽膨大期用 $5°Bé$ 的石硫合剂全树喷洒，可同时防治白粉病、红蜘蛛、介壳虫。保持果树健壮是防治病虫害的基础，许多病虫害的发生与果树的不健康状态有关，当树体衰弱、产生坏死皮层时，坏死皮层为病菌提供了滋生场所，病菌也易于侵入衰弱的活组织。营养的失调也使果树抵抗力减弱。适时疏果、合理控制树体的负载量有利于树体健壮。要特别注意调节树体营养，目前不少果园钾肥不足，缺钾果树易发生腐烂病等；偏施氮肥引起红蜘蛛暴发。应定期进行果园营养分析诊断，保持树体营养平衡。果园卫生与树体保健是抵御病虫害的基础。

2. 果园生草提高生物多样性

果园间作绿肥是病虫害防控的一项重要措施。绿肥不但可以提高土壤的有机质含量，还可改善果园内的微生态环境。间作绿肥可显著提高果园生物多样性，合适的绿肥上寄生的昆虫可作为天敌的饲料，有利于天敌的繁衍。在果树蚜虫、红蜘蛛发生期割倒绿肥，驱使天敌上树控制为害。通过比较试验，毛叶苕子繁殖的优势天敌为小花蝽，三叶草在开花期以瓢虫为优势天敌，豆科植物为果园种草的理想选择。当果园比较郁闭，或者不适合间作绿肥时，

可以选择果园自然生草，在农事操作时剔除果园滋生的恶性杂草，保留适合当地生长的一些低矮、阔叶性杂草，也能够起到提高果园生物多样性的作用。应改变清耕管理的习惯。

3. 果实套袋防病虫

果实套袋可以提高果实的外观品质，防止果实病虫害的发生。桃褐腐病一直是桃园病害的防治重点，套袋后桃褐腐病基本得到了控制。套袋还可以防治食心虫，很好地控制桃蛀螟的发生。套袋类型要根据生产果实的品质要求进行选择。

4. 人工释放天敌或保护自然天敌控制害虫

果园间作的绿肥可为天敌提供中间寄主，利于其繁殖，并改善天敌的生存环境，为其提供越冬、躲避不良生存环境的条件。掌握果园周边天敌的发生动态，充分利用生态系统中不同生态区域间天敌的转移，对天敌利用会起到事半功倍的作用。如在麦熟期注意保护从麦田转移到果园的瓢虫、草蛉、食蚜蝇、小花蝽等天敌，能很好地防控蚜虫、叶螨为害。可饲养、释放天敌控制害虫为害，如饲养赤眼蜂在梨小食心虫、卷叶蛾产卵期释放，饲养塔六点蓟马、捕食螨等在叶螨发生前期大量释放，饲养草蛉、瓢虫防治蚜虫等。

5. 利用化学生态物质控制病虫害

利用昆虫性信息素防治梨小食心虫，开花前处理1次基本可以控制整个生长季为害，此技术在国外已很成熟，国内正在研究、应用该技术。国内也正在研究试验诱杀或者迷向防治桃蛀螟、卷叶蛾等害虫。春季在果园挂糖醋液可防治多种害虫，特别是梨小食心虫、卷叶蛾，糖醋液和性诱剂结合可显著提高诱杀效果。由于性信息素转化性强，使用中如何协调与其他害虫的防治是需要进一步研究的课题。

6. 利用害虫的物理趋性诱杀害虫

利用多数害虫的趋光性，在果园挂频振式黑光灯结合水盆或高压电网组成的捕杀器，可以诱杀多种果园害虫，一般每3~4 hm² 挂1个黑光灯就可获得很好的防控效果。利用蚜虫、白粉虱对黄色的趋性，在果园挂涂有黏胶的黄板可以起到防虫作用，但注意要在害虫有翅期悬挂，有翅期过后要将黄板及时去除，以免误诱杀寄生蜂等天敌。

7. 协调化学防控与生物防控的关系

当需要喷药时，应首先选用生物农药和具有选择性的农药，如可用油酸烟碱、苦参碱、苦楝素防治蚜虫和卷叶蛾。用阿维菌素、浏阳霉素防治各种螨类，用农抗120防治腐烂病。在必须使用化学农药时，要使用高效低毒有选择性的农药。

防控果园病虫害不可一味追求完全消灭，应建立病虫害的持续控制体系。

无公害果品生产允许使用高效低毒化学农药，禁止使用高毒、有残留的农药。我国从 2007 年 1 月 1 日起，全面禁止使用甲胺磷、对硫磷、甲基对硫磷、甲拌磷和久效磷 5 种高毒农药，2011 年 6 月 5 日起禁止使用硫线磷、特丁硫磷、蝇毒磷和治螟磷，2015 年 10 月 1 日起禁止使用福美胂和福美甲胂，2018 年 10 月 1 日起禁止使用三氯杀螨醇，2019 年 8 月 1 日起禁止在瓜果上使用乐果、丁硫克百威、乙酰甲胺磷的单剂和复配制剂[5]。

实际操作中应树立尽量少用化学农药的指导思想。选择农药时，可用生物农药控制的应优先考虑使用生物农药，其次是石硫合剂、硫悬浮剂、波尔多液、矿物油类等矿物源农药。一般认为无机农药不易产生抗药性。在选择化学合成农药时，应尽量选择高效低毒农药，最好是具有一定选择性的农药，如氟啶虫胺腈、吡虫啉对蚜虫、叶蝉类，联苯肼酯、乙螨唑、四螨嗪对红蜘蛛类防治效果较好。另外，应注意农药的交替使用，以延缓病虫的抗药性。生长前期可以使用残效期较长的药剂，后期必须使用残效期短的药剂。

第二节　主要病害

一、果实病害

(一)桃树疮痂病

1. 为害症状

桃树疮痂病(*Cladosporium carpophilum* Thumen)又称桃黑星病，主要为害果实，也可为害叶片和新梢。病征多发生在果肩部，发病严重时病斑相连成片。由于病斑扩展仅限于表皮组织，当表皮组织枯死变干时果肉仍可继续生长，因此病斑龟裂，呈"疮痂状"(图 13-1)。

2. 防治方法

发芽前喷 5°Bé 石硫合剂或 45％晶体石硫合剂 30 倍液。落花后喷 50％甲基硫菌灵·硫磺悬浮剂 800 倍液，或 80％代森锰锌可湿性粉剂 600～800 倍液，或 25％溴菌腈微乳剂 1 500～2 500 倍液，或 65％丁香菌酯·代森联水分散粒剂 1 250～2 500 倍液、75％肟菌酯·戊唑醇水分散粒剂 4 000～6 000 倍液、10％苯醚甲环唑水分散粒剂 1 000～2 000 倍液，每隔 10～15 d 喷 1 次。

(二)桃炭疽病

1. 为害症状

桃炭疽病(*Colletotrichum gloeosporioides* Penz.)主要为害果实，也能侵

图 13-1　桃树疮痂病（果实症状）

染新梢、叶片[6]。幼果染病，果面暗褐色，停止发育，逐渐萎缩硬化，形成僵果残留于枝上。果实膨大期染病，果面初呈淡褐色水渍状病斑，随着果实膨大病斑也逐渐扩大，变为红褐色圆形或椭圆形凹陷斑（图 13-2），并具明显的同心环纹状皱纹。当湿度大时，病部产生橘红色黏质小粒点。

图 13-2　桃炭疽病（果实症状）

2. 防治方法

早春桃芽萌动前喷 1 次 45% 晶体石硫合剂 30 倍液＋0.3% 五氯酚钠。落花后，喷 25% 咪鲜胺乳油 500～1 000 倍液、75% 唑醚·甲硫灵可湿性粉剂 1 000～1 200 倍液或 12.5% 氟环唑悬浮剂 1 500～2 400 倍液、50% 嘧菌酯悬浮剂 1 600～2 000 倍液、22.5% 啶氧菌酯悬浮剂 1 500～2 000 倍液，间隔 10 d 左右喷 1 次，连喷 2～3 次。需要注意的是，嘧菌酯不可与乳油或有机硅类增效剂混合使用。

(三)桃褐腐病

1. 为害症状

桃褐腐病（*Monilinia laxa*）主要为害果实、花、叶和枝梢。整个生育期果实均可被害，但以近成熟期和贮藏期受害较重。

果实染病，初生褐色圆形病斑，病部果肉变褐腐烂，病斑扩展迅速，病斑表面产生黄白色或灰褐色绒状霉层（图 13-3），初呈同心轮纹状排列。后期病果全部腐烂，失水干缩形成僵果，僵果常悬挂在枝上经久不落。

图 13-3　桃褐腐病（果实症状）

花器染病，先侵染花瓣和柱头，初生褐色水渍状斑点。气候潮湿时，病花迅速腐烂，表面产生灰色霉状物。若天气干燥，病花则干枯萎缩。

2. 防治方法

于花前、花后各喷 1 次 50% 可灭丹可湿性粉剂 1 000 倍液，或于发芽前 1 周喷 5°Bé 石硫合剂加 0.3%~0.5% 五氯酚钠或 45% 晶体石硫合剂 30 倍液。发病初期至采收前 3 周喷 10% 小檗碱盐酸盐可湿性粉剂 800~1 000 倍液、10% 苯醚甲环唑水分散粒剂 1 000~2 000 倍液或 38% 唑醚·啶酰菌水分散粒剂 1 500~2 000 倍液。发病严重的桃园，可间隔 15 d 喷 1 次，采收前 3 周停止喷药。

(四)桃菌核病

1. 为害症状

桃菌核病（*Sclerotinia sclerotiorum*）主要为害花瓣，开始时产生褐色水渍状斑点，然后迅速蔓延至全花，使花变褐枯萎；湿度大时，病花迅速腐烂，花瓣表面产生大量茂密的白色菌丝（图 13-4）；为害叶片时，多从叶片的基部向叶尖发展，呈水渍状扩展，引起桃树叶片枯萎。

图 13-4　桃菌核病

2. 防治方法

发芽前全园喷施 1 次 3~5°Bé 石硫合剂或 95% 精品素利巴尔 100~200 倍液，铲除树上的病原菌；花前 3~5 d 开始喷药防病，可用 50% 扑海因可湿性粉剂 1 000~1 500 倍液，70% 甲基托布津可湿性粉剂 1 000~1 200 倍液，80% 多菌灵可湿性粉剂 800~1 000 倍液或 40% 多硫悬浮剂 400 倍液，每隔 10 d 左右防治 1 次。

二、叶部病害

(一) 桃树褐斑穿孔病

1. 为害症状

桃树褐斑穿孔病（*Cercospora circumscisa*）主要为害叶片，也为害新梢和果实。叶片染病，初生圆形或近圆形病斑，边缘紫色，略带环纹；后期病斑上长出灰褐色霉状物，中部干枯脱落，形成穿孔，穿孔的边缘整齐，穿孔多时叶片脱落（图 13-5）。

2. 防治方法

在桃树落叶后及春季发芽前，全园喷 1 次 3~5°Bé 石硫合剂并加入 200~300 倍的五氯酚钠；落花后喷药，喷 60% 唑醚·代森联水分散粒剂 1 000~2 000 倍液、325 g/L 苯甲·嘧菌酯悬浮剂 1 500~2 000 倍液。以上药剂可轮换使用，每隔 10~15 d 用药 1 次。应在发病初期用药和雨前用药。

图 13-5　桃树褐斑穿孔病

(二)桃树细菌性穿孔病

1. 为害症状

桃树细菌性穿孔病[*Xanthomonas campestris* pv. pruni(Smith) Dye]主要为害叶片,也能侵染果实和枝梢。叶片染病,初在叶背近叶脉处产生淡褐色水渍状斑点,病斑扩大后成紫褐色至黑褐色圆形或不规则病斑,边缘角质化,病斑周围有水渍状黄绿色晕环。最后病斑干枯,病健交界处产生一圈裂纹,病斑中央组织脱落而形成穿孔(图 13-6)。

图 13-6　桃树细菌性穿孔病

2. 防治方法

于发芽前喷 5°Bé 石硫合剂或 45% 晶体石硫合剂 30 倍液或 1:1:100 等量式波尔多液。发芽后可喷 45% 春雷·喹啉铜悬浮剂 2 000～3 000 倍液或 40% 噻唑锌悬浮剂 600～1 000 倍液、40% 戊唑·噻唑锌悬浮剂 800～1 200 倍液、20% 噻菌铜悬浮剂 300～700 倍液,每 45 d 喷 1 次,共喷 2～3 次。

三、枝干病害

(一)桃树侵染性流胶病

1. 为害症状

桃树侵染性流胶病(*Botryosphaeria ribis* Tode Gross. et Dugg.)主要为害枝干,也可侵染果实。嫩枝染病,初期产生以皮孔为中心的疣状小突起,逐渐扩大形成瘤状物,其上散生针头状小黑点。当年不发生流胶现象,翌年5月上旬病斑扩大,瘤皮开裂溢出树脂,初为无色半透明有黏性的软胶,不久变为茶褐色,变硬呈结晶状,吸水后膨胀成胨状的胶体(图13-7)。病菌在枝干表皮内为害或深达木质部,受害处变褐坏死,病斑大量流胶致枝干枯死,树体早衰。

图 13-7 桃树侵染性流胶病

2. 防治方法

萌芽前用"抗菌剂402"100倍液涂刷病斑,杀灭越冬病菌,减少初侵染源。开花前刮去胶块,用50亿CFU/g多粘类芽孢杆菌可湿性粉剂1 000~1 500倍液涂抹。生长期可喷洒50%多菌灵可湿性粉剂800~1 000倍液或43%戊唑醇悬浮剂4 000~6 000倍液、10%苯醚甲环唑水分散粒剂1 500~2 000倍液,配合2%春雷霉素水剂800倍液叶面喷雾,10~15 d喷1次,共喷3~4次。

(二)桃树非侵染性流胶病

1. 为害症状

桃树非侵染性流胶病(*Peach tree gummosis*)属生理性流胶病,主要为害主干和主枝桠杈处,小枝条、果实也可被害。早春树液流动时开始发病,5月下旬至6月下旬为第一次发病高峰,8~9月为第二次发病高峰。随气温下降逐渐减轻至停止。病部流出半透明状黄色树胶,雨后流胶现象尤其严重。

2. 防治方法

于花后和新梢生长期各喷 1 次浓度为 2 000~3 000 mg/kg 的比久溶液抑制桃树生长,或喷 0.01%~0.1% 矮壮素促进枝条早成熟预防流胶。及早防治桃树上的介壳虫、蚜虫等害虫。冬春季树干涂白,预防冻害和日灼伤。早春发芽前将流胶部位病组织刮除,并涂 45% 晶体石硫合剂 30 倍液。还可用 50% 甲基硫菌灵·硫磺悬浮剂 800 倍液或 50% 多菌灵可湿性粉剂 800 倍液、50% 异菌脲可湿性粉剂 1 500 倍液或 50% 腐霉利可湿性粉剂 2 000 倍液防治,效果较好。

第三节 主要害虫

据《中国果树志》记载,桃有害虫 463 种。蛀果类害虫主要有桃蛀螟、梨小食心虫,桃小食心虫在早熟桃区发生并不普遍,但疏于管理可能会造成绝收的局面。为害叶片的害虫以蚜虫、红蜘蛛最为严重,桃潜叶蛾在某些年份会大发生造成落叶,近年桃粉蚜有上升趋势,叶蝉类是生长季后期的主要害虫。枝干害虫以红颈天牛危害性最大,能对成龄果园造成毁灭性危害,此外还有多种介壳虫,其中桑白蚧发生普遍,朝鲜球坚蚧、草履蚧在局部为害严重。

一、果实害虫

(一)梨小食心虫

1. 形态特征

梨小食心虫(*Grapholitha molesta* Busck)成虫体长 6~7 mm,翅展 13~14 mm,灰褐色。卵圆形,扁平,初产乳白色,后变淡黄色,老熟幼虫体长 10~13 mm,粉红色,胸部和腹面色淡,头褐色,尾部有臀栉 4~7 个,幼虫身体表面比桃小食心虫光滑。

2. 防治方法

(1)尽量避免桃梨混栽,防止造成适宜的繁殖条件。

(2)诱杀成虫。前期可用性诱剂加糖醋液诱杀成虫,也可用性诱剂加农药制成诱杀器,每公顷放置 225 个左右控制为害。

(3)喷药防治,用性诱剂诱捕器测报成虫发生高峰,每公顷放置 1 个诱捕

图 13-8 梨小食心虫为害桃梢

器,当平均每日每诱捕器诱蛾达 50 头左右时,每 3 d 查 1 次卵,卵梢率达 1%时开始喷药。可用 20%杀灭菊酯乳油 2 500 倍液、2.5%溴氰菊酯乳油 2 500 倍液、5%高效氯氟氰菊酯乳油 2 000~3 000 倍液喷雾。

(二)桃蛀螟

1. 形态特征

桃蛀螟(*Conogethes punctiferalis* Guenée)成虫体长约 12 mm,翅展 25 mm 左右,全体橙黄色,身体及翅面散生黑斑数十个。卵椭圆形,初产乳白色,后变黄红色。老熟幼虫体长约 25 mm,淡红色,前胸背板褐色,体节各生有 8 个明显的褐斑。蛹长约 13 mm,长椭圆形,黄褐色。

图 13-9 桃蛀螟幼虫为害桃果实

2. 防治方法

(1)冬季及时处理向日葵、玉米秸等作物的遗株,消灭越冬虫源。
(2)及时摘除虫果和捡拾落果,减少再次为害虫源。

(3)在 5 月上旬开始用性诱剂测报成虫发生高峰，并结合查卵，当卵果率达 1% 时，及时喷药防治。可用 20% 杀灭菊酯乳油 2 500 倍液喷雾，当需要同时防治食心虫和红蜘蛛时，可改为 20% 甲氰菊酯乳油 2 000 倍液，或 10% 联苯菊酯乳油 4 000~5 000 倍液，5% 高效氯氟氰菊酯乳油 2 500 倍液喷雾。在没有性诱剂测报的条件下，上年发生严重时，可在麦收前 10 d、麦收时连喷 2 次上述药剂；发生较轻时，仅需麦收前 1 周喷 1 次药。第二代发生高峰和第一代间隔约 35 d，最好结合查卵，适时进行防治。

(三)茶翅蝽

1. 形态特征

茶翅蝽（*Halyomorpha halys* Stal）成虫体长约 15 mm，宽约 8 mm，扁圆形，背部灰褐色带紫色光泽，腹面黄褐色。卵圆筒形，灰白色，常 20 余粒排成卵块，近孵化时变为黑褐色，卵顶有盖。若虫与成虫体型相似，无翅，在腹部背面各节两侧各有一黑斑。

图 13-10　茶翅蝽成虫

2. 防治方法

(1)秋季成虫将进入越冬时诱杀，可在果园周围搭盖秸秆草棚诱集大量成虫，天冷时集中处理。

(2)靠近村庄、房屋的果园，在成虫出蛰期要注意防治，可用 20% 灭多威乳油 2 500 倍液混加 2.5% 溴氰菊酯乳油 3 000 倍液喷雾。

(3)麦收后及时检查卵孵化情况，在大部分卵孵化后可用 80% 敌敌畏乳油 1 500 倍液、50% 马拉硫磷乳油 1 500 倍液，混加 2.5% 溴氰菊酯乳油 3 000 倍液或 5% 高效氯氟氰菊酯乳油 3 000 倍液喷雾。周围有防护林时，最好一起喷药。

(四)白星花金龟

1. 形态特征

白星花金龟(*Protaetia brevitarsis* Lewis)成虫体长 20~24 mm，体紫铜色，前胸背板及鞘翅有 10 多个不规则的白斑。

图 13-11　白星花金龟为害果实

2. 防治方法

(1)在使用有机肥，特别是鸡粪时，应先进行药剂处理，可用 40% 甲基异硫磷乳油，或 50% 辛硫磷乳油 300 倍液对有机肥喷雾，边喷雾边翻搅，然后粪堆表面封土发酵腐熟，消灭粪中幼虫。

(2)在成虫发生期诱杀，可用糖：醋：水为 1：4：16 的糖醋液，挂于田间诱集成虫。

(3)成虫为害时也可喷药防治，使用 2.5% 功夫乳油 2 000 倍液、80% 敌敌畏乳油 1 000 倍液喷雾。

(4)果实套袋，在果实生理落果期过后，用纸袋或塑料袋对果实套袋，可防治多种病虫害。

(五)橘小实蝇

1. 形态特征

(1)成虫。橘小实蝇(*Bactrocera dorsalis* Hendel)体长 7~8 mm，全体深黑色和黄色相间。胸部共有鬃 11 对，多为黄褐色，包括肩板鬃 2 对，背侧鬃 2 对，前翅鬃 1 对，后翅鬃 2 对，中侧板鬃 1 对，翅侧片鬃 1 对，小盾前鬃 1 对，小盾端鬃 1 对。胸部背面大部分黑色，但黄色的 U 形斑纹十分明显。腹部黄色，第1节、第2节背面各有1条黑色横带，从第3节开始中央有1条黑色的纵带直抵腹端，构成明显的T形斑纹。雌虫产卵管发达，由3节组成。

(2)卵。梭形，长约1 mm，宽约0.1 mm，乳白色，尾端较钝圆。

(3)幼虫。蛆形，1龄幼虫体长1.2～1.3 mm，2龄幼虫体长2.5～5.8mm，3龄幼虫体长7～11 mm。

图 13-12　橘小实蝇成虫

2. 防治方法

(1)加强检疫。在柑橘销售季节，加强柑橘产地检疫，在北方注意果品批发市场检疫，发现疫情应立即组织销毁。不要堆放腐烂果品，特别是柑橘，要挖1 m以上深坑掩埋腐烂果品，杜绝传染源。

(2)摘除果实。发生实蝇的果园，果实要全部摘除，彻底清理果园腐烂果。用开水煮15 min以上，然后深埋，不能遗漏、散落。

(3)地面处理。在幼虫脱果期或者成虫羽化出土期，在果园地面全面喷洒50%辛硫磷乳油400倍液，杀灭脱果幼虫或出土成虫，间隔20 d喷1次，每代2次。

(4)诱杀成虫。树上可喷90%敌百虫晶体1 000倍液，并加入3%红糖、0.1%白酒，诱杀成虫。可以条带方式喷药，即隔5行喷5行，间隔7 d喷1次，高峰期连续喷3次。也可用糖、酒、醋、水以10∶3∶5∶50的比例配成诱杀液，装入盆中挂在树上，一般每30株挂4个即可，15 d换1次诱杀液，也可采用性诱剂甲基丁香酚诱杀雄虫防治。

(5)冬季深耕杀灭虫蛹。

(6)采用全套袋防虫。

二、叶部害虫

(一)桃蚜

1. 形态特征

桃蚜(*Myzus persicae* Sulzer)无翅成蚜体长约 2.5 mm，体色多变，有绿、黄绿、杏黄、褐红等色。有翅成蚜体长约 2 mm，头胸部黑色，腹部暗绿色。若虫与无翅成蚜体型相似，体色多变。越冬卵椭圆形，长约 0.7 mm，初为淡绿色，后变为灰黑色。

图 13-13　桃蚜为害状

2. 防治方法

(1)落花后大量卷叶前用 50%氟啶虫胺腈水分散粒剂 12 000 倍液或 22.4%螺虫乙酯悬浮剂 4 000 倍液均匀喷雾，有良好的防治效果。如果进行绿色食品、有机食品桃生产，可采用 95%机油乳剂 100 倍液、0.65%茴蒿素水剂 400~500 倍液喷雾，喷药时要适当增加喷水量。

(2)在秋季有翅蚜回迁到桃树上时，用塑料黄盘涂黏胶诱集。也可用前述药剂喷雾，以压低越冬基数。

(二)桃粉蚜

1. 形态特征

桃粉蚜(*Hyalopterus amygdali*)无翅成蚜体长约 2.3 mm，体绿色，被白粉。有翅成蚜体长约 2 mm，翅展 6.6 mm，头胸暗黄色，腹部黄绿色，体被白粉。若虫与无翅成蚜体型相似，只是较小，也是绿色被白粉。越冬卵椭圆形，长约 0.7 mm，初为淡绿色，后变为灰黑色。

图 13-14 桃粉蚜为害状

2. 防治方法

(1)落花后大量卷叶前用 50% 氟啶虫胺腈水分散粒剂 12 000 倍液或 22.4% 螺虫乙酯悬浮剂 4 000 倍液均匀喷雾,有良好的防治效果。

(2)在秋季有翅蚜回迁到桃树上时,用塑料黄盘涂黏胶诱集。也可用前述药剂喷雾,以压低越冬基数。

(三)桃瘤蚜

1. 形态特征

桃瘤蚜(*Tuberocephalus momonis* Matsumura)无翅成蚜体长约 2 mm,体色多变,有深绿色、黄绿色、黄褐色等。有翅成蚜体长约 1.8 mm,翅展约 5 mm,淡黄色至黄褐色,翅透明,脉黄色。若虫与无翅成蚜体型相似,只是较小。越冬卵椭圆形、黑色。

图 13-15 桃瘤蚜为害状

2. 防治方法

(1)落花后大量卷叶前用 50% 氟啶虫胺腈水分散粒剂 12 000 倍液或 22.4% 螺虫乙酯悬浮剂 4 000 倍液均匀喷雾,有良好的防治效果。

(2)在秋季有翅蚜回迁到桃树上时,用塑料黄盘涂黏胶诱集。也可用前述药剂喷雾,以压低越冬基数。

(四)山楂叶螨

1. 形态特征

山楂叶螨(*Tetranychus viennensis* Zacher)雌成螨体长约0.6 mm,卵圆形,4对足,分夏型和冬型,夏型深红色,冬型鲜红色。雄成螨体长约0.4 mm,腹部较尖,黄绿色。卵圆球形,浅黄白色。幼螨初产时为圆形,黄白色,取食后体变卵圆形,浅绿色,足3对。若螨卵圆形,淡绿色或浅橙黄色,足4对。

图13-16 山楂叶螨

2. 防治方法

(1)花芽膨大期喷洒5°Bé石硫合剂,消灭越冬成螨。

(2)落花后1周喷洒40%联苯肼酯悬浮剂2 000倍液或5%噻螨酮乳油2 000倍液。

(3)生产绿色食品、有机食品桃,可喷洒95%机油乳剂100倍液或10%浏阳霉素乳油1 000~1 500倍液、0.5%苦皮藤水剂500~1 000倍液。

(五)二斑叶螨

1. 形态特征

二斑叶螨(*Tetranychus urticae* Koch)雌成螨体长约0.5 mm,宽约0.3 mm,分夏型和冬型,夏型淡黄绿色,体背两侧各有1块暗绿色斑块,所以叫二斑叶螨;冬型橘红色。雄成螨体长约0.3 mm,宽约0.15 mm,体背扁平,略呈菱形,淡黄绿色。幼螨初孵化时圆形、黄白色,取食后在体背两侧出现2块黑色小斑块。若虫为长椭圆形,黄绿色,形同成螨。

2. 防治方法

(1)秋季清除树下落叶杂草,开春深翻树下土壤,减少越冬成螨。

(2)二斑叶螨为害严重的桃园,树下尽量不要套种花生、豆类等易发生二

图 13-17　二斑叶螨

斑叶螨的农作物,在树下有三叶草的桃园要及时对三叶草上的二斑叶螨进行防治。

(3)在 6 月发现有二斑叶螨要及时喷药防治。可用 40% 联苯肼酯悬浮剂 2 000 倍液或 5% 阿维菌素乳油 4 000 倍液或 5% 噻螨酮乳油 2 000 倍液。由于该螨的抗药性较强,卵又很难杀死,因此上述药剂的防效一般只能维持 10 d 左右,建议喷药后 7~10 d 补喷 1 次,这样才能较彻底地防治。

(4)科学合理使用农药,在二斑叶螨发生期尽量少用菊酯类药物,尽可能地保护田间的二斑叶螨天敌,如塔六点蓟马、中华草蛉、晋草蛉、深点食螨瓢虫、黑襟毛瓢虫等。

(六)苹小卷叶蛾

1. 形态特征

苹小卷叶蛾(*Adoxophyes orana* beijingenisis Zhou et Fu)成虫体长 6~9 mm,黄褐色,静止时呈古钟形,前翅中带浓褐色,呈 H 形,卵聚产成块,数十粒排成鱼鳞状,淡黄色。老熟幼虫体长 13~18 mm,翠绿色,前胸背板淡黄色,可区别于苹大卷叶蛾。

图 13-18　苹小卷叶蛾幼虫为害状

2. 防治方法

(1)发芽前用 80% 敌敌畏乳油 100 倍液刷老剪锯口,杀灭越冬幼虫。

(2)成虫发生期可在果园挂糖醋液诱杀成虫,也可在各代成虫产卵期释放赤眼蜂,一般情况下不用专门喷药防治。

(3)为害严重时,可在成虫发生期喷洒20%氰戊菊酯乳油2 000倍液,卵孵化高峰期喷洒20%虫酰肼悬浮剂1 000倍液防治。

(七)桃潜叶蛾

1. 形态特征

桃潜叶蛾(*Lyonetia clerkella* Linnaeus)成虫体长约3 mm,翅展约6 mm,体银白色,前翅狭长,有长缘毛,翅顶端有黑色斑纹。幼虫体长约6 mm,淡绿色。幼虫脱出后结"工"字形外茧,悬吊1个长椭圆形白色丝茧,幼虫居内化蛹。

图13-19 桃潜叶蛾成虫

2. 防治方法

(1)冬季彻底清除落叶,消灭越冬蛹。

(2)成虫发生期喷药,可用25%灭幼脲3号悬浮剂2 000倍液,或20%杀铃脲乳油8 000倍液喷雾,要在发生前期进行喷药,为害严重时再喷药既浪费药,效果也不好。

(八)绿盲蝽

1. 形态特征

绿盲蝽(*Apolygus lucorum* Meyer-Dür)成虫体长约5 mm,宽约2.2 mm,绿色,密被短毛。头部三角形,黄绿色,复眼黑色突出,无单眼,触角4节丝状,较短,约为体长的2/3,第2节长等于第3、第4节长之和,向端部颜色渐深,1节黄绿色,4节黑褐色。前胸背板深绿色,布有许多小黑点,前缘宽。小盾片三角形微突,黄绿色,中央具1浅纵纹。前翅膜片半透明暗灰色,余绿色。足黄绿色,胫节末端、跗节色较深,后足腿节末端具褐色环斑,雌虫后足腿节较雄虫短,不超腹部末端,跗节3节,末端黑色。卵长约1 mm,黄绿色,长口袋形,卵盖奶黄色,中央凹陷,两端突起,边缘无附属物。若虫5龄,与成虫相似。初孵时绿色,复眼桃红色。2龄黄褐色,3龄出现翅芽,4龄超过第1腹节,2、3、4龄触角端和足端黑褐色,5龄后全体鲜绿色,密被黑细毛;触角淡黄色,端部色渐深。眼灰色。

图13-20　绿盲蝽

2. 防治方法

(1)早春越冬卵孵化前,剪除上年修剪的老剪口枝头,清除棉田及附近杂草。当卵已孵化,则应在越冬虫源寄主上喷洒40%毒死蜱乳油1 500倍液,可减少越冬虫源。

(2)成株期使用25%噻虫嗪水分散粒剂5 000倍液或50%氟啶虫胺腈水分散粒剂10 000倍液均匀喷雾。

三、枝干害虫

(一)桑白蚧

1. 形态特征

桑白蚧(*Pseudulacaspis pentagona* Targioni-Tozzetti)雌成虫体长约1 mm,橘黄色,体上被灰白色扁圆形介壳,介壳直径2~2.5 mm,壳点黄褐色,偏向一边。雄虫体长0.65~0.7 mm,翅展1.3 mm左右,橘红色。初孵若虫淡黄色,体长椭圆形,扁平。会爬行,从雌虫介壳下钻出扩散,而后固定位置为害,分泌蜡质逐渐成壳，雌雄逐渐分化。雄虫介壳白色，细长，背面有3条纵脊，壳点橘黄色，位于一端。卵长椭圆形，长约0.3 mm，初产粉红色，近孵化时变为橘红色。雄虫有蛹阶段，裸蛹，橙黄色，长约0.6 mm。

图 13-21　桑白蚧为害状

2. 防治方法

（1）局部发生时，可在春季发芽前用钢丝刷或硬毛刷清除枝干上的介壳虫。

（2）花芽膨大期，喷洒5°Bé石硫合剂或98.8%机油乳剂50倍液。

（3）在麦收前15 d左右，检查介壳下卵孵化完毕后及时喷药，可喷98.8%机油乳剂100倍液、25%噻嗪酮可湿性粉剂800~1 000倍液防治。也要检查介壳下卵孵化情况，要在卵基本孵化完毕喷药才会获得较好的效果。对于极早熟品种桃，要在果实采收完毕后用药。

（4）尽力保护桑白蚧的天敌，主要天敌有红点唇瓢虫，它能很好地抑制介壳虫的泛滥。

（二）朝鲜球坚蚧

1. 形态特征

朝鲜球坚蚧（*Didesmococcus koreanus* Borchsenius）雌虫体近球形，直径约4.5 mm。雌成虫性成熟期介壳黄褐色，体表布白色蜡粉，并有深褐色斑纹，体背后侧分泌水滴状蜜露珠，招引雄虫交尾；中后期体色逐渐加深，变为赤褐色或暗红色。雄成虫体长约2 mm，赤褐色，有半透明翅1对，雄介壳长椭圆形。卵在雌介壳下，圆形、橘红色。若虫刚从卵里孵化出来时为橘红色，有足、会爬行，后定位为害，并分泌蜡质逐渐成壳，雌雄逐渐分化。雄虫有蛹期，裸蛹。

图 13-22 朝鲜球坚蚧

2. 防治方法

(1) 早春花芽膨大期喷 5°Bé 石硫合剂，或 98.8% 机油乳剂 50 倍液。

(2) 麦收后检查介壳下卵孵化完毕后及时喷药，可喷 98.8% 机油乳剂 100 倍液、45% 马拉硫磷 800 倍液或 25% 噻嗪酮可湿性粉剂 800~1 000 倍液。对于早熟品种桃，要在果实采收完毕后用药。

(3) 尽力保护球坚蚧的天敌，天敌主要有黑缘红瓢虫，一般有介壳虫的地方都有黑缘红瓢虫，它能很好地抑制介壳虫的泛滥。

(三)草履蚧

1. 形态特征

草履蚧(*Drosicha corpulenta* Kuwana)成虫体长 10 mm 左右，椭圆形，背面隆起形状似草鞋状，体黄褐色，被有稀薄的白蜡粉，触角黑色被细毛，具胸足 3 对，雄虫体长 5~6 mm，翅展 9~11 mm，头胸黑色，腹部紫红色，触角念珠状，前翅紫黑色，前缘略带红色，后翅转化为平衡棒，若虫体型和成虫相似，但颜色略深。

图 13-23 草履蚧

2. 防治方法

（1）雌成虫下树时，在树干周围挖坑，内放杂草诱集产卵，然后集中处理。

（2）在春节前树干绑杀虫带防止小幼虫上树，在树干下部光滑处先绑 5 cm 宽的塑料带，下缘内折防止幼虫从下面爬过，然后在塑料带的下缘涂 2 cm 宽的长效杀虫药膏，每米长度涂 6 g 左右，间隔 30 d 再涂 1 次即可。

（3）幼虫上树以后，可用 25% 噻嗪酮可湿性粉剂 800～1 000 倍液或 100 g/L 吡丙醚乳油 1 000 倍液喷雾防治。

（四）桃红颈天牛

1. 形态特征

桃红颈天牛（*Aromia bungii* Faldermann）成虫体长 26～37 mm，除前胸为深红色外，其余均为漆黑色，有光泽。卵长椭圆形，长约 1.5 mm，乳白色。幼虫初孵化时为乳白色，老幼虫淡黄白色，体长 40～50 mm，头黑色。蛹为裸蛹，长 32～45 mm。

图 13-24　桃红颈天牛成虫

2. 防治方法

（1）捕杀成虫，6 月成虫发生多时，于中午前后在树干、主枝附近捕捉成虫杀灭。

（2）树干涂白，6 月以前，用生石灰 10 份、硫黄粉 1 份、水 40 份加食盐少许制成白涂剂刷树干、大枝，防止成虫产卵。

（3）幼虫孵化期，注意检查枝干，发现蛀入小幼虫时，用铁丝钩杀。

（4）熏杀大幼虫，清理排粪孔处粪便，塞入 0.1 g 磷化铝片，用泥堵孔。树干上蛀孔多时，塞药后可用塑料膜包扎树干。产生的磷化氢气体可熏杀干内深处大幼虫。

参 考 文 献

[1] 孙广宇，宗兆锋. 植物病理学实验技术[M]. 北京：中国农业出版社，2002.
[2] 陈汉杰，周增强. 桃病虫防治原色图谱[M]. 郑州：河南科学技术出版社，2012.
[3] 陈建军，牛茹萱. 甘肃兰州桃树流胶病的发生现状及防治措施[J]. 中国果树，2015（2）：74-76.
[4] 俞明亮，王力荣，王志强，等. 新中国果树科学研究 70 年——桃[J]. 果树学报，2019，36(10)：1283-1291.
[5] 聂继云. 我国果树上禁用、撤销或停止受理登记的农药及原因分析[J]. 中国果树，2018(3)：105-108.
[6] 吕佩珂，苏慧兰，庞震，等. 中国果树病虫原色图谱[M]. 北京：华夏出版社，2002.

第十四章　桃病毒病及其防控

桃是我国重要的经济果树，在我国大部分地区广泛栽培。桃树生长过程中会遭受各种病毒的侵染，桃病毒病严重影响了桃产业的正常发展。目前，国内外报道的侵染桃的病毒已超过 35 种，而我国桃树上已报道的病毒有 15 种，主要的病毒有苹果褪绿叶斑病毒、李属坏死环斑病毒、樱桃绿环斑驳病毒、李矮缩病毒、杏伪褪绿叶斑病毒、李树皮坏死茎痘伴随病毒、油桃茎痘相关病毒，主要的类病毒有桃潜隐花叶类病毒和啤酒花矮化类病毒。

第一节　国内桃树病毒研究现状

我国对桃树病毒的研究集中于发生分布调查、新种鉴定和病毒的序列分析等方面。在病毒检测和鉴定方面，除传统的 RT-PCR、ELASA、分子杂交等检测方法外，随着近年高通量测序技术在病毒鉴定中的应用，我国桃树病毒的鉴定也取得了较大的进展。目前，我国桃树上已报道的病毒有 15 种，类病毒 2 种(表 14-1)。

牛飞庆等(2012)对苹果褪绿叶斑病毒、樱桃绿环斑驳病毒和李属坏死环斑病毒在我国的发生分布、分离物鉴定等方面作了详细的研究，并首次报道了中国的杏伪褪绿叶斑病毒株系。研究发现，我国苹果褪绿叶斑病毒的分离物主要分为两大分支：分支Ⅰ和以 Ta Tao5 为主的分支Ⅱ，分支Ⅰ又根据氨基酸序列的不同分为 P205 和 B6 两个分支(Niu 等，2012)。Zhou 等(2018)利用高通量测序技术鉴定到桃褪绿叶斑病毒，其基因组序列与苹果褪绿叶斑病毒的分离物序列有较大的分歧，为桃病毒新种。王丽辉等(2012)分离得到了来自中国桃树中的两条樱桃绿环斑驳病毒的全长序列，占 GenBank 上樱桃绿环斑驳病毒全基因组序列条数的 1/3。Qu 等(2014)系统研究了我国李树皮坏死茎痘伴随病毒不同分离物的遗传变异和分子特征。Lu 等(2017)首次报道了

表 14-1 我国桃树上已报道的病毒和类病毒

序号	病毒或类病毒名称	缩写	参考文献
1	李属坏死环斑病毒(*prunus necrotic ring spot virus*)	PNRSV	李青等，1996
2	苹果褪绿叶斑病毒(*apple chlorotic leaf spot virus*)	ACLSV	阮小凤等，1998
3	李矮缩病毒(*prune dwarf virus*)	PDV	阮小凤等，1998
4	樱桃绿环斑驳病毒(*cherry green ring mottle virus*)	CGRMV	Zhou 等，2011
5	李树皮坏死茎痘伴随病毒(*plum bark necrosis stem pitting-associated virus*)	PBNSPaV	Cui 等，2011
6	杏伪褪绿叶斑病毒(*apricot pseudo-chlorotic leaf spot virus*)	APCLSV	Niu 等，2012
7	樱桃坏死锈状斑驳病毒(*cherry necrotic rusty mottle virus*)	CNRMV	Zhou 等，2013
8	油桃茎痘相关病毒(*nectarine stem-pitting-associated virus*)	NSPaV	Lu 等，2017
9	桃叶痘相关病毒(*peach leaf pitting-associated virus*)	PLPaV	He 等，2017
10	桃相关黄症病毒属病毒(*peach-associated luteo virus*)	PaLV	Zhou 等，2018
11	桃褪绿叶斑病毒(*peach chlorotic leaf spot virus*)	PCLSV	Zhou 等，2018
12	桃病毒 D(*peach virus D*)	PeVD	Xu 等，2019
13	亚洲李属病毒 1(*asian prunus virus 1*)	APV1	Xu 等，2019
14	亚洲李属病毒 2(*asian prunus virus 2*)	APV2	Xu 等，2019
15	桃病毒 1(*peach virus 1*)	PeV1	Zhou 等，2020
16	桃潜隐花叶类病毒(*peach latent mosaic viroid*)	PLMVd	阮小凤等，1998
17	啤酒花矮化类病毒(*hop stunt viroid*)	HSVd	周莹等，2006

油桃茎痘相关病毒在我国桃树上的侵染，随后，杨丽娟等(2020)对油桃茎痘相关病毒中国分离物基因组的分子特征进行了分析。通过高通量测序技术，He 等(2017)鉴定到乙型线形病毒科的新病毒——桃叶痘相关病毒；Zhou 等(2020)鉴定到一种负义单链 RNA 病毒——桃病毒 1；Xu 等(2019)比较了不同症状油桃样品中的病毒群体差异，首次报道桃病毒 D、亚洲李属病毒 1 和亚洲李属病毒 2 的侵染，并在单株树上鉴定了 8 种病毒和 1 种类病毒的复合侵染。

第十四章 桃病毒病及其防控

一、我国桃树主要病毒病和类病毒病

中国农业科学院植物保护研究所分子病毒组对中国桃树的主要病毒和类病毒的发生分布进行了大规模研究，初步摸清了我国桃产区病毒病及类病毒病的发生分布情况。

2011年3月至2012年8月，从我国12个桃产区共采集桃树样品505份：河北193份，甘肃90份，山东60份，河南48份，云南36份，四川22份，北京19份，江苏17份，福建9份，湖北6份，辽宁3份，山西2份。对这些样品进行了苹果褪绿叶斑病毒、樱桃绿环斑驳病毒、李属坏死环斑病毒、杏伪褪绿叶斑病毒、李矮缩病毒、苹果花叶病毒（apple mosaic virus，ApMV）、李痘病毒（plum pox virus，PPV）、樱桃病毒A（cherry virus A，CVA）和樱桃卷叶病毒（cherry leaf roll virus，CLRV）等9种病毒的ELISA和RT-PCR检测。结果显示：共有126份桃样品感染病毒，病毒感染率达25.0%。在检出的4种阳性病毒中，苹果褪绿叶斑病毒89份，检出率最高，为17.6%；李属坏死环斑病毒25份，检出率为5.0%；樱桃绿环斑驳病毒10份，检出率为2.0%；杏伪褪绿叶斑病毒2份，检出率最低，为0.4%。没有检测到苹果花叶病毒、李痘病毒、李矮缩病毒、樱桃病毒A和樱桃卷叶病毒。苹果褪绿叶斑病毒和樱桃绿环斑驳病毒混合感染的样品8份，苹果褪绿叶斑病毒和李属坏死环斑病毒、苹果褪绿叶斑病毒和杏伪褪绿叶斑病毒混合感染的样品分别检测到1份。从地理分布看，苹果褪绿叶斑病毒分布区域较广，在山东境内发生率较高；樱桃绿环斑驳病毒发生区域主要在山东、甘肃和福建；李属坏死环斑病毒在河南发生率最高；杏伪褪绿叶斑病毒目前仅在山东境内检测到。从检测结果来看，山东是病毒发生率最高的省份，在检测的样品中，病毒侵染率达58.3%；其次是四川，为45.4%；云南为36.1%；甘肃为21.1%（Yu等，2013）。在随后几年的监测中，发现李树皮坏死茎痘伴随病毒及一些近年我国新报道的油桃茎痘相关病毒、桃病毒D的检出率也较高，118份样品中，李树皮坏死茎痘伴随病毒检出率为27%，油桃茎痘相关病毒为25%，桃病毒D为31%。

此外，2010—2012年从我国9个桃产区采集桃样品583份：河南486份，北京58份，陕西20份，福建5份，甘肃5份，河北4份，新疆3份，山东1份，广西1份。对这些样品进行桃潜隐花叶类病毒和啤酒花矮化类病毒两种类病毒的斑点杂交和RT-PCR检测，结果表明，443份样品呈现桃潜隐花叶类病毒阳性，感染率达76.0%；18份样品呈现啤酒花矮化类病毒阳性，感染率为3.1%。

考虑到目前采集样品的地点和检测样品数量仍然有限，因此，对我国桃树上病毒的分布情况还需进一步调查。

二、桃树病毒和类病毒的危害

许多桃栽培品种感染强致病性苹果褪绿叶斑病毒分离物后减产30%～40%(Cembali等，2003；Nemchinov等，1995；Wu等，1998)。李属坏死环斑病毒在苗圃里引起严重的病害，使得树体在花芽期和生长期长势不一致，并且导致花芽和根的死亡，坐果率减少10%～30%，果实产量减少20%～60%，果实成熟延迟，果实品质降低，并使果树对严寒天气更加敏感。接穗和砧木感染李属坏死环斑病毒时会导致发芽率降低(Lang等，1998)。李树痘病对核果类果树的危害很大，给很多国家和地区造成了巨大的经济损失(Dunez等，1988；Nemeth，1994)。该病害对桃树、杏树和李树等李属果树的危害尤为严重，不仅引起果实品质下降，还会导致未成熟果实大量脱落，致使产量严重降低，高感果树减产甚至达80%～100%(Kegler等，1998)，但目前我国仅在梅树和杏树上检测到李痘病原。田间李树皮坏死茎痘伴随病毒侵染的某些桃树可表现为枝干流胶、开裂、坏死、茎痘，树势下降，果实畸形、成熟期延长等症状(Qu等，2014)。Bag等(2015)研究发现，感染油桃茎痘相关病毒的桃树树根发育不良，叶片和树皮上没有明显的症状，但剥去树皮后，茎上木质体显示明显的点蚀凹痕，且这种点蚀仅在接穗的木质体中发现。但由于有其他病毒的复合侵染，这些症状是否是由油桃茎痘相关病毒引起的还有待考证。李矮缩病毒在桃树上会引起轻微的生长减缓、叶片暗绿、节间缩短，而与李属坏死环斑病毒混合侵染会引起桃矮化病；樱桃绿环斑驳病毒通常为潜隐性侵染，在多数核果类果树上不表现症状(Hadidi等，2011)。由于果树病毒多数为混合侵染，而且单一病毒分离纯化和生物学测定困难，多数病毒，如杏伪褪绿叶斑病毒、亚洲李属病毒1、桃病毒D、桃褪绿叶斑病毒、桃叶痘相关病毒、桃病毒1、桃相关黄症病毒属病毒、樱桃坏死锈状斑驳病毒等，在桃树上的为害症状尚不清楚。

桃潜隐花叶类病毒是桃树上重要的类病毒，在一些桃树品种上潜伏期可达5～7年，但在一些品种上从苗期即可表现明显症状。叶片表型有花叶、大面积白化、黄化；花瓣出现紫色裂纹；果实畸形、褪色、形成链状凹陷；树体稀疏，生长缓慢，开花、果实成熟延迟等(Flores等，2006；Navarro等，2012)。据报道，我国的葡萄、啤酒花、杏、李、柑橘、枣、桃和巴旦杏均已感染了啤酒花矮化类病毒(Zhou等，2006；杨元爱等，2006；周莹等，2006；Yang等，2006，2007；彭山等，2008)。在被检测的样品中，葡萄的感染率高达74.6%，柑橘、巴旦杏、李树、桃、杏和枣的感染率分别为35.0%、28.3%、22.1%、18.6%、13.1%和1.8%。

第二节 国外桃树病毒研究现状

目前通过RNAi技术使果树获得对于植物病毒的抗性，是国际上果树病毒领域的一大研究热点。美国、意大利等国的实验室已分别报道通过RNAi技术使李属植物获得对李属坏死环斑病毒(Song等，2013)、核果类果树对李痘病毒(Ilardi等，2013)的抗性。

针对以桃树为寄主的病毒，国外已报道了适用于这些病毒的分子检测的引物、分子杂交技术、RT-PCR检测方法及多重RT-PCR检测方法。Herranz等(2005)报道，通过分子克隆和串联几个病毒核酸序列，合成非同位素标记（地高辛标记）的多聚探针，能同时检测6种核果类的病毒，包括苹果花叶病毒、李矮缩病毒、美洲李线纹病毒(*american plum line pattern virus*，APLPV)、李痘病毒、李属坏死环斑病毒、苹果褪绿叶斑病毒。Sanchez-Navarro等(2005)研究了可同时检测杏潜隐病毒(*apricot latent virus*，ApLV)、苹果褪绿叶斑病毒、美洲李线纹病毒、李矮缩病毒、苹果花叶病毒、李属坏死环斑病毒、李痘病毒和李树皮坏死茎痘伴随病毒的多重RT-PCR检测体系。Hassan等(2006)报道了适用于苹果茎痘病毒(*apple stem pitting virus*，ASPV)、苹果茎沟病毒(*apple stem grooving virus*，ASGV)、苹果褪绿叶斑病毒和苹果花叶病毒检测的特异性引物及RT-PCR检测系统。Li等(2005)报道了一种改进的适用于樱CNRMV和樱桃绿环斑驳病毒检测的RT-PCR检测系统。Bouborakas等(2009)开发出了一种反转录环调节的等温线扩增(ER-LAMP)法用于快速准确地检测桃潜隐花叶类病毒。这些快速检测系统的建立将提高田间植物病毒的大规模检测效率。

在桃树类病毒的研究方面，国外学者主要对类病毒的序列结构特点作了较为深入的研究。Bolduc等(2010)利用小RNA深度测序的方法研究了桃树中来自桃潜隐花叶类病毒的siRNAs，分析了桃树中桃潜隐花叶类病毒的siRNAs的优势片段大小为21~22个核苷酸，在桃潜隐花叶类病毒的正链和负链上都有分布。同时研究发现，这些siRNAs片段可位于桃潜隐花叶类病毒基因组的各个位置，但是不同的siRNA在桃潜隐花叶类病毒基因组的位置分布上又具有偏好性。Dubé等(2010)研究发现桃潜隐花叶类病毒的正链和负链倾向于折叠成不同的二级结构。Motard等(2008)研究发现桃潜隐花叶类病毒复制起始位点位于正链和负链上对应的A50/C51和U284，这个起始位点具有高度特异性。Navarro 等(2012)研究证实，来源于白化叶片的桃潜隐花叶类病毒全序列中多出一段 12~14 nt 的相关序列，这个序列衍生的 sRNA 通过 RNA 沉默，导致桃的叶片和果实产生白化症状。

第三节　国内外研究差距

目前我国在桃树病毒病研究及防控方面与发达国家还存在较大的差距，主要表现在桃树病毒病种类的普查工作开展得不够。据报道，侵染桃树的病毒已经超过 35 种，而在 2016 年前我国报道的还不超过 10 种，虽然随着高通量测序技术的发展，在桃树病毒的鉴定方面有了很大的进展，但我国迄今已报道的病毒和类病毒仅有 17 种。如果进一步增加采样地点和采样数量，肯定还会鉴定到更多新的病毒病。

一些国家着重推广应用无病毒苗，实行无毒化生产。自加拿大夏地农业研究所的 Hansen(1985) 利用茎尖分生组织培养法脱除苹果褪绿叶斑病毒以来，许多研究者采用此法都已获得了无病毒苗木，已得到苹果(Paprstein 等，2008)、梨(Tan 等，2010)等多种果树的无病毒苗木。但国内目前有关果树无病毒研究的报道多是试验性的，或者只是就某一树种或某一病毒病进行研究，因此着重推广应用无病毒苗、实行无病毒化生产是下一阶段的主要任务。

病毒性病害不同于真菌和细菌性病害，一般使用化学药剂很难防治。因此，一旦果树染病只能将其砍伐。对病毒病害的防控一定要制定严格的检疫制度。在提高检测灵敏度的基础上加强对入境繁殖材料的检测。近年来各国控制李痘病毒传播的实践表明，仅依靠严格的检疫手段尚不能完全阻止李痘病毒的蔓延，必须采取其他的应对措施，如选育和利用抗病品种等。一定要重视这方面的工作，防患于未然。

引种及苗木进口的无秩序泛滥，不仅会导致病害的发生失控，还会导致人们对推广无毒苗木丧失信心。

第四节　桃树病毒病防控

防控桃树病毒病，应在预警、检测和脱毒等技术的基础上，创建综合防控技术体系，推广果树无毒栽培。

1. 培育和使用无病毒苗木

由于有些种类的桃病毒可通过带毒的繁殖材料、种子、花粉、虫媒介体传播，所以培育无病毒苗木、加强嫁接刀具等繁殖器械的消毒和加强病毒检测，使用无病毒繁殖材料，是确保桃树苗木低毒化和防止病毒病扩散的有效途径。

2. 强化检疫措施

地区间引种和材料交换日渐频繁，增加了病毒传播的机会，严格检疫是防止桃树病毒病从国外传入及在地区间传播蔓延的重要措施。

3. 及时控制毒源和自然传播介体

对刚传入本地区的危险性病毒，一经发现应立即拔除病株，清除周围可能感染病毒的杂草，大面积联防联控传毒虫媒。已经大面积发生、无法根除的病区，应设法隔离，防止通过虫媒介体或苗木向外传播。

4. 加强农业防治

创造不利于病虫害发生的条件，实施测土配方施肥，增施有机肥，合理修剪、合理负载，增强树势，提高树的抗病力。及时清除病虫枝、枯枝落叶、僵果、病果、老翘皮、树体附着物，将其深埋或烧掉。秋冬深翻果园，减少传染源。

第五节 脱毒技术研究进展

目前已报道的果树脱毒效率较高的技术有茎尖培养、热处理、化学处理、微茎尖嫁接以及低温处理脱除病毒等（Hu等，2015；邓晓云等，2002）。

茎尖培养繁育无病毒苗是生产中应用最广泛的一种方法。Barba等（1995）报道，可通过茎尖脱毒和组培进而嫁接来获得无桃潜隐花叶类病毒侵染的健康桃苗。微茎尖嫁接技术在病毒的脱除研究中也得到了广泛应用，柑橘是最早通过该技术获得无病毒苗木的果树（Navarro等，1975）。目前微嫁接成功的果树有杏、酿酒葡萄、桃、苹果和柑橘（陈冲等，2021）。自Kunkel（1936）发现热处理对桃树的黄化病和丛枝病有抑制作用后，逐渐建立了采用高温进行病毒脱除的技术。由于热处理的温度过高或化学处理的浓度过高都会造成处理植株的大量死亡，Hu等（2015）尝试通过热处理和化学处理相结合的方法对苹果中苹果褪绿叶斑病毒、苹果茎沟病毒和苹果茎痘病毒进行脱毒，结果表明，该方法比单独热处理脱毒的效率明显提高，植株的成活率也得到提高。低温疗法即低温脱毒技术，已经成功用于几种病毒的脱除。Wang等（2008）用玻璃化超低温法对葡萄病毒A进行脱毒，脱毒率达97%，而单独的分生组织培养脱毒率仅为12%。蔡斌华等（2008）首次利用玻璃化超低温法成功对草莓轻型黄边病毒（*strawberry mild yellow edge virus*，SMYEV）进行脱毒，脱毒率达95%。利用玻璃化超低温法脱除植物病毒，不仅避免了传统的茎尖培养脱毒在显微镜下切取茎尖的操作困难，而且脱毒率高，具有传统方法无法比拟的优点（Wang等，2009）。已有报道，采用低温处理可脱除桃树和梨树上的类病毒啤酒花矮化类病毒（EI-Dougdoug等，2010）。目前，我国已系统构建了柑橘、苹果、葡萄和梨等果树的无病毒良种繁育技术体系，并已制定了苹果和葡萄苗木脱毒技术规范的农业行业标准。但我国在果树脱毒技术研究方面起步较晚，脱毒技术和无病毒苗木培育尚处于试验、示范阶段。

无病毒栽培是当今果树的发展方向，因为：一方面病毒病对果业生产造成的危害已经引起各国的普遍重视，一些果品生产技术先进的国家为果树生产脱毒化做了大量工作；另一方面，各国对果品、苗木的进出口卫生检疫有了更高的标准，实现无病毒化栽培可以减少因检疫而引发的不必要的贸易纠纷，同时在无病毒化生产过程中尽快完善果树病毒检测检疫手段还可以防止带有危险性病毒的果品和苗木进入中国。因此，要发挥中国在国际果品市场上的竞争优势，建立无病毒苗木生产基地、基本实现无病毒化栽培、生产"绿色果品"就显得刻不容缓。

参 考 文 献

[1] 陈冲，曹贵寿，王国平，等．果树脱毒技术研究进展[J]．果树资源学报，2021，2(1)：72-75．

[2] 蔡斌华，张计育，渠慎春．通过玻璃化超低温处理脱除草莓轻型黄边病毒(SMYEV)研究[J]．果树学报，2008，25(6)：872-876．

[3] 邓晓云，王国平．梨病毒病研究新进展[J]．果树学报，2002，19(5)：321-325．

[4] 李青，覃兰英，李明福，等．酶联免疫法检测核果果树病毒[J]．北京农业科学，1996，14(4)：33-35．

[5] 牛飞庆．桃树上三种病毒的检测及序列分析[D]．福州：福建农林大学，2012．

[6] 彭山，郭瑞，姜冬梅，等．从吐鲁番古葡萄树上检测到4种类病毒（AGVd、GYSVd-1、GYSVd-2、HSVd）[J]．植物保护，2008，34(5)：95-100．

[7] 杨丽娟，许云霄，周俊，等．油桃茎痘相关病毒中国分离物基因组的分子特征分析[J]．植物保护学报，2020，47(1)：143-149．

[8] 阮小凤，周瑗月，马书尚，等．桃病毒病调查与检测研究[J]．西北农业学报，1998，7(3)：59-62．

[9] 杨元爱，李世访，成卓敏，等．杏和李树啤酒花矮化类病毒的检测与序列变异分析[J]．园艺学报，2006，33(6)：1193-1198．

[10] 周莹，李世访，成卓敏，等．桃树上啤酒花矮化类病毒（*Hop stunt viroid*）的检测及序列分析[J]．植物病理学报，2006，36(6)：501-507．

[11] Bag S, Al Rwahnih M, Li A, et al. Detection of a new luteovirus in imported nectarine

trees: a case study to propose adoption of metagenomics in post-entry quarantine[J]. Phytopathology, 2015, 105(6): 840-846.

[12] Barba M, Cupidi A, Loreti S, et al. In vitro micrografting: a technique to eliminate Peach latent mosaic viroid from peach[J]. Acta Horticulturae, 1995, 386: 531-535.

[13] Bolduc F, Hoareau C, St-Pierre P, et al. In-depth sequencing of the siRNAs associated with Peach latent mosaic viroid infection[J]. BMC Molecular Biology, 2010, 11: 16.

[14] Boubourakas I N, Fukuta S, Kyriakopoulou P E. Sensitive and rapid detection of Peach latent mosaic viroid by the reverse transcription loop-mediated isothermal amplification [J]. Journal of Virological Methods, 2009, 160(1/2): 63-68.

[15] Cembali T, Folwell R J, Wandschneider P, et al. Economic implications of a virus prevention program in deciduous tree fruits in the US[J]. Crop Protection, 2003, 22: 1149-1156.

[16] Cui H G, Hong N, Xu W X, et al. First report of Plum bark necrosis stem pitting-associated virus in stone fruit trees in China [J]. Plant Disease, 2011, 95 (11): 1483-1483.

[17] Dubé A, Baumstark T, Bisaillon M, et al. The RNA strands of the plus and minus polarities of Peach latent mosaic viroid fold into different structures[J]. RNA, 2010, 16 (3): 463-473.

[18] Dunez J, Sutic D. Plum pox virus[M]. Oxford(GB): European Handbook of Plant Disease, Blackwell, 1988: 44-46.

[19] El-Dougdoug K A, Osman M E, Abdelkade H S, et al. Elimination of Hop stunt viroid (HSVd) from infected peach and pear plants using cold therapy and chemotherapy[J]. Australian Journal of Basic and Applied Sciences, 2010, 4(1): 54-60.

[20] Flores R, Delgado S, Rodio M E, et al. Peach latent mosaic viroid: not so latent[J]. Molecular Plant Pathology, 2006, 7(4): 209-221.

[21] Hadidi A, Barba M. Economic impact of pome and stone fruit viruses and viroids[M]// Hadidi A, Barba M, Candresse T, et al. Virus and virus-like diseases of pome and stone fruits: St. Paul, MN, USA: APS Press, 2011: 1-7.

[22] Hansen A J, Lane W D. Elimination of Apple chlorotic leaf spot virus from apple shoot cultures by ribavirin[J]. Plant Disease, 1985, 69: 134-135.

[23] Hassan M, Myrta A, Polak J. Simultaneous detection and identification of four pome fruit viruses by one-tube pentaplex RT-PCR[J]. Journal of Virological Methods, 2006, 133(2): 124-129.

[24] He Y, Cai L, Zhou L, et al. Deep sequencing reveals the first fabavirus infecting peach [J]. Scientific Reports, 2017, 7(1): 11329.

[25] Herranz M C, Sanchez-Navarro J A, Aparicio F, et al. Simultaneous detection of six stone fruit viruses by non-isotopic molecular hybridization using a unique riboprobe or 'polyprobe'[J]. Journal of Virological Methods, 2005, 124: 49-55.

[26] Hu G, Dong Y, Zhang Z, et al. Virus elimination from in vitro apple by thermotherapy combined with chemotherapy[J]. Plant Cell Tissue and Organ Culture, 2015, 121: 435-443.

[27] Ilardi V, Nicola-Negri E D. Genetically engineered resistance to Plum pox virus infection in herbaceous and stone fruit hosts[J]. GM Crops, 2011, 2(1): 24-33.

[28] Kunkel L O. Heat treatments for the cure of yellows and other virus diseases of peach[J]. Phytopathology, 1936, 26(9): 809-830.

[29] Lang G, Howell W, Ophardt D. Sweet cherry rootstock/virus interactions[J]. Acta Horticulturae Sinica, 1998, 468: 307-331.

[30] Li R, Mock R. An improved reverse transcription-polymerase chain reaction(RT-PCR) assay for the detection of two cherry flexiviruses in Prunus spp. [J]. Journal of Virological Methods, 2005, 129(2): 162-169.

[31] Lu M G, Zhang C, Zhang Z X, et al. Nectarine stem-pitting-associated virus detected in peach trees in China[J]. Plant Disease, 2017, 101(3): 513-513.

[32] Motard J, Bolduc F, Thompson D, et al. The Peach latent mosaic viroid replication initiation site is located at a universal position that appears to be defined by a conserved sequence[J]. Virology, 2008, 373(2): 362-75.

[33] Navarro B, Gisel A, Rodio M E, et al. Small RNAs containing the pathogenic determinant of a chloroplast-replicating viroid guide the degradation of a host mRNA as predicted by RNA silencing[J]. The Plant Journal, 2012, 70(6): 991-1003.

[34] Navarro L, Roistacher C N, Murashige T. Improvement of shoot-tip grafting in vitro for virus-free citrus[J]. Journal of the American Society for Horticultural Science, 1975, 100(5): 471-479.

[35] Nemchinov L, Hadidi A, Chandresseb T, et al. Sensitive detection of Apple chlorotic leaf spot virus from infected apple or peach tissue using RT-PCR, IC-RT-PCR, or multiplex IC-RT-PCR. XVIth International Symposium on Fruit Tree Virus Diseases[J]. Acta Horticulturae, 1995, 386: 51-62.

[36] Nemeth M. History and importance of plum pox in stone-fruit production[J]. Bulletin OEPP/EPPO Bulletin, 1994, 24(3): 525-536.

[37] Niu F Q, Pan S, Wu Z J, et al. First report of Apricot pseudo-chlorotic leaf spot virus infection of peach in China[J]. Journal Plant Pathology, 2012, 94(4): 85.

[38] Niu F, Pan S, Wu Z, et al. Complete nucleotide sequences of the genomes of two isolates of Apple chlorotic leaf spot virus from peach(Prunus persica) in China[J]. Archives of Virology, 2012, 157(4): 783-786.

[39] Paprstein F, Sedlak J, Polak J, et al. Result of in vitro thermotherapy of apple cultivars[J]. Plant Cell Tissue and Organ Culture, 2008, 94: 347-352.

[40] Qu L, Cui H, Wu G, et al. Genetic diversity and molecular evolution of Plum bark necrosis stem pitting-associated virus from China[J]. PloS One, 2014, 9(8): e105443.

[41] Sanchez-Navarro J A, Aparicio F, Herranz M C, et al. Simultaneous detection and identification of eight stone fruit viruses by one-step RT-PCR[J]. European Journal of Plant Pathology, 2005, 111(1): 77-84.

[42] Song G Q, Sink K C, Walworth A E, et al. Engineering cherry rootstocks with resistance to Prunus necrotic ring spot virus through RNAi-mediated silencing[J]. Plant Biotechnology Journal, 2013, 22. doi: 10.1111/pbi.12060.

[43] Tan R R, Wang L P, Hong N, et al. Enhanced efficiency of virus eradication following thermotherapy of shoot-tip cultures of pear[J]. Plant Cell Tissue Organ Culture, 2010, 101: 229-235.

[44] Wang L, Jiang D, Niu F, et al. Complete nucleotide sequences of two isolates of Cherry green ring mottle virus from peach(Prunus persica) in China[J]. Archives of Virology, 2013, 158(3): 707-710.

[45] Wang Q C, Valkonen J P T. Eficient elimination of sweet potato little leaf phytoplasma from sweet potato by cryotherapy of shoot tips[J]. Plant Pathology, 2008, 57: 338-347.

[46] Wang Q C, Valkonen J P T. Cryotherapy of shoot tips: novel pathogen eradication method[J]. Trends in Plant Science, 2009, 14(3): 119-122.

[47] Wu Y Q, Zhang D M, Chen S Y, et al. Comparison of three ELISA methods for the detection of Apple chlorotic leaf spot virus and Apple stem grooving virus[C]//17th International Symposium on Virus and Virus-Like Diseases of Temperate Fruit Crops: Fruit Tree Diseases, Bethesda, MD(USA), 1998, 1: 55-59.

[48] Yang Y A, Guo R, Sano T, et al. First report of Hop stunt viroid in apricot in China[J]. Plant Disease, 2006, 90: 828.

[49] Yang Y A, Wang H Q, Cheng Z M, et al. First report of Hop stunt viroid from plum in China[J]. Plant Pathology, 2007, 56: 339.

[50] Yu Y, Zhao Z, Qin L, et al. Incidence of major peach viruses and viroids in China[J]. Journal of Plant Pathology, 2013, 95(3): 603-607.

[51] Xu Y, Li S, Na C, et al. Analyses of virus/viroid communities in nectarine trees by next-generation sequencing and insight into viral synergisms implication in host disease symptoms[J]. Scientific Reports, 2019, 9: 12261.

[52] Zhou Y, Guo R, Cheng Z M, et al. First report of Hop stunt viroid from peach (Prunus persica) with dapple fruit symptoms in China[J]. Plant Pathology, 2006, 55: 564.

[53] Zhou J F, Wang G P, Kuang R F, et al. First report of Cherry green ring mottle virus on cherry and peach grown in China[J]. Plant Disease, 2011, 95(10): 1319.

[54] Zhou J F, Wang G P, Qu L N, et al. First report of Cherry necrotic rusty mottle virus on stone fruit trees in China[J]. Plant Disease, 2013, 97(2): 290.

[55] Zhou J, Zhang Z, Lu M, et al. Complete nucleotide sequence of a new virus, peach chlorotic leaf spot virus, isolated from flat peach in China[J]. Archives of virology, 2018, 163(12): 3459-3461.

[56] Zhou J, Zhang Z, Lu M, et al. First report of Peach-associated luteo virus from flat peach and nectarine in China[J]. Plant Disease, 2018, 102(12): 2669.

[57] Zhou J, Cao K, Zhang Z, et al. Identification and characterization of a novel rhabdo virus infecting peach in China[J]. Virus Research, 2020, 280: 197905.

第十五章　桃根癌病

桃根癌病又称冠瘿病、根瘤病等,是由根癌土壤杆菌(*Agrobacterium tumefaciens*)引起的细菌性病害。自20世纪初该病菌被鉴定出以来,发现其可侵染双子叶植物、单子叶植物、裸子植物等共93科331属643种,其中包括重要的经济作物,尤其以果树中的核果类、浆果类、仁果类和坚果类易感根癌病[1-2]。

第一节　桃根癌病概述

一、根癌病症状及危害

被病原菌侵染后,在桃树根部、根颈部、茎甚至枝条上形成大小不一的瘿瘤(图15-1)。这些瘿瘤一方面影响植株对水分和矿质营养的吸收和运输,另一方面也为其他病原微生物的侵染创造了条件,使树势衰弱、易感病、果实小,产量低,严重时可导致植株死亡[3-4]。

整个根系发病严重

发病幼苗的根颈部

发病的侧根

图15-1　患根癌病的桃树根

有研究发现,毛桃种子的表面(中果皮)带有一定数量的根癌土壤杆菌,这就可以解释为什么重茬苗圃的发病率高[5]。近年来,随着我国桃栽培面积的扩大和新品种的大量推广,再加上苗木生产和调运过程中缺乏检疫措施,更加剧了该病害的传播蔓延,发病严重的果园病株率达100%[2,6]。

二、根癌病病原菌分类

在《伯杰细菌鉴定手册》中,根据寄主范围和病害症状将土壤杆菌属分为4个种:根癌土壤杆菌(*Agrobacterium tumefaciens*),引发根癌;发根土壤杆菌(*A. rhizogenes*),引发毛根或木质瘤;悬钩子土壤杆菌(*A. rubi*),引发悬钩子属植物形成茎瘤;放射形土壤杆菌(*A. radiobacter*),无致病性。进一步研究表明,土壤杆菌的病害症状是由质粒类型决定的,而非细菌的种类,因而这种以可转移的质粒引发的致病性作为分类依据并不科学。于是,又根据病原菌的生理生化特征和致病性特征,将土壤杆菌属直接划分为两个生物型,即生物Ⅰ型和生物Ⅱ型。后来又发现了从葡萄根癌病组织中分离出生理生化特征不同于生物Ⅰ型和生物Ⅱ型的菌株,定为生物Ⅲ型。

20世纪90年代,通过数值分类、化学分类和核酸技术,将生物型上升为种,即生物Ⅰ型定为 *A. tumefaciens*、生物Ⅱ型定为 *A. rhizogene*、生物Ⅲ型定为 *A. vitis*,将土壤杆菌属分为4个新种:*A. tumefaciens*(原生物Ⅰ型)、*A. rhizogenes*(原生物Ⅱ型)、*A. vitis*(原生物Ⅲ型)和 *A. rubi*。2001年,通过16S rDNA 基因比较分析,土壤杆菌属的部分成员被划归到根瘤菌属,并更名为 *R. radiobacter*、*R. rubi*、*R. vitis*、*R. larrymoorei*,而 *A. tumefaciens* 为 *Agrobacterium* 属的模式种。后来的研究表明,生物Ⅰ型土壤杆菌是异质的,至少包含11个基因种(G1至G9、G13、G14),因此,生物Ⅰ型的所有近缘种也统称为"根癌土壤杆菌复合体(*A. tumefaciens* complex)"。

对桃树根癌病菌的研究结果表明,致病菌主要有生物Ⅰ型和生物Ⅱ型。从采自我国5个地区的桃根癌组织分离的19株根癌土壤杆菌中,生物Ⅱ型有14株,说明其为优势菌群[5]。在同一条件下的桃抗根癌病评价中,生物Ⅱ型的致病力强于生物Ⅰ型[7]。

三、根癌病病原菌致病机制

致病的土壤杆菌均带有染色体外的、环状闭合的 Ti(tumor-inducing)质粒。质粒上有3个区与致病过程有关:①转移并整合到寄主植物核基因组上的 T-DNA(transfer-DNA)区,主要包括生长素合成酶基因(*iaaH*、*iaaM*)、细胞分裂素合成酶基因（*ipt*）和冠瘿碱合成有关基因（*ocs*、*nos*），与瘿瘤的形成及冠瘿碱的生物合成有关。②Vir 区，包括 8 个转录单位（*virA*、*virB*、*virC*、*virD*、*virE*、*virG*、*virF*、*virH*）大约 35 个毒性基因，编码的蛋白协助 T-DNA 的加工和转移。③冠瘿碱分解代谢区，分解瘿瘤组织产生的冠瘿碱，为病原菌提供碳源。通常根据瘿瘤组织合成的冠瘿碱类型将土壤杆菌分为章鱼碱型（octopine）、胭脂碱型（nopaline）、白氨碱型（leucinopine）和琥珀碱型（succinopine）4 种代谢型。不同类型土壤杆菌质粒基因的结构和功能有差异，但形成根癌病的机制相同。

在根癌土壤杆菌侵染植物的过程中，首先病原菌感知到植物伤口产生的酚类和糖类等物质，因趋化作用附着到植物细胞表面，诱导 *VirA/VirG* 基因表达。跨膜蛋白 VirA 通过磷酸化作用把磷酸基团转移给 VirG 蛋白，磷酸化的 VirG 蛋白进而结合到所有 *Vir* 基因的 *Vir*-box 上，激活所有 *Vir* 基因启动转录。其次 VirD1/virD2 蛋白作用于质粒 T-DNA 边界的特异位点，形成单链 T-DNA；然后，VirD2 结合在单链 T-DNA 的 5′端形成 T-DNA 复合体，该复合体在 T4SS 的作用下进入寄主植物的细胞质中。在细胞质中，VirD2 连接在 ssT-strand（singlestranded T-strand）的 5′端，VirE2 包裹在 ssT-strand 分子的其他部分，使其免受核酸外切酶的作用，并指导组装完整的 T-复合物从细胞的核孔进入细胞核。在细胞核内，T-复合物中的 VirD2 和 VirE2 蛋白被水解，先形成单链 T-DNA，再转为双链的 DNA 分子。最后 T-DNA 整合进植物核基因组后便可以在植物细胞内有效表达，由植物的 RNA 聚合酶Ⅱ负责形成 mRNA，进而诱导冠瘿碱形成和生长素及细胞分裂素的过量表达，使植物组织局部快速生长，形成瘿瘤。冠瘿碱被作为唯一碳源利用，有利于根癌土壤杆菌的繁殖和 Ti 质粒的转移，进一步扩大侵染（图 15-2）。

四、根癌病病原菌检测

根癌病病菌能在土壤中存活数年，而且侵染植物后便很难得到控制，因此加强根癌土壤杆菌的检测，实现早期诊断，对做好桃根癌病的防治尤为重要。

1. 传统分离检测

传统土壤杆菌的鉴定方法，包括从病组织或土壤中用选择培养基分离培养，接种指示植物测定致病性。利用半选择性培养基可以特异性地使目标病原菌生长而抑制其他非目标菌的生长，或者使目标菌表现出特异的菌落形态或者菌落颜色而利于识别。该方法是分离和鉴定病原细菌的一种基本方法，D_1M 培养基和 1A、2E 培养基可以专门用于土壤杆菌属细菌的分离和培养。

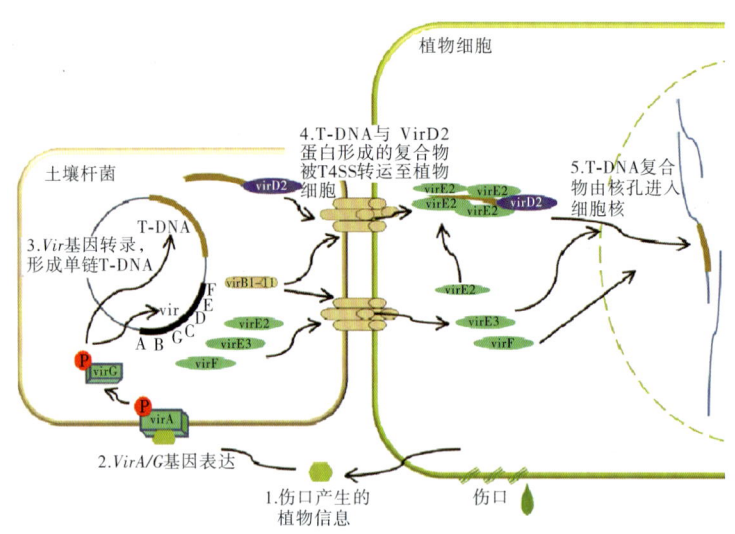

图 15-2　土壤杆菌的侵染过程[8]

Cubero 等[9]报道了一种生物型的微量系统测定方法，可以简化对大量样品进行分析的过程，该方法采用在微板孔中加入对不同生物型菌株专化的培养基进行培养，使用试剂少，同时节省时间和空间。但目前常用的选择性培养基很难区分致瘤与非致瘤的土壤杆菌，甚至根瘤菌属的某些细菌也可以在选择性平板上生长[10]。

2. 分子生物学检测

随着分子生物学技术的发展和应用，尤其是聚合酶链式反应（PCR）技术的应用和计算机辅助分析，细菌类病原菌的检测研究也深入到了分子水平，这大大提高了细菌检测的灵敏度和准确性，而且分子生物学检测具有简便、快捷的优点。PCR、PCR-RFLP、RAPD、多重 PCR、实时荧光定量 PCR、核酸探针杂交技术、保守基因序列测定与比对等，已被广泛应用于确定土壤杆菌的系统进化、分类地位，以及鉴定和鉴别不同的土壤杆菌种类、生物型、致病型。

基于 16SrDNA、23SrDNA 等染色质序列设计的引物进 PCR 可以检测和鉴定不同的种类和生物型，而根据 Ti 和 Ri 质粒序列设计的引物可明确土壤杆菌的致病性。Cubero 等[11]使用特异性引物 FGP 和 VCR/VCF 建立了植物根瘤中根癌土壤杆菌的 PCR 检测方法，并与分离培养法进行比较，凸显出分子检测灵敏度高、简便快捷的优势；田国忠等[12]用 PCR 结合探针杂交技术，可以快速鉴定致瘤性根癌土壤杆菌，鉴别诱导植物毛根的发根土壤杆菌及区分非致病的放射性土壤杆菌。通过探针杂交进一步验证和提高 PCR 结果的可靠性也是口岸和苗木检疫的必需技术环节。从田间样品采集到初步的 PCR 鉴定能在 2~4 d 内完成。如果直接从瘤组织抽提 DNA 进行 PCR，则可将鉴定时间缩短为 1~2 d；Puopolo 等[13]建立的 PCR 检测方法可从人工接种的菊花和桃树组织中检测到潜伏侵染的根癌土壤杆菌，新鲜植物组织中含量低至(10±5) cfu/g 的根癌土壤杆菌可被检测到。

实时荧光定量 PCR 技术，可通过检测病原菌的靶标基因拷贝数进而监测病原菌的数量，对病害的发生进行预测。Sudarshana 等[14]采用 VirD2 引物对核桃根癌病菌进行扩增，可从致病菌株中扩增到 338 bp 的条带，并建立了土壤中病原菌的荧光定量检测方法。但利用该引物也可从非致病菌株中扩增到同样大小的条带。Yakabe 等[15]根据生物 I 型 *A. tumefaciens* T-DNA 上基因 5 和 tms2 之间的区域设计了引物 Tip6F/R，该引物可特异性扩增生物 I 型根癌土壤杆菌的毒性区，扩增片段为 243 bp，为生物 I 型病原菌的荧光定量提供了基础。Johnson 等[16]重新设计了 VirD2.For1/VirD2.Rev1 引物并用免疫磁捕获-实时荧光 PCR 法检测葡萄根癌病病菌 *A. vitis*，对 *A. vitis* 菌悬液的检测下限可达 10 cfu/g。

在桃上，根据根癌土壤杆菌 T-DNA 中异戊烯基转移酶 *ipt* 基因片段设计并筛选出适用于根癌土壤杆菌定量检测的特异性引物 ipt3F/ipt3R，建立实时荧光定量 PCR 检测方法，可将 DNA 样品精确定量至 62.8 copies/μL，灵敏度比常规 PCR 高 100 倍，结果稳定可靠[5]。

第二节 桃根癌病防治

1. 利用抗病种质资源

因为根癌病病菌是土壤习居菌，且具有潜伏侵染性和系统侵染性，所以发病后就很难防治。研究者普遍认为，培育抗性品种和砧木将是解决这一问题的主要途径。

F. A. Bliss 等[17]对李属植物的根癌病抗性进行评价，发现乌荆子李(*Prunus insititia*)、马哈利樱桃(*P. mahaleb*)和欧洲酸樱桃(*P. cerasus*)等的抗性较强。A. Pierronnet 等[18]认为，欧洲李及其杂交后代对根癌土壤杆菌不敏感。Zoina 等[4]在 5 个桃砧木品种抗性的鉴定中发现，除 Mr.S.2/5 表现出一定的抗性外，其余均对根癌土壤杆菌极敏感。

国内的一系列研究分别以筑波 4 号、筑波 5 号、毛桃、蒙古扁桃、长柄扁桃、陕甘山桃、新疆桃、野生樱桃李、大叶草樱等种子的实生苗为材料，对其根癌病抗性进行初步鉴定，在不同种/品种中均发现一定比例的免疫或高抗植株。鉴于有研究认为根癌病病原菌不同菌株对同一寄主的致病性不同，郝峰鸽等[7,19]以强致病菌株AT4-3(生物Ⅱ型)对38份桃及其近缘种的实生苗和179个桃品种资源的嫁接苗进行人工接种鉴定，在实生苗中筛选出伏牛山望10、蒙古扁桃、四道岭野生李、寿粉4份高抗根癌病种质，嫁接苗的二接白、肉蟠桃、绯桃、红桃、砂子早生、南山甜桃、深州离核水蜜、张黄9号、鸳鸯垂枝、临白10号等抗性表现较好，但没有发现免疫的材料。

在更大范围内筛选抗性资源，对现有抗性资源进行砧穗亲和性、砧木抗逆性等方面的研究，将有助于桃抗根癌病优良砧木的选育。

2. 化学防治

虽然应用溴甲烷等熏蒸剂处理土壤效果很好，但由于对环境破坏较大，其使用越来越受到限制。用次氯酸、乙蒜素混合剂对种子、土壤、苗木处理，防病效果十分显著。对可疑苗木，用1‰~2‰硫酸铜液浸泡后，再放入5倍生石灰液中浸泡，或用500~1 000 mg/L链霉素浸泡杀菌消毒，用清水清洗后进行栽植。对感病大树，用刀切除病瘤，削口处用5°Bé石硫合剂100倍液保护。以上两种措施虽然有些效果，但处理比较烦琐，且容易复发。

3. 生物防治

与化学防治相比，生物防治研究更多，并在葡萄、核桃、苹果、梨、樱桃、桃等很多园艺植物上取得了较好的防治效果。生物防治的作用机制分为：位点竞争、营养竞争、诱导抗病性和细菌素的抑菌作用。目前应用最广泛的生防菌株K84及其遗传改造菌株K1026，其抗菌的关键首先是产生土壤杆菌素，干扰病原菌的DNA、RNA及蛋白质合成；其次是在优先占领侵染位点后，竞争营养和空间。此外，一些假单胞杆菌菌株、荧光假单胞杆菌菌株也能起到生物防治的作用。近年来，我国开发的生防菌株HLB-2、E26在葡萄、樱桃的根癌病防治中也取得了成效。为提高生防菌的抗菌能力，对生防菌进行遗传改良促进细菌素的大量产生，以及生防菌的作用机理等方面的研究都有一定的进展。生物防治虽然取得了一定的效果，但由于目前广泛使用的生防菌株K84的有限性和变异性，即仅对含胭脂碱型或农杆菌素A型Ti质粒的土壤杆菌有较好的防治效果，在天然条件下获得Ti质粒形成具有致病性小种，使得该类型生防菌的应用受到极大的限制。

植物体内存在大量的内生细菌，它们是植物微生态系统的重要组成部分，对寄主植物具有防病、促生、固氮和生物修复等作用；在占据有利生态位、经受植物防卫反应、与病原菌直接相互作用等方面具有优势。李昱佳等[20]从具有特殊抗性的材料西北13-1的枝条中分离出泛菌10DM4-1和肠杆菌10DI2-2，防治效果分别为86.08%和89.87%，这一研究为有效防控根癌病探索了新方向，并有望开发出新的生防菌资源。

4. 其他方法

(1)植保检疫。加强对种子、接穗、苗木的检疫,控制根癌病的传播。

(2)栽培技术措施。根据根癌土壤杆菌经过伤口侵染的特点,在生产作业时减少伤口,如采用免耕法,减少桃树根系的伤口。此外,冬季避免冻伤、控制地下害虫也是预防自然伤口产生及被侵染的关键。一旦发现苗木感染病原菌应立即清除销毁,防止根癌瘤中残存的病原菌继续蔓延。灌溉方式要由传统的大水漫灌改为单株单畦,及时排除果园内的积水和雨水,防止根癌土壤杆菌借灌水和雨水传播为害。采用倒茬的方式,待苗木出圃后,种小麦、玉米等单子叶植物,可降低病原菌的基数。

(3)基因工程。随着现代分子生物学技术的发展,采用基因工程技术培育抗病植株在果树上已见报道[21-22]。但目前还只局限于研究,并未在大田生产中推广应用。

参 考 文 献

[1] Smith E F, Townsend C O. A plant-tumor of bacterial origin[J]. Science, 1907, 25: 671-673.

[2] 马德钦, 王慧敏. 果树根癌病及其生物防治[J]. 中国果树, 1995(5): 42-44.

[3] Escobar M A, Dandekar A M. *Agrobacterium tumefaciens* as an agent of disease[J]. Trends in Plant Science, 2003, 8(8): 380-386.

[4] Zoina A, Raio A. Susceptibility of some peach rootstocks to crown gall[J]. Journal of Plant Pathology, 1999: 181-187.

[5] 李茜. 桃根癌病菌的传播途径及病菌数量对根癌病发生的影响[D]. 北京: 中国农业大学, 2014.

[6] 罗正均, 淮稳霞, 赵文霞, 等. 我国木本植物根癌病检疫与防治问题思考[J]. 林业科技开发, 2011, 25(4): 6-11.

[7] 郝峰鸽, 王新卫, 曹珂, 等. 38份桃及其野生近缘种抗根癌病评价[J]. 果树学报, 2017, 34(11): 1401-1407.

[8] Pitzschke A, Hirt H. New insights into an old story: *Agrobacterium*-induced tumour formation in plants by plant transformation[J]. The EMBO Journal, 2010, 29(6): 1021-1032.

[9] Cubero J, Lopez M M. An efficient microtiter system to determine *Agrobacterium* biovar [J]. European Journal of Plant Pathology, 2001, 107: 757-760.

[10] Mougel C, Cournoyer B, Nesme X. Novel tellurite-amended media and specific chromosomal and Ti plasmid probes for direct analysis of soil populations of *Agrobacterium* biovars 1 and 2[J]. Applied and Environmental Microbiology, 2001, 67: 65-74.

[11] Cubero J, Martínez M C, Llop P, et al. A simple and efficient PCR method for the de-

[12] 田国忠，李永，朱水芳，等. 我国木本植物致病性土壤杆菌的分子检测和比较鉴定[J]. 林业科学，2006，42(2)：63-72.

[13] Puopolo G，Raio A，Zoina A. Early detection of *Agrobacterium tumefaciens* in symptomless artificially inoculated chrysanthemum and peach plants using PCR[J]. Journal of Plant Pathology，2007，89：185-190.

[14] Sudarshana P，Mcclean A E，Kluepfel D A. Development of a culture-independent real-time PCR assay for detection of *Agrobacterium tumefaciens* in soil[C]. Walnut Research Conference，2006：374-354.

[15] Yakabe L E，Maccree M M，Sudarshana P，et al. Novel PCR primers for detection of genetically diverse virulent *Agrobacterium tumefaciens* biovar 1 strains[J]. Journal of General Plant Pathology，2012，78：121-126.

[16] Johnson K L，Zheng D，Kaewnum S，et al. Development of a magnetic capture hybridization real-time PCR assay for detection of tumorigenic *Agrobacterium vitis* in grapevines[J]. Phytopathology，2013，103(6)：633-640.

[17] Bliss F A，Schuerman P L，Almehdi A A，et al. Crown gall resistance in accessions of 20 *Prunus* species[J]. HortScience，1999，34(2)：326-330.

[18] Pierronnet A，Salesses G. Behaviour of *Prunus* cultivars and hybrids towards *Agrobacterium tumefaciens* estimated from hardwood cuttings[J]. Agronomie，1996，16：247-256.

[19] 郝峰鸽，王新卫，曹珂，等. 桃品种资源抗根癌病评价[J]. 西北农业学报，2018，27(11)：1606-1614.

[20] 李昱佳，李茜，张志想，等. 拮抗根癌土壤杆菌的桃内生细菌的筛选鉴定[J]. 中国农业科学，2017，50(20)：3918-3929.

[21] Viss W J，Pitrak J，Humann J，et al. Crown-gall-resistant transgenic apple trees that silence *Agrobacterium tumefaciens* oncogenes[J]. Molecular Breeding，2003，12：283-295.

[22] Galambos A，Zok A，Kuczmog A，et al. Silencing *Agrobacterium* oncogenes in transgenic grapevine results in strain-specific crown gall resistance[J]. Plant Cell Reports，2013，32(11)：1751-1757.

第十六章　桃加工品与桃综合利用

桃属于呼吸跃变型果实,而且成熟期多集中在高温、高湿的夏季,采收后极易发生生理性劣变和微生物侵染导致的腐烂变质,给桃的长期贮藏和销售带来了极大的困难。发展桃深加工,不仅可以实现桃果实的采后增值,而且可以缓解桃集中上市带来的供需矛盾,避免贮藏不当和销售不及时造成的腐烂损失。通过几十年的努力,我国筛选了一批加工用桃品种,完善和改进了桃罐头、桃果汁、桃果酒、桃果醋等的生产工艺,丰富了桃加工产品种类,并加强了对桃加工副产物的综合利用,使桃加工逐步向精细化、特色化、营养化和资源利用高效化转变,为桃产业的结构优化与可持续发展提供了重要支撑。

第一节　桃罐头

桃罐头是我国最主要的桃加工产品。我国引进和选育了一批罐藏桃品种,对桃去皮、桃罐头杀菌等工艺进行了优化改进,为桃罐头加工业的发展提供了重要的支撑。

一、罐藏桃品种的引进和选育

早期的桃罐头加工没有专用原料,一般使用鲜食品种中的白桃和黄桃,提前采收制罐,严重影响了产品质量。20世纪60年代后,我国桃育种与加工单位协作攻关,根据罐头加工的实践要求,结合农艺性状考察,引进、选育了丰黄、连黄、橙艳、明星、罐桃5号、中州白桃、郑黄2号、郑黄3号、郑黄4号、郑黄5号、郑黄205、郑黄313、贵黄、燕丰、浙金1号、金旭、金晖、秋露、金露、皖83、黄金冠、黄中皇、奉化15等罐藏桃品种。目前栽培较多的罐头加工用桃品种主要是优良罐藏黄桃品种，包括 NJC83、金童 5 号、金童 6 号、罐桃 5 号、NJC19、黄金冠等。

二、桃罐头加工与质量控制技术

1. 罐藏桃原料的适宜采收成熟度

罐藏桃原料采收成熟度应高于硬熟，稍低于鲜食成熟度，一般以八成至八成半成熟为宜。过早采收易导致加工的桃罐头产品存在色泽差、风味淡等问题。成熟度过高，虽然产品色泽和风味都比较好，但容易出现毛边和组织松散等现象，加工利用率会降低。

2. 桃去皮技术的突破

去皮是桃罐头加工的重要工艺环节。目前工业化生产中主要采用碱液去皮法，利用高温、高浓度碱液浸泡或者喷淋果实，使氢氧化钠在果皮内扩散并发生化学反应，首先去除果皮表面蜡质和角质层，进一步在果皮内扩散，溶解细胞壁和中胶层，最终使外果皮腐蚀、降解，达到去皮的目的。碱液去皮所用的氢氧化钠具有强烈的腐蚀和降解作用，会在一定程度上破坏果肉组织，造成质量损失和品质下降，而且会产生大量含有残碱及重金属残留的工业废水，给罐头加工企业造成巨大的环保压力。因此，研发绿色、环保、高效的去皮技术是桃罐头加工研究的一个重要方向。其中，酶法去皮、红外线加热去皮法得到了较多的关注。

（1）酶法去皮。此法是利用生物酶分解桃果实外果皮和果肉细胞壁之间的中胶层，使之降解、分离、脱落，从而达到去除外果皮的目的。采用果胶酶与纤维素酶复合酶制剂处理，去皮效果较好。复合酶处理中果胶酶的用量通常是纤维素酶的 1.5～3 倍，复合处理液 pH 值 3.5 左右，处理温度 40～50℃，处理时间 30～60 min。酶法去皮处理条件温和，果肉的原有形态及营养成分、风味物质保持较好，产品质量高，而且克服了传统碱法去皮的强碱腐蚀问题，安全、卫生，对环境污染小，节约能源，减少水资源消耗，因此是桃果实去皮的一个很好的方法。但由于酶法去皮所需时间长、生产效率低，而且酶的用量大、成本高，严重制约了其工业化应用。采用超声波辅助可以减少酶法去桃皮的酶制剂用量，缩短酶解时间，而且品质更好、去皮率更高。此外，采用往复振荡方式辅助酶法去皮，即借助振荡产生的波浪和桃果摆荡之间的撞击力量，使表面已经分离的外果皮脱落，从而加速酶液向外果皮深层渗透，可以加快去皮速度。

（2）红外线加热去皮法。此法与碱法、酶法去皮技术不同，不需要碱液、酶液等液态物质，因此该法也被称为红外干法去皮。红外线加热去皮法的原理,主要是利用红外线的低穿透性,辐射于果实表面时只加热果皮层,而对果肉的影响很小,从而造成果皮皲裂、脱落,达到去皮的目的。由于果肉受热很少,因此可以较好地保持去皮果实的营养成分和理化特性,有利于提高产品的质量。红外线加热去皮法去皮操作简便,处理时间短、效率高,而且不产生废液、无污染,是一种较好的去皮方式。但红外线加热易出现因果实大小不一致等因素造成辐照不均匀、去皮效果不佳等问题,因此需要进一步改进红外线处理设备,优化处理工艺,以提高去皮效果。

3. 桃罐头杀菌新技术

在生产过程中,桃罐头可能会携带一些引起败坏和产毒致病的微生物,必须经过杀菌处理,才能保证产品的安全性和耐贮性。目前桃罐头生产主要采用热杀菌方式杀菌,但由于热杀菌会使果胶发生 β-消除降解,细胞间的黏着性下降,引发细胞结构破坏,从而导致罐头果肉质地变软、硬度降低,而且高强度热杀菌也会对罐头果肉的营养成分造成巨大的破坏,因此非热杀菌技术受到重视。其中,超高压(高静压)杀菌技术应用于黄桃罐头加工取得了较好的效果,展现出良好的应用潜力。与热杀菌(90℃,20 min)相比,高静压处理(600 MPa,20 min)的不同品种黄桃、不同形状果块的桃罐头,果肉硬度显著提高,果肉细胞基本保持了原有形态。因此,高静压杀菌技术可以应用于一些不耐热处理的桃品种的加工。

第二节 桃果汁

桃果汁是指以桃果实为原料,采用机械方式获取的可以发酵但未发酵的汁液或浆液制品。桃果汁加工对原料果实大小、形状等的要求较低,特别适合于低等级桃果的利用,对于桃产业减损增效和可持续发展具有重要意义。

一、桃果汁系列产品和适宜制汁的优良品种

1. 桃果汁系列产品

果汁产品种类很多,根据原料来源、加工工艺等的不同,我国的桃果汁产品有浓缩桃清汁、浓缩桃浊汁等半成品桃果汁,还有桃清汁、桃浊汁、非浓缩还原(not from concentrate,NFC)桃果汁及益生菌发酵桃果汁等产品。其中,NFC桃果汁特别是浊汁,由于不经过高温浓缩和果汁还原,含有更多的果肉纤维和更丰富的口感,在营养成分、风味方面更加接近于新鲜桃果,符合消费者对天然、营养、健康产品的追求,成为桃果汁加工的一个新的发

展方向。而益生菌发酵桃果汁兼具桃果汁和益生菌的营养与功能特性，是功能性桃果汁产品开发的一个重要方向。

2. 适宜制汁的桃品种

目前我国尚没有专门的制汁桃品种，桃汁加工用桃多使用鲜食桃品种。通过对不同品种桃制汁特性的综合评价，筛选出的较好的制汁桃品种主要有：黄肉的NJC108、早黄蟠桃、早黄金、露香、红港、丰黄、金童6号，白肉的雨花露、早凤、郑州11号、白凤，红肉的吉林8903等。近年来，新选育的中油桃12号、中桃5号、风味皇后、中蟠桃8号等新品种，桃果实制得的果汁具有较好的品质。总体上黄肉品种制汁要优于白肉品种，中、晚熟品种制汁优于早熟品种。一些红肉桃品种在特色桃果汁产品加工方面具有一定的应用潜力。

二、制汁用桃质量评价体系

王力荣等[11]根据桃果实的制汁特性和制得的桃原浆的品质指标，确定了制汁桃原料的评价指标，并结合我国桃生产的实际情况将制汁桃原料果实分为3个等级，各等级桃果实的基本指标见表16-1。

表16-1 制汁桃果实等级标准

项目	等级		
	特级	1级	2级
果实重量/g	≥125	≥100	≥75
成熟度	加工成熟度	加工成熟度	非生理成熟度
可溶性固形物含量/%	≥12.0	≥10.0	≥8.0
单宁含量/(mg/100g)	<70.0	<70.0	<70.0
可滴定酸含量/%	≥0.4	0.3～0.4	<0.3
红色素	少	少	少
肉色	橙黄或乳白	橙黄或乳白	黄或白
肉质	溶质	溶质	溶质或不溶质
果肉褐变程度	轻	轻	轻或中
裂核率/%	<1.0	<3.0	<5.0
出汁率/%	≥65	≥60	≥55

数据源自王力荣等（2004）。

三、桃果汁加工关键技术

桃果汁加工主要包括原料清洗、拣选、破碎、榨汁、褐变控制、澄清、杀菌、包装等工艺过程,其中的榨汁、褐变控制、澄清、杀菌是桃果汁加工的关键技术环节。

1. 榨汁

榨汁是桃果汁加工的一个重要环节,如何提高出汁率对于节约原料具有重要意义。目前主要采用压榨法取汁,即利用外部压力作用于破碎的桃果肉物料,使汁液细胞破裂,释放出汁液。果肉质构、破碎粒度以及挤压压力、挤压层厚、挤压速度、挤压时间、挤压温度等压榨设备操作参数,都可对压榨效果产生影响。在生产实际中,要根据压榨设备的具体情况,探索出汁率与这些工艺参数的关系,获得最佳榨汁工艺条件。

酶处理是目前应用较广的提高出汁率的技术手段。通常用于果浆处理的酶制剂包括果胶酶、纤维素酶、半纤维素酶等,这些酶可使桃果肉的细胞壁物质降解,从而促进汁液细胞破裂、释放出汁液,同时降低果汁黏度,降低果汁与果渣分离的难度,提高榨汁效率。经过果浆酶液化,可使桃果肉出汁率达到80%~85%,较传统工艺出汁率提高10%左右。

2. 褐变控制

褐变控制是桃果汁加工的一个关键环节,它与桃果汁的感官品质密切相关。与其他果汁类似,桃果汁的褐变也包括酶促褐变和非酶褐变。酶促褐变主要是桃果实中的酚类物质在多酚氧化酶的作用下发生氧化反应所致,因此,对酶促褐变的控制主要是使多酚酶促氧化的关键要素(多酚氧化酶、多酚和氧气)缺失,从而达到抑制褐变的目的。而非酶褐变则比较复杂,既有多酚物质的自然氧化,又有糖类与氨基化合物的美拉德反应以及维生素C的氧化降解、糖类物质在高温条件下的焦糖化反应等,是桃果汁褐变控制的重点。

桃果汁加工中酶促褐变的控制主要通过钝化多酚氧化酶来实现。生产上通常采用热处理方法,处理温度80~100℃,处理时间15~60 s。由于热处理会导致桃果汁中维生素C、多酚等热敏性营养物质的破坏和风味、颜色的损失,因此,人们尝试采用非热加工技术进行灭酶处理。如,室温条件下用600 MPa、30 min的高静压处理,可使桃果汁中多酚氧化酶的活性降低76.62%;45℃条件下紫外-可见光(250~740 nm)照射处理(4.49×10^{-2} W/cm^2,60 min),可完全钝化桃果汁中多酚氧化酶的活性;20℃条件下用臭氧处理桃果汁[0.2 mg/(min·mL),12 min],可使其中多酚氧化酶的活性降低97.3%。非热加工技术可使桃果汁保持较高的维生素C和多酚含量,而且对果汁的色泽、风味的影响很小，非常适合鲜榨桃果汁的加工生产。

非酶褐变贯穿于桃果汁的加工、贮存、销售等过程中，是影响桃果汁产品感官品质和稳定性的主要因素。褐变反应的底物浓度、温度、氧含量、果汁pH值等均可影响褐变速率，因此对桃果汁非酶褐变的控制主要采用减少褐变反应的底物浓度、隔氧、改变反应条件(温度、pH值)等方式。在桃果汁贮藏过程中，随着褐变的加剧，维生素C、多酚物质、游离氨基酸的含量均呈下降趋势，这说明桃果汁贮藏过程中非酶褐变的主要原因是其中维生素C、多酚物质的氧化和糖类与氨基化合物的美拉德反应。底物浓度和贮藏温度越高，非酶褐变越严重。因此，为减少桃果汁贮藏过程中的非酶褐变，应对其进行低温存放。应用活性炭、交联聚乙烯吡咯烷酮(PVPP)、大孔吸附树脂等进行吸附处理，不仅可脱除桃果汁中的色素，改善桃果汁的色泽，还可除去一部分导致果汁非酶褐变和后浑浊的多酚物质，提高产品的稳定性。美拉德反应是桃果汁贮藏过程中非酶褐变的主要原因，采用离子交换树脂处理桃果汁，可脱除或降低其中氨基酸的含量，从而减少美拉德反应导致的非酶褐变，提高产品的色泽稳定性。此外，利用添加高酸果汁的方法降低桃果汁的pH值，也可以在一定程度上减少非酶褐变。在加工过程中还应尽量降低热处理强度，以防止高温诱导的焦糖化反应和美拉德反应加剧。

3. 澄清

澄清是桃清汁生产的一个关键环节，主要是运用机械或化学方法除去桃果汁(浆)中存在的浑浊物以及可能引起浑浊的物质，如果肉组织、细胞及果胶、蛋白质、多酚、果胶-蛋白质复合物、多酚-蛋白质复合物等。常用的澄清方法包括酶法澄清、过滤澄清、吸附澄清和絮凝澄清等。①酶法澄清。此法应用最为普遍，即采用果胶酶、淀粉酶在50~55℃条件下进行酶解处理，然后结合过滤、吸附等手段达到澄清效果。②过滤澄清。传统的过滤澄清方法主要是用硅藻土过滤，硅藻土价格低廉、过滤效果好，但此方法操作复杂、效率低，在现代桃果汁生产中已较少应用。利用超滤膜截留桃果汁中的高分子物质的超滤技术，是现代桃果汁生产中应用最广泛的过滤澄清手段。超滤澄清桃果汁在常温下进行，过滤效率高，澄清效果好，果汁中的香气和营养物质损失小，所得到的桃果汁产品的品质优于其他澄清方法，因此也是桃清汁生产的主要澄清方法。硅藻土过滤作为超滤澄清的前处理，可减轻超滤设备的压力。③吸附澄清。此法主要是采用活性炭、PVPP等吸附剂吸附果汁中的高分子物质。④絮凝澄清。此法主要是利用明胶、改性多糖等高分子絮凝剂的絮凝作用，除去果汁中的不稳定成分，来达到澄清目的。酶法澄清、吸附澄清以及絮凝澄清，都需要结合过滤或者离心才能达到澄清目的。通常联合应用多种澄清手段，如酶解－超滤、酶解－活性炭－超滤、酶解－絮凝－过滤－超滤，可以获得较好的澄清效果。

目前在工业化生产中以酶解－超滤、酶解－活性炭－超滤的应用较为广泛，澄清处理后的桃果汁透光(625 nm)率在95%以上。

4. 杀菌

桃果汁营养丰富，大肠杆菌、沙门氏菌、单核细胞李斯特菌等食源性病原菌可在其中存活，酵母以及一些霉菌、耐酸性细菌也可在其中繁殖、发酵而引起果汁变质和败坏，甚至产生毒素，影响果汁的安全性与贮藏性，因此须对果汁进行杀菌处理。目前桃果汁生产中杀菌主要采用传统的热杀菌方式，但热杀菌对果汁色泽、风味、营养品质有较强的破坏作用。随着消费者对果汁品质要求的提高和非热加工技术的发展，对超高压、脉冲电场、高压二氧化碳、高压均质等非热加工技术在桃果汁加工中的应用进行了研究，这些方法展现出良好的应用潜力。

(1)超高压杀菌。该技术是最受关注且商业化应用程度较高的非热杀菌技术之一，已通过美国食品药品管理局(UFDA)认证，可代替传统的热加工用于食品工业特别是酸性食品生产中。研究表明，鲜榨桃果汁于室温条件下经过400 MPa、5 min的处理即可使其中的菌落总数、酵母和霉菌、大肠菌群等卫生指标达到《果蔬汁饮料卫生标准》的要求；若采用600 MPa压力，则保压时间只需2.5 min。与热杀菌桃果汁相比，高静压杀菌的桃果汁色泽变化降低71.72%，维生素C的保留率提高24.36%，能够很好地保持桃果汁的风味，并增强桃果汁的特征香气，因此，比较适合NFC桃果汁的杀菌。

(2)脉冲电场杀菌。该技术也是近年来研究最多的非热加工技术之一。研究表明，在桃果汁流量9.42 mL/min的条件下，应用脉冲电场(电场强度60 kV/cm、脉冲频率400、杀菌温度35℃)处理接种大肠杆菌和杂菌的桃果汁，可使其含菌量减少6.51个对数值，满足果汁产品杀菌至少有5个对数值减少的要求。电场强度和杀菌温度是影响高压脉冲电场对桃果汁杀菌效果的主要因素，脉冲频率对杀菌影响不显著。高压脉冲电场处理对桃果汁色泽、风味以及维生素C、β-胡萝卜素含量等的影响很小，产品可以保持原桃汁的营养、风味和物理、化学性质，设备简单、操作方便，在桃果汁非热加工中具有较好的应用前景。

(3)高压二氧化碳杀菌。该技术是一种新型的非热加工技术，能在较低的压力下，通过降低介质的pH值和二氧化碳的分子效应来影响和杀灭微生物，避免了热加工对食品所带来的不良效应，可很好地保持食品品质。尽管高压二氧化碳处理也可造成NFC桃果汁色泽变暗，但其褐变指数显著低于热处理NFC桃果汁，而且抗氧化能力也较原果汁得到了提高，较好地保持了NFC桃果汁的品质。

(4)高压均质杀菌。该技术在果汁加工中应用较早，但主要用于提高浑浊果汁的稳定性，降低其中果肉颗粒的粒径，改善果汁的流变特性和色泽。传统高压均质机的均质压力一般在20~100 MPa，对微生物的杀灭作用不明显。随着均质压力的升高，果汁通过均质阀时产生的剪切力、均质压力、速度梯度、湍流和空穴效应等机械作用增强，导致微生物受破坏程度增加，杀菌效果提高。研究表明，在进料温度30℃、均质压力190 MPa的条件下，桃浊汁经高压均质处理后菌落总数的对数值可由4.52降到3.30，霉菌和酵母的对数值由4.07降低到3.19；适当提高进料温度可提高高压均质处理的杀菌效果，当均质压力为70 MPa时，进料温度从30℃升高到45℃和60℃，高压均质处理使桃浊汁中菌落总数的降低量分别增加0.81个对数值和1.73个对数值，霉菌和酵母降低量分别增加0.44个对数值和2.44个对数值；当进料温度为60℃、均质压力超过110 MPa时可完全杀灭桃浊汁中的霉菌和酵母。经190 MPa、60℃的高压均质处理，桃浊汁中菌落总数、霉菌和酵母菌的对数值分别为1.941和0，符合《食品安全国家标准 饮料》(GB 7101—2015)的要求。桃浊汁经高压均质处理后，稳定性得到提高，可溶性固形物含量增加，总酚和总黄酮含量也较处理前有所提高。

第三节 桃发酵制品

发酵是一种古老的食品加工方式，通过微生物的生长和代谢，可以改变食品的质构、风味和营养组成，提高食品的贮藏性。选用不同类型的微生物和发酵方式，可获得不同类型的发酵产品。目前在桃加工中常见的发酵方式主要有制酒、制醋和益生菌发酵等。桃的发酵虽然起步较晚，但近年来发展很快，已成为桃加工的一个主要发展方向。

一、桃发酵制酒

1. 桃酒的种类

桃酒的生产目前尚处于起步阶段，但产品种类丰富，总体上可分为桃果酒、桃蒸馏酒、桃露酒三大类，其中以桃果酒最为常见，通常所说的桃酒主要是指桃果酒。

(1)桃果酒。桃果酒主要是指以桃或桃果汁为原料，经过发酵、陈酿、澄清等工艺过程制成的发酵饮料，不经过蒸馏等过程，酒精度一般在5%~15%。根据桃果酒的含糖量、二氧化碳含量等的不同，又可分为多种类型。如按照酒液中残糖量的高低，可将桃果酒分为干型、半干型、半甜型、甜型等不同口味的产品类型；按照二氧化碳含量的不同又可分为平静桃果酒、起泡桃果酒等。

(2)桃蒸馏酒。桃蒸馏酒也称桃白兰地，是以桃或桃果汁为原料，经发酵、蒸馏等工艺过程制成的酒精饮料，酒精度一般在30%以上。

(3)桃露酒。桃露酒是以蒸馏酒或食用酒精为酒基，加入桃、桃皮渣或者桃果汁等进行浸泡、调配、混合或再加工而成，具有桃的香味和营养特征，酒精度一般在20%以上。

2. 制酒用桃品种

目前尚没有专门的制酒专用桃品种，生产中一般采用鲜食桃品种作原料，但一些加工桃品种如NJC83、红港(Redhaven)酿制出的桃果酒品质更优。研究发现，不同肉色桃果酒的品质特性差异较大，白肉桃果酒褐变明显，黄肉桃、红肉桃果酒色泽亮丽，综合品质较优。红肉桃品种万州酸桃、中桃绯玉，白肉桃品种白凤、仓方早生，黄肉桃品种中农金辉，桃果酒的品质相对较优，比较适宜酿制不同特色的桃果酒。

3. 桃果酒加工关键技术

(1)原料成熟度的确定。桃果实中各种营养成分和风味物质随成熟度的增加会发生显著变化，因此，对酿制的桃果酒的品质也会产生明显的影响。研究表明，成熟度增加可提高桃果酒中酯类物质的含量和口感与风味的平衡度，但总酚、总黄酮含量和透光率均随成熟度的增加而降低，酿酒用桃果实的成熟度以九成至十成熟为宜。

(2)酵母菌种的确定。目前桃果酒的酿造大多采用葡萄酒酵母或其他果酒酵母，桃果酒专用酵母菌种还比较少。尽管不少研究者都探索了不同酿酒酵母或非酿酒酵母在桃果酒中的应用效果，分离得到了一些优良酵母菌株(表16-2)，但其效果的差异性较大。采用各种技术手段选育发酵能力强、生香好的桃果酒专用酿酒酵母菌种依然是研究的重点。

表16-2 筛选得到的部分桃果酒酿造优良酵母菌种

酵母菌种	来源	备注
酿酒酵母(Accharomyces cerevisiae)	水蜜桃自然发酵醪分离	刘沁源等，2020
酿酒酵母(Saccharomyces cerevisiae)	桃园野生酵母分离	蒋锡龙等，2013
酿酒酵母(Saccharomyces cerevisiae)	黄桃果汁自然发酵液中分离	李明瑕等，2021
梅奇酵母(Metschnikowia sinensis)	水蜜桃自然发酵液中分离	何松等，2021
毕赤酵母(Pichia cephalocereana)	水蜜桃自然发酵液中分离	何松等，2021

(3)发酵工艺条件的优化。不同的原料预处理、发酵工艺参数都可对桃果酒的品质产生影响。研究表明,由果汁酿造的桃果酒甲醇含量显著低于带渣发酵的桃果酒,但直接用果汁酿造会造成桃果酒风味的降低。因此需综合考虑桃果酒的营养品质、风味和安全性,借鉴葡萄酒、苹果酒生产中采用较多的短时浸渍技术,在桃果酒酿造中适时分离果汁与果渣,以提高桃果酒的品质和安全性。

发酵温度是影响桃果酒品质的一个关键工艺参数。温度过低,酵母菌生长、代谢缓慢,发酵周期长,一些风味物质的形成也受到限制。温度过高,发酵速度太快,易造成酒精以及挥发性成分的逸散,影响酒的得率和风味。通常桃果酒主发酵温度以 20~25℃为宜。

目前关于桃果酒发酵工艺的研究较少,桃果酒发酵及陈酿过程中营养物质转化与风味形成的调控机制尚不明确,生产中多参照葡萄酒的加工工艺,产品特色不明显。因此,需进一步对桃果酒发酵生物化学基础进行深入研究,完善桃果酒发酵理论,并在此基础上优化桃果酒发酵工艺参数,以获得营养价值高、风味独特的桃果酒产品。

二、桃发酵制醋

桃果醋的加工过程主要分为两个阶段:首先是酒精发酵阶段,通常由酵母将桃果汁(浆)中的糖转化为酒精;然后是由醋酸菌进一步将酒精氧化为醋酸的醋酸发酵阶段。因此,桃果醋加工也可以看作是桃果酒加工的延续。常见的桃果醋发酵方法包括固态发酵法和液态发酵法。

固态发酵法属于传统制醋方法,即将桃果破碎后与麸皮、稻壳等粮食加工料或桃果渣混合,接入酵母菌和醋酸菌进行发酵。固态发酵法在发酵过程中加入了较多的辅料和填充物,使得发酵基质比液态发酵更为丰富;发酵时间长,有利于发酵过程中不同代谢产物的积累,从而使得成品果醋的总酯、氨基酸等物质具有较高的含量,产品口感柔和、醇厚,香气浓郁,具有明显的果香和醋香味,而且色泽也好。但固态发酵法生产果醋也存在一定的缺陷,如发酵过程中需要通过约 1 个月的持续翻醅来供给醋酸菌氧气、降低醋醅温度等,劳动强度高、生产能力低;由于发酵周期较长,传质传热困难,因此用此种方法生产果醋时还存在出醋率低、原料利用率低的缺陷;再如由于疏松剂与主料的混合程度不一,因此可能造成不同批次间的醋酸发酵质量不同。另外,利用全固态法发酵生产桃果醋在实际工业化生产中往往还存在诸如卫生条件差等缺点。

液态发酵法是将桃果实榨汁后依次或同时进行酒精发酵和醋酸发酵制成

桃果醋，具有酿造周期短、劳动强度低，易于规模化、自动化和标准化生产，可提高原料利用率、产酸率和酒精转化率，质量稳定等优点，是当今世界食醋生产的主要方法，也是最有效和先进的工艺技术方法。液态发酵法又可分为静置表面发酵和深层发酵，可使用分批发酵（间歇发酵）、分割法取醋或连续发酵等多种发酵方式。其中静置表面发酵周期较长，产酸速度低，酒精转化率低，酸化和陈酿可同时进行，相对来说挥发酯的含量较高。目前规模化果醋生产以采用连续通气深层发酵法为主，一般使用自吸式醋酸发酵罐，通过添加营养促进剂来提高产酸速率和酒精转化率。可由新鲜桃果实经清洗、破碎、压榨制得的桃果汁进行酒精发酵，也可以以桃浓缩汁为原料调整到适当浓度后进行酒精发酵。

采用液态深层发酵具有较高的生产效率，但也存在一些缺陷。采用该方法发酵时，往往使用单一菌种发酵，导致发酵醪中的微生物种类少，分泌的酶系不丰富，再加上酿造时间相对较短，酯酶没有时间进行充分的反应，因此形成的酯类等芳香物质较少；由于罐内气液混合接触使发酵醪中好的香味物质在发酵过程中挥发及发生不必要的氧化反应等原因，导致成品在风味、色泽等方面比通过固态发酵法制得的果醋要差。因此，研发液态发酵桃果醋的风味改进技术是促进液态深层发酵在桃果醋酿造中推广应用的关键。

三、益生菌发酵

益生菌是指食用一定数量后对宿主健康有益的一类微生物，具有调节肠道菌群平衡、保护肠道屏障功能、提高免疫力、抗过敏等生理作用，对肠炎、应激性结肠综合征、动脉粥样硬化、非酒精性脂肪肝、癌症等多种疾病具有预防作用。

桃果实中富含糖类、有机酸、维生素、多酚、矿物质等多种营养成分和生物活性物质，是益生菌发酵的理想基质。研究表明，桃果浆经植物乳杆菌发酵后酸度增加，口感与风味更加协调，而且酚类物质含量增加，抗氧化活性得到提高，类胡萝卜素的氧化降解也受到抑制。因此，益生菌发酵桃果浆具有更好的营养价值和保健功能。桃的益生菌发酵，菌种是关键，但不同品种桃的发酵特性也存在较大差异，因此需根据不同的原料特点筛选适宜的益生菌菌种，才能获得最佳的益生菌发酵桃果汁产品。

益生菌发酵桃产品目前尚处于研发阶段，没有成熟的商业化产品。但随着对益生菌发酵桃产品营养与保健功能认识的不断深入和益生菌发酵技术的进一步完善，益生菌发酵桃产品必将成为健康桃加工产品的主要发展方向之一。筛选适宜不同品种桃的优良益生菌菌种并研究其发酵过程中桃产品营养成分、风味物质的变化规律与调控机制,优化完善益生菌发酵桃产品加工工艺、产品配方,深入发掘益生菌发酵桃产品功能价值等,将是益生菌发酵桃产品推广与产业化的关键。

第四节 桃皮渣综合利用

桃加工成罐头或者果汁、果酒、果醋时,会产生大量的皮渣、桃核等副产物,其中含有大量的多糖、多酚、膳食纤维以及蛋白质、脂肪酸等多种营养物质和功能性成分,若不加以利用直接排放,不仅对环境造成污染,而且严重浪费资源。随着社会的进步和资源、环境压力的进一步加大,桃资源的合理利用与桃产业的可持续发展愈来愈受到重视。目前对桃资源的综合利用主要是针对桃皮渣,对桃核及其种仁的综合利用尚未开展。

1. 桃皮渣提取果胶

果胶是一种多糖类高分子化合物,以原果胶、果胶、果胶酸的形态存在于高等植物的果实、根、茎、叶中。果胶除了具备凝胶性、增黏性、稳定性之外,还具有抗菌、止血、消肿、解毒等功能活性。桃皮渣中的果胶含量约占干重的10%~18%,通常通过高温酸解、醇沉等工艺提取,得率会随果汁生产工艺的不同特别是是否进行果浆酶处理而有较大的差别。

酸提取法是目前工业化提取果胶的主要方法,其原理是利用稀酸将果皮细胞中的非水溶性原果胶转化成水溶性果胶,然后在果胶提取液中加入乙醇或多价金属盐类,使果胶沉淀析出。常用的酸有盐酸、硫酸、亚硫酸、柠檬酸等,常用的多价金属盐主要是硫酸铝。由于操作简单,对设备条件要求低,所用试剂价格低廉,因而酸提取法应用比较广泛。目前桃皮渣果胶一般采用盐酸或者柠檬酸溶液在pH值1~2.5、温度60~80℃的条件下提取。通常高酸、高温有利于果胶的提取,但酸度、温度过高会使果胶分子发生局部水解,降低果胶的相对分子质量,从而影响果胶提取的得率和产品质量,同时温度升高会使提取液杂质含量增加,加大了后续纯化的难度。

近年来,在苹果、柑橘等皮渣果胶的提取中采用酶法、超声波、微波等辅助提取技术来提高果胶得率、缩短提取时间,取得了较好的效果。但在桃皮渣果胶提取中还没有应用这些方法,未来需着重研究不同提取方法及工艺条件对桃皮渣果胶物化性质的影响,研发新型、绿色、高效的桃皮渣果胶提取技术,改进生产工艺,提高果胶产品品质,以满足桃皮渣果胶清洁、绿色、高效生产的需要。

2. 桃皮渣提取膳食纤维

膳食纤维被誉为"第七大营养素",是不能被人体小肠消化吸收,而能在大肠中部分或全部发酵的碳水化合物,是植物细胞壁物质(非淀粉多糖),通常具有润肠通便、改善肠道健康、调节血糖浓度、降血脂、抑制肥胖等生理功能。水果膳食纤维由于结合有黄酮类化合物、胡萝卜素类等大量活性物质,比谷物纤维素具有更好的保健功能,因此具有极大的开发利用价值。

桃果汁生产中废弃的湿桃渣含有约 9.12%(折合成干重约为 58.05%)的膳食纤维,其中水溶性膳食纤维约占 40%,因此湿桃渣是提取水溶性膳食纤维的理想原料。水溶性膳食纤维可用热水直接提取,但得率通常很低,因此常借助酸水解、酶处理等措施来降解部分不溶性膳食纤维,以提高可溶性膳食纤维的得率。酶法提取桃皮渣膳食纤维时,纤维素酶的作用效果优于果胶酶、半纤维素酶等,因此常用纤维素酶,其处理条件一般为加酶量 1%~2%、温度 45~50℃、pH 值 4.5~5.0,不同酶制剂的最适作用条件及用量可略有差异。在最优作用条件下,纤维素酶水解提取桃皮渣中膳食纤维的得率可达 32.6%(以干重计),比单一水提法高约 3.5 倍。酶解前用高压微射流技术(high-pressure microfluidization)处理桃皮渣可进一步提高提取效果,缩短提取时间。

桃皮渣膳食纤维主要由果胶多糖和 β-葡聚糖组成,其对胆固醇及胆酸钠具有良好的吸附性,并可促进长双歧杆菌增殖,因此在改善肠道健康、降低血清胆固醇、控制餐后血糖等方面可能具有良好的效果。

3. 桃皮渣提取多酚物质

桃果皮中酚类物质的含量通常高于果肉,在榨汁后的皮渣中常含有大量的多酚物质,它们可以作为提取天然多酚物质的重要原料。

有机溶剂提取法是从桃皮渣中提取多酚物质的常用方法,一般用 70%~80%的乙醇溶液作提取溶剂,提取温度在 50℃左右。辅以超声波、微波、高压和果胶酶、纤维素酶、蛋白酶等酶解处理可以促进皮渣中酚类物质的释放和溶解,从而提高提取效果。

与传统的溶剂提取相比,超临界或亚临界流体萃取具有选择性强和毒性低等优点,而且还可隔绝氧气,提取温度低,应用于桃皮渣中多酚物质的提取可避免酚类物质在提取过程中的氧化降解,可以生产出无溶剂残留的产品。通常采用二氧化碳作为提取溶剂,亚临界二氧化碳萃取桃皮渣中多酚物质的适宜条件为:压力 50.6~51 MPa,温度 50.9~52.3℃,乙醇浓度 20%,二氧化碳流速 2 g/min,提取时间 40 min。

桃皮渣多酚提取物具有较强的抗氧化能力和自由基清除活性,并对金黄色葡萄球菌、铜绿假单胞菌、肠球菌、大肠杆菌、肺炎克雷伯氏菌、鲍曼不动杆菌等多种细菌具有抑制作用。

4. 桃皮渣发酵生产高蛋白饲料

桃皮渣营养丰富,含有大量的纤维素、矿物质、氨基酸、维生素、可溶性糖类以及膳食纤维等,可直接用作动物饲料。桃皮渣直接饲喂简单易行,但存放时间短,易腐败变质,而且桃皮渣蛋白含量较低,其中的果胶、单宁等成分易与营养物质结合,形成阻碍消化吸收的抗营养因子,长期饲喂动物易出现营养不良和腹泻等。利用微生物发酵的方法,可以提高桃皮渣中的蛋白含量、改善桃皮渣的营养价值、消除桃皮渣中的抗营养因子等。

桃皮渣发酵饲料是微生物在适宜的发酵条件下(温度、水分、pH 值、氧气等),以固态发酵的方式,将桃皮渣这一主要发酵基质转化成一种能够达到饲料要求的菌体蛋白饲料。在桃皮渣发酵饲料中,菌种选择最为关键。目前已知可用于桃皮渣发酵的菌种有产朊假丝酵母(*Candida tails*)、黑曲霉(*Aspergillus niger*)、米曲霉(*Aspergillus oryzae*)、发酵乳杆菌(*Lactobacillus fermentum*)、植物乳杆菌(*Lactobacillus plantarum*)、开菲尔乳杆菌(*Lactobacillus kefir*)等,其中以产朊假丝酵母产蛋白能力最强。一般复合菌种优于单一菌种,如在蟠桃皮渣的发酵中,三菌混合发酵(产朊假丝酵母+米曲霉+植物乳杆菌)的产蛋白能力高于双菌混合(产朊假丝酵母+米曲霉),而产朊假丝酵母与米曲霉混合发酵产蛋白能力高于单一使用假丝酵母。

桃皮渣用作微生物发酵基质相对来说氮源水平较低,因此需添加一定量的氮源。通常用尿素或硫酸铵作为外加氮源,也可添加棉籽壳、麸皮等蛋白质含量较高的农产品下脚料作为复合氮源,复合外加氮源的效果常优于单一氮源。如在蟠桃皮渣的微生物发酵中,添加9%葵花籽粕、1%麸皮、1%尿素和1%硫酸铵,以米曲霉作为发酵菌种,发酵后蛋白质的含量可较单一桃皮渣发酵产物高2倍以上。

桃皮渣经微生物发酵后,果胶、单宁等抗营养物质的含量降低,而且发酵过程中产生的蛋白酶、纤维素酶等水解酶类还可以大幅度地提高动物对营养物质的消化利用率,促进家畜生长,增强动物免疫力。

参 考 文 献

[1] 付复华,袁洪燕,潘兆平,等. 黄桃超声波辅助酶法去皮工艺优化及其品质分析[J]. 食品与机械,2016,32(8):182-187.

[2] 何松,任建军,牛东泽,等. 阳山水蜜桃非酿酒酵母的筛选、发酵特性及产香气性能的研究[J]. 食品科技,2021,46(1):1-7.

[3] 蒋锡龙，孙玉霞，董兴全，等．不同酿酒酵母发酵桃果酒香气成分研究[J]．食品工业科技，2013，34(21)：91-96．

[4] 焦中高，刘杰超，王思新．果蔬汁非热加工技术及其安全性评析[J]．食品科学，2004，25(11)：340-345．

[5] 李明瑕，刘春凤，王壬，等．黄桃果酒酿酒酵母的筛选与发酵特性分析[J]．食品与发酵工业，2021，47(14)：113-122．

[6] 李友苹．现代罐桃品种标准及其适宜加工品种[J]．中国南方果树，2004，33(3)：51．

[7] 刘沁源，吴祖芳，翁佩芳．水蜜桃酒速酿酵母菌的筛选、鉴定及发酵条件优化[J]．核农学报，2020，34(7)：1480-1490．

[8] 宁椿源，周林燕，毕金峰，等．高压均质技术结合VC处理对桃浊汁微生物和品质的影响[J]．中国食品学报，2019，19(11)：141-149．

[9] 石天琪，王子宇，张霞，等．高压均质黄桃果汁的响应面法优化及稳定性表征[J]．食品工业科技，2017，38(13)：19-24，29．

[10] 孙慧，刘凌．桃渣可溶性膳食纤维组成及生理活性[J]．食品与发酵工业，2008，34(9)：69-72．

[11] 王力荣，朱更瑞，方伟超，等．制汁用桃若干质量指标探讨[J]．中国农业科学，2004，37(3)：410-415．

[12] 王力荣，朱更瑞，方伟超，等．适宜制汁用桃品种的初步评价[J]．园艺学报，2006，33(6)：1303-1306．

[13] 王丽娟，宋思圆，刘东红．基于品质模型的黄桃去皮工艺优化及应用[J]．中国食品学报，2018，18(7)：158-163．

[14] 徐昊，董明，沈泉，等．黄桃复合酶振荡去皮工艺研究[J]．果树学报，2014，31(4)：697-703．

[15] 徐增慧，郭宏，贾建会，等．高静压对桃汁杀菌、钝化酶活性的效果[J]．食品科学，2011，32(21)：102-106．

[16] 徐增慧，贾建会，吕晓莲，等．高静压和热杀菌对桃汁香气成分的影响[J]．食品科学，2012，33(5)：25-28．

[17] 杨丽．蟠桃皮渣生产蛋白饲料技术研究[D]．石河子：石河子大学，2014．

[18] 姚佳，孔民，胡小松，等．高静压杀菌对不同形状果块的黄桃罐头质地的影响[J]．农业工程学报，2013，29(S1)：275-285．

[19] 殷涌光，闫琳娜，李玉娟．用高压脉冲电场对桃汁非热杀菌的研究[J]．农业机械学报，2006，37(8)：89-92．

[20] 袁洪燕，单杨，李高阳．黄桃酶法去皮的技术研究[J]．中国食品学报，2010，10(1)：151-155．

[21] 张春岭，刘慧，刘杰超，等．基于主成分分析与聚类分析的中、早熟桃品种制汁品质评价[J]．食品科学，2019，40(17)：141-149．

[22] 张晓晴，吕真真，刘慧，等．不同品种桃果酒品质特性与酿酒适宜性评价[J]．果树学报，2021，38(8)：1368-1380．

[23] 张雅杰，姚佳，张燕，等．高静压及热加工不同品种黄桃罐头的质构差异研究[J]．高压物理学报，2014，28(2)：232-238．

[24] 周林燕，王永涛，刘凤霞，等．高压CO_2处理保持非还原桃汁的品质[J]．农业工程

学报，2013，29(23)：262-267.

[25] Li X, Zhang A, Atungulu G G, et al. Effects of infrared radiation heating on peeling performance and quality attributes of clingstone peaches [J]. LWT-Food Science and Technology, 2004, 55(1)：34-42.

[26] Liu Q Y, Weng P F, Wu Z F. Quality and aroma characteristics of honey peach wines as influenced by different maturity[J]. International Journal of Food Properties, 2020, 23(1)：445-458.

[27] Rao L, Guo X F, Pang X L, et al. Enzyme activity and nutritional quality of peach (*Prunus persica*) juice：effect of high hydrostatic pressure [J]. International Journal of Food Properties, 2014, 17(6)：1406-1417.

[28] Wang W J, Wang L J, Feng Y M, et al. Ultrasound-assisted lye peeling of peach and comparison with conventional methods [J]. Innovative Food Science & Emerging Technologies, 2018, 47：204-213.

[29] Xu H G, Jiao Q, Yuan F, et al. *In vitro* binding capacities and physicochemical properties of soluble fiber prepared by microfluidization pretreatment and cellulose hydrolysis of peach pomace[J]. LWT-Food Science and Technology, 2015, 63：677-684.

[30] Zhou L Y, Zhang Y, Leng X J, et al. Acceleration of precipitation formation in peach juice induced by high-pressure carbon dioxide [J]. Journal of Agricultural and Food Chemistry, 2010, 58(17)：9605-9610.

第十七章 桃质量安全标准

随着社会的进步和人民生活水平的提高,食品质量安全越来越受到消费者和生产者的关注,日益引起各级政府主管部门的高度重视。作为评价桃质量的技术规则,有关品质及质量安全的标准,必须兼具科学性、先进性及实用性。本章着重从桃等级规格、地理标志产品等方面分析我国现行有效的桃品质要求技术标准,以食品安全国家标准为基础分析我国桃中重金属、农药残留等的限量指标,从安全用药角度分析我国桃生产中登记农药现状,从无公害农产品及绿色食品认证层面分析我国桃产品认证依据及产地环境要求,以期为桃品质及质量安全评价提供必要的技术支持和参考依据。

第一节 我国桃品质要求技术标准

一、我国桃果实质量技术标准

目前我国现行有效的桃果实质量技术标准《鲜桃》(NY/T 586—2002)[1]中规定了鲜桃的果实质量要求,适用于鲜桃的收购和销售。该标准的颁布和实施,对促进我国桃产业健康发展、提升生产水平很有帮助。

1. 桃果实品质等级标准
果实品质等级标准应符合表17-1所列的基本要求。

2. 桃果实质量等级标准
桃果实质量等级标准见表17-2。

3. 桃果实等级判定规则
每一个果实应同时根据其品质等级标准和质量等级标准进行分级。同品种、同等级、同一批作为一个检验批次。不符合本等级品质规格指标,并超

第十七章 桃质量安全标准

表 17-1 鲜桃品质等级标准

项 目		等 级		
		特等	一等	二等
基本要求		果实完整良好，新鲜清洁，无果肉褐变、病伤、虫伤、刺伤，无不正常外来水分，充分发育，无异常气味或滋味，具有可采收成熟度或食用成熟度，整齐度好		
果形		果形具有本品种应有的特征	果形具有本品种的基本特征	果形稍有不正，但不得有畸形
色泽		果皮颜色具有本品种成熟时应有的色泽	果皮色泽具有本品种成熟时应有的颜色，着色程度达到本品种应有着色面积的 1/2 以上	果皮色泽具有本品种成熟时应有的颜色，着色程度达到本品种应有着色面积的 1/4 以上
可溶性固形物含量/%		极早熟品种＞10.0 早熟品种＞11.0 中熟品种＞12.0 晚熟品种＞13.0 极晚熟品种＞14.0	极早熟品种＞9.0 早熟品种＞10.0 中熟品种＞11.0 晚熟品种＞12.0 极晚熟品种＞12.0	极早熟品种＞8.0 早熟品种＞9.0 中熟品种＞10.0 晚熟品种＞11.0 极晚熟品种＞11.0
果实硬度/(kg/cm^2)		≥6.0	≥6.0	≥4.0
果面缺陷（不超过2项）	碰压伤	不允许	不允许	不允许
	蟠桃梗洼处果皮损伤	不允许	允许损伤总面积≤0.5 cm^2	允许损伤总面积≤1.0 cm^2
	磨伤	不允许	允许轻微磨伤1处，总面积≤0.5 cm^2	允许轻微不褐变的磨伤，总面积≤1.0 cm^2
	雹伤	不允许	不允许	允许轻微雹伤，总积≤0.5 cm^2
	裂口	不允许	允许风干裂口1处，总长度≤0.5 cm	允许风干裂口2处，总长度≤1.0 cm
	虫伤	不允许	允许轻微虫伤1处，总面积≤0.03 cm^2	允许轻微虫伤，总面积≤0.3 cm^2

表 17-2　桃果实质量等级标准

果实质量 m/g	等级代码
$350 < m$	AAAA
$270 < m \leqslant 350$	AAA
$220 < m \leqslant 270$	AA
$180 < m \leqslant 220$	A
$150 < m \leqslant 180$	B
$130 < m \leqslant 150$	C
$110 < m \leqslant 130$	D
$90 < m \leqslant 110$	E

出容许度规定的应符合下一等级要求，且在下一等级的容许度范围之内。桃果实等级标准容许度要求见表 17-3。

表 17-3　桃果实等级标准容许度

等　级	容许度
特等果	容许度不得超过 3%
一等果	容许度不得超过 6%
二等果	容许度不得超过 6%

二、我国桃等级规格标准

目前我国现行有效的桃等级规格技术标准《桃等级规格》（NY/T 1792—2009）[2]，规定了桃的等级规格要求等，适用于鲜食桃的分等分级。

1. 等级

在符合基本要求的前提下，鲜食桃分为特级、一级和二级。等级划分及容许度应符合表 17-4 的规定。

2. 规格

规格划分及容许度见表 17-5。

三、我国桃地理标志产品技术标准

地理标志产品，是指产自特定地域，所具有的质量、声誉或其他特性本

表 17-4　鲜食桃果实等级及容许度

项　目		等　级		
		特等	一等	二等
基本要求		完整，新鲜、清洁，无碰压伤、裂口、虫伤、病伤等果面缺陷，无异常外来水分，无异味，充分发育并达到市场和运输贮藏所要求的成熟度		
果形		具有本品种固有特征	具有本品种固有特征	可稍有不正，但不得有畸形
果皮着色		红色，粉红面积不低于3/4	红色，粉红面积不低于1/2	红色，粉红面积不低于1/4
果面缺陷	碰压伤	无	无	无
	蟠桃梗洼处果皮损伤	无	总面积≤0.5 cm²	总面积≤1.0 cm²
	磨伤	无	允许轻微磨伤1处，总面积≤0.5 cm²	允许轻微不褐变的磨伤，总面积≤1.0 cm²
	雹伤	无	无	允许轻微雹伤，总积≤0.5 cm²
	裂口	无	允许风干裂口1处，总长度≤0.5 cm	允许风干裂口2处，总长度≤1.0 cm
	虫伤	无	允许轻微虫伤1处，总面积≤0.03 cm²	允许轻微虫伤，总面积≤0.3 cm²
容许度（按果实数量计算）		可有不超过5%的果实不满足本级要求，但满足一级要求，其中有果面缺陷的果实不超过3%	可有不超过10%的果实不满足本级要求，但满足二级要求，其中有果面缺陷的果实不超过5%	可有不超过15%的果实不满足本级要求，但满足基本要求，其中有果面缺陷的果实不超过8%

表 17-5　鲜食桃果实规格划分及容许度

规　格	小	中	大
极早熟品种/g	<90	90～120	≥120
早熟品种/g	<120	120～150	≥150
中熟品种/g	<150	150～200	≥200
晚熟品种/g	<180	180～250	≥250
极晚熟品种/g	<150	150～200	≥200
容许度	各规格不符合单果质量规定范围的邻级果实不得超过5%		

质上取决于该产地的自然因素和人文因素,经审核批准以地理名称进行命名的产品。世界贸易组织在有关贸易的知识产权协议中,对地理标志的定义为:地理标志是鉴别原产于一成员国领土或该领土的一个地区或一地点的产品的标志,标志产品的质量、声誉或其他确定的特性应主要决定于其原产地。因此,地理标志主要用于鉴别某一产品的产地,即是该产品的产地标志。

我国正式获得国家地理标志保护产品认定的桃产品有河北的乐亭桃和顺平桃、甘肃的秦安蜜桃、广东的九仙桃、贵州的梭筛桃、上海的奉贤黄桃等。相应地也出台了一些地理标志产品标准,如《地理标志产品 乐亭桃》(T/TLTCST 01—2020)、《地理标志产品 顺平桃》(DB13/T 1421—2011)、《地理标志产品 秦安蜜桃》(DB62/T 1672—2008)、《地理标志产品 九仙桃》(DB44/T 929—2011)、《地理标志产品 梭筛桃》(DB52/T 1224—2017)、《地理标志产品 奉贤黄桃》(DB31/T 488—2019)等,这些标准的颁布和实施,大大促进了我国地方桃行业的快速发展。

第二节 我国桃质量国家标准及登记农药

一、食品安全国家标准

食品质量安全标准是强制性的技术规范,其制定与发布严格依照有关法律、行政法规的规定执行。目前我国现行有效的涉及桃质量安全的国家标准共有2个:《食品安全国家标准 食品中污染物限量》(GB 2762—2017)[3],其中规定了食品中铅、镉、汞、砷、锡、镍、铬、亚硝酸盐、硝酸盐、苯并[a]芘、N-二甲基亚硝胺、多氯联苯、3-氯-1,2-丙二醇的限量指标;《食品安全国家标准 食品中农药最大残留限量》(GB 2763—2021)[4],其中规定了2,4-滴等564种农药在376种(类)食品中10 092项残留的限量标准,其中在果品中规定了326种农药2 767项限量指标。

1.《食品安全国家标准 食品中污染物限量》(GB 2762—2017)

《食品安全国家标准 食品中污染物限量》中定义的污染物为食品在从生产(包括农作物种植、动物饲养和兽医用药)、加工、包装、贮存、运输、销售、直至食用等过程中产生的或由环境污染带入的、非有意加入的化学性危害物质,是指除农药残留、兽药残留、生物毒素和放射性物质以外的污染物,其限量指污染物在食品原料和(或)食品成品可食用部分中允许的最大含量水平。该标准对新鲜水果仅规定了铅和镉的限量,桃遵照执行(表17-6)。

表 17-6 我国制定的国家标准中污染物限量

序号	污染物	作物	限量/(mg/kg)
1	铅(以 Pb 计)	新鲜水果(除浆果和其他小粒水果外)	0.1
2	镉(以 Cd 计)	新鲜水果	0.05

注：数据源自国家标准《食品安全国家标准　食品中污染物限量》(GB 2762—2017)，表中仅列了针对水果的。

2.《食品安全国家标准　食品中农药最大残留限量》(GB 2763—2021)

《食品安全国家标准　食品中农药最大残留限量》定义了关于农药的 4 个概念。①残留物(residue definition)，定义为由于使用农药而在食品、农产品和动物饲料中出现的任何特定物质，包括被认为具有毒理学意义的农药衍生物，如农药转化物、代谢物、反应产物及杂质等。②最大残留限量(maximum residue limit，MRL)，定义为在食品或农产品内部或表面法定允许的农药最大浓度。③每日允许摄入量(acceptable daily intake，ADI)，定义为人类终生每日摄入某物质，而不产生可检测到的危害健康的估计量。④再残留限量(extraneous maximum residue limit，EMRL)，定义为一些持久性农药虽已禁用，但还长期存在于环境中，从而再次在食品中形成残留，为控制这类农药残留物对食品的污染而制定其在食品中的残留限量。

在我国，桃归属于核果类水果，首先要依据针对桃和油桃等单个果品的限量，其次可参照核果类水果中的限量。《食品安全国家标准　食品中农药最大残留限量》中，规定了 177 种农药在与桃作物有关的作物上最大残留限量 220 项，其中桃 63 项、油桃 39 项、核果类水果大类 118 项(表 17-7 至表 17-10)。220 项最大残留限量按农药用途划分为 9 类，其中杀虫剂 112 项、杀菌剂 63 项、除草剂 25 项、杀螨剂 13 项、杀线虫剂 1 项、熏蒸剂 1 项、杀虫/除草剂 1 项、杀虫/螨剂 3 项、杀菌/螨剂 1 项。

制定的有最大残留限量的与桃作物有关的 177 种农药中，氟啶虫胺腈、氯氰菊酯、毒死蜱、氟啶虫酰胺、吡虫啉、高效氯氰菊酯、氰戊菊酯、敌敌畏、阿维菌素、灭幼脲、噻虫嗪、吡蚜酮、螺虫乙酯 13 种杀虫剂以及噻唑锌、戊唑醇、苯醚甲环唑、嘧菌酯、春雷霉素、腈苯唑、吡唑醚菌酯、代森联、啶酰菌胺 9 种杀菌剂在桃作物中有登记使用；而其余 155 种农药均未在桃作物中进行登记(表 17-7 至表 17-10)。

表 17-7　我国食品安全标准中与桃有关的杀虫剂类农药的最大残留限量

序号	农药名称	残留物	ADI/(mg/kg bw)	MRL/(mg/kg)
1	阿维菌素(Abamectin)	阿维菌素 B1a	0.001	桃 0.03，油桃 0.02
2	巴毒磷(Crotoxyphos)	巴毒磷	无	核果类水果 0.02*
3	保棉磷(Azinphos-methyl)	保棉磷	0.03	桃 2，油桃 2
4	倍硫磷(Fenthion)	倍硫磷及其氧类似物（亚砜、砜化合物）之和，以倍硫磷表示	0.007	核果类水果（樱桃除外）0.05
5	苯线磷(Fenamiphos)	苯线磷及其氧类似物（亚砜、砜化合物）之和，以苯线磷表示	0.0008	核果类水果 0.02
6	吡虫啉(Imidacloprid)	吡虫啉	0.06	桃 0.5，油桃 0.5
7	吡蚜酮(Pymetrozine)	吡蚜酮	0.03	桃 0.5
8	丙酯杀螨醇(Chloropropylate)	丙酯杀螨醇	无	核果类水果 0.02*
9	虫酰肼(Tebufenozide)	虫酰肼	0.02	桃 0.5，油桃 0.5
10	除虫脲(Diflubenzuron)	除虫脲	0.02	桃 0.5，油桃 0.5
11	敌百虫(Trichlorfon)	敌百虫	0.002	核果类水果［枣(鲜)除外］0.2
12	敌敌畏(Dichlorvos)	敌敌畏	0.004	核果类水果（桃除外）0.2，桃 0.1
13	地虫硫磷(Fonofos)	地虫硫磷	0.002	核果类水果 0.01
14	丁硫克百威(Carbosulfan)	丁硫克百威	0.01	核果类水果 0.01
15	啶虫脒(Acetamiprid)	啶虫脒	0.07	核果类水果 2

表 17-7(续)

序号	农药名称	残留物	ADI/(mg/kg bw)	MRL/(mg/kg)
16	毒虫畏(Chlorfenvinphos)	毒虫畏(E 型和 Z 型异构体之和)	0.000 5	核果类水果 0.01
17	毒死蜱(Chlorpyrifos)	毒死蜱	0.01	桃 3
18	对硫磷(Parathion)	对硫磷	0.004	核果类水果 0.01
19	多杀霉素(Spinosad)	多杀霉素 A 和多杀霉素 D 之和	0.02	核果类水果 0.2*
20	二嗪磷(Diazinon)	二嗪磷	0.005	桃 0.2
21	二溴磷(Naled)	二溴磷	0.002	核果类水果 0.01*
22	呋虫胺(Dinotefuran)	呋虫胺	0.2	桃 0.8，油桃 0.8
23	伏杀硫磷(Phosalone)	伏杀硫磷	0.02	核果类水果 2
24	氟苯虫酰胺(Flubendiamide)	氟苯虫酰胺	0.02	核果类水果 2*
25	氟虫腈(Fipronil)	氟虫腈、氟甲腈、氟虫腈砜、氟虫腈硫醚之和，以氟虫腈表示	0.000 2	核果类水果 0.02
26	氟啶虫胺腈(Sulfoxaflor)	氟啶虫胺腈	0.05	桃 0.4*，油桃 0.4*
27	氟啶虫酰胺(Flonicamid)	氟啶虫酰胺	0.07	桃 0.7，油桃 0.7
28	氟氯氰菊酯和高效氟氯氰菊酯(Cyfluthrin and beta-cyfluthrin)	氟氯氰菊酯(异构体之和)	0.04	桃 0.5
29	氟酰脲(Novaluron)	氟酰脲	0.01	核果类水果 7
30	庚烯磷(Heptenophos)	庚烯磷	0.003(临时)	核果类水果 0.01*
31	甲氨基阿维菌素苯甲酸盐(Emamectin benzoate)	甲氨基阿维菌素苯甲酸盐 B1a	0.000 5	桃 0.03，油桃 0.03
32	甲胺磷(Methamidophos)	甲胺磷	0.004	核果类水果 0.05

表 17-7(续)

序号	农药名称	残留物	ADI/(mg/kg bw)	MRL/(mg/kg)
33	甲拌磷(Phorate)	甲拌磷及其氧类似物（亚砜、砜）之和，以甲拌磷表示	0.000 7	核果类水果 0.01
34	甲基对硫磷(Parathion-methyl)	甲基对硫磷	0.003	核果类水果 0.02
35	甲基硫环磷(Phosfolan-methyl)	甲基硫环磷	无	核果类水果 0.03 *
36	甲基异柳磷(Isofenphos-methyl)	甲基异柳磷	0.003	核果类水果 0.01 *
37	甲氰菊酯(Fenpropathrin)	甲氰菊酯	0.03	核果类水果（李子除外）5
38	甲氧虫酰肼(Methoxyfenozide)	甲氧虫酰肼	0.1	核果类水果 2
39	甲氧滴滴涕(Methoxychlor)	甲氧滴滴涕	0.005	核果类水果 0.01
40	久效磷(Monocrotophos)	久效磷	0.000 6	核果类水果 0.03
41	抗蚜威(Pirimicarb)	抗蚜威	0.02	桃 0.5，油桃 0.5
42	克百威(Carbofuran)	克百威及 3-羟基克百威之和，以克百威表示	0.001	核果类水果 0.02
43	乐果(Dimethoate)	乐果	0.002	核果类水果 0.01
44	磷胺(Phosphamidon)	磷胺	0.000 5	核果类水果 0.05
45	硫丹(Endosulfan)	α-硫丹、β-硫丹及硫丹硫酸酯之和	0.006	核果类水果 0.05
46	硫环磷(Phosfolan)	硫环磷	0.005	核果类水果 0.03
47	硫线磷(Cadusafos)	硫线磷	0.000 5	核果类水果 0.02

表 17-7(续)

序号	农药名称	残留物	ADI/(mg/kg bw)	MRL/(mg/kg)
48	螺虫乙酯(Spirotetramat)	螺虫乙酯及其代谢物顺式-3-(2,5-二甲基苯基)-4-羟基-8-甲氧基-1-氮杂螺[4,5]癸-3-烯-2-酮之和,以螺虫乙酯表示	0.05	核果类水果(桃、李子、樱桃除外)3*,桃2*
49	氯虫苯甲酰胺(Chlorantraniliprole)	氯虫苯甲酰胺	2	核果类水果(桃、李子除外)1*,桃2*
50	氯氟氰菊酯和高效氯氟氰菊酯(Cyhalothrin and lambda-cyhalothrin)	氯氟氰菊酯(异构体之和)	0.02	桃0.5,油桃0.5
51	氯菊酯(Permethrin)	氯菊酯(异构体之和)	0.05	核果类水果2
52	氯氰菊酯和高效氯氰菊酯(Cypermethrin and beta-cypermethrin)	氯氰菊酯(异构体之和)	0.02	核果类水果(桃除外)2,桃1
53	氯唑磷(Isazofos)	氯唑磷	0.00005	核果类水果0.01
54	马拉硫磷(Malathion)	马拉硫磷	0.3	桃6,油桃6
55	醚菊酯(Etofenprox)	醚菊酯	0.03	桃0.6,油桃0.6
56	灭多威(Methomyl)	灭多威	0.02	核果类水果0.2
57	灭幼脲(Chlorbenzuron)	灭幼脲	1.25	桃2
58	氰戊菊酯和S-氰戊菊酯(Fenvalerate and esfenvalerate)	氰戊菊酯(异构体之和)	0.02	核果类水果(桃除外)0.2,桃1
59	噻虫胺(Clothianidin)	噻虫胺	0.1	核果类水果0.2
60	噻虫啉(Thiacloprid)	噻虫啉	0.01	核果类水果0.5

表 17-7(续)

序号	农药名称	残留物	ADI/(mg/kg bw)	MRL/(mg/kg)
61	噻虫嗪(Thiamethoxam)	噻虫嗪	0.08	核果类水果 1
62	噻嗪酮(Buprofezin)	噻嗪酮	0.009	桃 9，油桃 9
63	杀虫脒(Chlordimeform)	杀虫脒	0.001	核果类水果 0.01
64	杀虫畏(Tetrachlorvinphos)	杀虫畏	0.002 8	核果类水果 0.01
65	杀螟硫磷(Fenitrothion)	杀螟硫磷	0.006	核果类水果 0.5
66	杀扑磷(Methidathion)	杀扑磷	0.001	核果类水果 0.05
67	水胺硫磷(Isocarbophos)	水胺硫磷	0.003	核果类水果 0.05
68	特丁硫磷(Terbufos)	特丁硫磷及其氧类似物（亚砜、砜）之和，以特丁硫磷表示	0.000 6	核果类水果 0.01*
69	涕灭威(Aldicarb)	涕灭威及其氧类似物（亚砜、砜）之和，以涕灭威表示	0.003	核果类水果 0.02
70	烯虫炔酯(Kinoprene)	烯虫炔酯	无	核果类水果 0.01*
71	烯虫乙酯(Hydroprene)	烯虫乙酯	0.1	核果类水果 0.01*
72	辛硫磷(Phoxim)	辛硫磷	0.004	核果类水果 0.05
73	溴氰虫酰胺(Cyantraniliprole)	溴氰虫酰胺	0.03	桃 1.5*
74	溴氰菊酯(Deltamethrin)	溴氰菊酯（异构体之和）	0.01	桃 0.05，油桃 0.05
75	亚胺硫磷(Phosmet)	亚胺硫磷	0.01	桃 10，油桃 10
76	氧乐果(Omethoate)	氧乐果	0.000 3	核果类水果 0.02

表 17-7(续)

序号	农药名称	残留物	ADI/(mg/kg bw)	MRL/(mg/kg)
77	乙基多杀菌素(Spinetoram)	乙基多杀菌素	0.05	桃 0.3*, 油桃 0.3*
78	乙酰甲胺磷(Acephate)	乙酰甲胺磷	0.03	核果类水果 0.02
79	茚虫威(Indoxacarb)	茚虫威	0.01	核果类水果 1
80	蝇毒磷(Coumaphos)	蝇毒磷	0.000 3	核果类水果 0.05
81	治螟磷(Sulfotep)	治螟磷	0.001	核果类水果 0.01
82	戊硝酚(Dinosam)	戊硝酚	无	核果类水果 0.01*
83	内吸磷(Demeton)	内吸磷	0.000 04	核果类水果 0.02
84	速灭磷(Mevinphos)	速灭磷(Z 型和 E 型异构体之和)	0.000 8	核果类水果 0.01
85	消螨酚(Dinex)	消螨酚	0.002	核果类水果 0.01*
86	艾氏剂(Aldrin)	艾氏剂	0.000 1	核果类水果 0.05E
87	滴滴涕(DDT)	p,p'-滴滴涕、o,p'-滴滴涕、p,p'-滴滴伊和 p,p'-滴滴滴之和	0.01	核果类水果 0.05 E
88	狄氏剂(Dieldrin)	狄氏剂	0.000 1	核果类水果 0.02 E
89	毒杀芬(Camphechlor)	毒杀芬	0.000 25	核果类水果 0.05*E
90	六六六(HCH)	α-六六六、β-六六六、γ-六六六和 δ-六六六之和	0.005	核果类水果 0.05 E
91	氯丹(Chlordane)	顺式氯丹与反式氯丹之和	0.000 5	核果类水果 0.02 E

表 17-7(续)

序号	农药名称	残留物	ADI/(mg/kg bw)	MRL/(mg/kg)
92	灭蚁灵(Mirex)	灭蚁灵	0.000 2	核果类水果 0.01 E
93	七氯(Heptachlor)	七氯与环氧七氯之和	0.000 1	核果类水果 0.01 E
94	异狄氏剂(Endrin)	异狄氏剂与异狄氏剂醛、酮之和	0.000 2	核果类水果 0.05 E

数据源自国家标准《食品安全国家标准　食品中农药最大残留限量》(GB 2763—2021)。
注：其中戊硝酚既是杀虫剂也是除草剂，内吸磷、速灭磷、消螨酚既是杀虫剂也是杀螨剂。*表示该限量为临时限量；E表示该农药为持久性农药，该限量为再残留限量(EMRL)。

表 17-8　我国食品安全标准中与桃有关的杀菌剂类农药的最大残留限量

序号	农药名称	残留物	ADI/(mg/kg bw)	MRL/(mg/kg)
1	胺苯吡菌酮(Fenpyrazamine)	胺苯吡菌酮	0.3	桃 4*，油桃 5*
2	百菌清(Chlorothalonil)	百菌清	0.02	桃 0.2
3	苯氟磺胺(Dichlofluanid)	苯氟磺胺	0.3	桃 5
4	苯菌酮(Metrafenone)	苯菌酮	0.3	桃 0.7*，油桃 0.7*
5	苯醚甲环唑(Difenoconazole)	苯醚甲环唑	0.01	桃 0.5，油桃 0.5
6	吡噻菌胺(Penthiopyrad)	吡噻菌胺	0.1	核果类水果 4*
7	吡唑醚菌酯(Pyraclostrobin)	吡唑醚菌酯	0.03	桃 1，油桃 0.3
8	吡唑萘菌胺(Isopyrazam)	吡唑萘菌胺(异构体之和)	0.06	核果类水果 0.4*
9	丙环唑(Propiconazole)	丙环唑	0.07	桃 5
10	丙森锌(Propineb)	二硫代氨基甲酸盐(或酯)，以二硫化碳表示	0.007	核果类水果(樱桃除外)7
11	春雷霉素(Kasugamycin)	春雷霉素	0.113	桃 1*

表 17-8(续)

序号	农药名称	残留物	ADI/(mg/kg bw)	MRL/(mg/kg)
12	代森联(Metiram)	二硫代氨基甲酸盐(或酯),以二硫化碳表示	0.03	核果类水果(桃、樱桃除外) 7,桃 5
13	敌螨普(Dinocap)	敌螨普的异构体和敌螨普酚的总量,以敌螨普表示	0.008	桃 0.1*
14	啶酰菌胺(Boscalid)	啶酰菌胺	0.04	核果类水果 3
15	毒菌酚(Hexachlorophene)	毒菌酚	0.0003	核果类水果 0.01*
16	多果定(Dodine)	多果定	0.1	桃 5*,油桃 5*
17	多菌灵(Carbendazim)	多菌灵	0.03	桃 2,油桃 2
18	二氰蒽醌(Dithianon)	二氰蒽醌	0.01	桃 2*,油桃 2*
19	粉唑醇(Flutriafol)	粉唑醇	0.01	桃 0.6,油桃 0.6
20	氟吡菌酰胺(Fluopyram)	氟吡菌酰胺	0.01	桃 1*,油桃 1*
21	氟硅唑(Flusilazole)	氟硅唑	0.007	桃 0.2,油桃 0.2
22	氟唑菌酰胺(Fluxapyroxad)	氟唑菌酰胺	0.02	桃 1.5*,油桃 1.5*
23	咯菌腈(Fludioxonil)	咯菌腈	0.4	核果类水果 5
24	环酰菌胺(Fenhexamid)	环酰菌胺	0.2	桃 10*,油桃 10*
25	活化酯(Acibenzolar-S-methyl)	活化酯和其代谢物阿拉酸式苯之和,以活化酯表示	0.08	桃 0.2,油桃 0.2
26	腈苯唑(Fenbuconazole)	腈苯唑	0.03	桃 0.5
27	腈菌唑(Myclobutanil)	腈菌唑	0.03	桃 3,油桃 3
28	克菌丹(Captan)	克菌丹	0.1	桃 20,油桃 3

表 17-8(续)

序号	农药名称	残留物	ADI/(mg/kg bw)	MRL/(mg/kg)
29	联苯三唑醇(Bitertanol)	联苯三唑醇	0.01	桃1，油桃1
30	氯苯甲醚(Chloroneb)	氯苯甲醚	0.013	核果类水果 0.01
31	氯苯嘧啶醇(Fenarimol)	氯苯嘧啶醇	0.01	桃 0.5
32	氯硝胺(Dicloran)	氯硝胺	0.01	桃7，油桃7
33	嘧菌环胺(Cyprodinil)	嘧菌环胺	0.03	核果类水果 2
34	嘧菌酯(Azoxystrobin)	嘧菌酯	0.2	桃2，油桃2
35	嘧霉胺(Pyrimethanil)	嘧霉胺	0.2	桃4，油桃4
36	嗪氨灵(Triforine)	嗪氨灵和三氯乙醛之和，以嗪氨灵表示	0.03	桃 5 *
37	噻唑锌(Zincthiazole)	2-氨基-5-巯基-1,3,4-噻二唑，以噻唑锌表示	0.01	桃 1 *
38	肟菌酯(Trifloxystrobin)	肟菌酯	0.04	核果类水果 3
39	戊菌唑(Penconazole)	戊菌唑	0.03	桃 0.1，油桃 0.1
40	戊唑醇(Tebuconazole)	戊唑醇	0.03	桃2，油桃2
41	异菌脲(Iprodione)	异菌脲	0.06	桃 10
42	乐杀螨(Binapacryl)	乐杀螨	无	核果类水果 0.05 *

数据源自国家标准《食品安全国家标准 食品中农药最大残留限量》(GB 2763—2021)。
注：其中乐杀螨既是杀菌剂也是杀螨剂。

表 17-9 我国食品安全标准中与桃有关的除草剂类农药的最大残留限量

序号	农药名称	残留物	ADI/(mg/kg bw)	MRL/(mg/kg)
1	2,4-滴和2,4-滴钠盐(2,4-D and 2,4-DNa)	2,4-滴	0.01	核果类水果 0.05
2	胺苯磺隆(Ethametsulfuron)	胺苯磺隆	0.2	核果类水果 0.01
3	百草枯(Paraquat)	百草枯阳离子，以二氯百草枯表示	0.005	核果类水果 0.01 *

表 17-9(续)

序号	农药名称	残留物	ADI/(mg/kg bw)	MRL/(mg/kg)
4	苯嘧磺草胺(Saflufenacil)	苯嘧磺草胺	0.05	核果类水果 0.01*
5	吡氟禾草灵和精吡氟禾草灵(Fluazifop and Fluazifop-P-butyl)	吡氟禾草灵和吡氟禾草酸之和,以吡氟禾草酸表示	0.004	核果类水果 0.01
6	丙炔氟草胺(Flumioxazin)	丙炔氟草胺	0.02	核果类水果 0.02
7	草铵膦(Glufosinate-ammonium)	草铵膦	0.01	核果类水果[枣(鲜)除外] 0.15
8	草甘膦(Glyphosate)	草甘膦	1	核果类水果 0.1
9	草枯醚(Chlornitrofen)	草枯醚	无	核果类水果 0.01*
10	草芽畏(2,3,6-TBA)	草芽畏	无	核果类水果 0.01*
11	敌草快(Diquat)	敌草快阳离子,以二溴化合物表示	0.006	核果类水果 0.02
12	氟吡甲禾灵和高效氟吡甲禾灵(Haloxyfop-methyl and Haloxyfop-P-methyl)	氟吡甲禾灵、氟吡禾灵及其共轭物之和,以氟吡甲禾灵表示	0.0007	核果类水果 0.02*
13	氟除草醚(Fluoronitrofen)	氟除草醚	无	核果类水果 0.01*
14	甲磺隆(Metsulfuron-methyl)	甲磺隆	0.25	核果类水果 0.01
15	氯磺隆(Chlorsulfuron)	氯磺隆	0.2	核果类水果 0.01
16	氯酞酸(Chlorthal)	氯酞酸	0.01	核果类水果 0.01*
17	氯酞酸甲酯(Chlorthal-dimethyl)	氯酞酸甲酯	0.01	核果类水果 0.01
18	茅草枯(Dalapon)	2,2-二氯丙酸及其盐类,以茅草枯表示	0.03	核果类水果 0.01*

表 17-9(续)

序号	农药名称	残留物	ADI/(mg/kg bw)	MRL/(mg/kg)
19	灭草环(Tridiphane)	灭草环	0.003(临时)	核果类水果 0.05*
20	噻草酮(Cycloxydim)	噻草酮及其可以被氧化成 3-(3-磺酰基-四氢噻喃基)-戊二酸-S-二氧化物和 3-羟基-3-(3-磺酰基-四氢噻喃基)-戊二酸-S-二氧化物的代谢物和降解产物，以噻草酮表示	0.07	核果类水果 0.09*
21	三氟硝草醚(Fluorodifen)	三氟硝草醚	无	核果类水果 0.01*
22	杀草强(Amitrole)	杀草强	0.002	核果类水果 0.05
23	特乐酚(Dinoterb)	特乐酚及其盐和酯类之和，以特乐酚表示	无	核果类水果 0.01*
24	抑草蓬(Erbon)	抑草蓬	无	核果类水果 0.05*
25	茚草酮(Indanofan)	茚草酮	0.003 5	核果类水果 0.01*
26	戊硝酚(Dinosam)	戊硝酚	无	核果类水果 0.01*

数据源自国家标准《食品安全国家标准　食品中农药最大残留限量》(GB 2763—2021)。

表 17-10　我国食品安全标准中与桃有关的其他农药的最大残留限量

序号	农药名称	用途	残留物	ADI/(mg/kg bw)	MRL/(mg/kg)
1	苯丁锡(Fenbutatin oxide)	杀螨剂	苯丁锡	0.03	桃 7
2	格螨酯(2,4-Dichlorophenyl benzenesulfonate)	杀螨剂	格螨酯	无	核果类水果 0.01*
3	环螨酯(Cycloprate)	杀螨剂	环螨酯	无	核果类水果 0.01*
4	联苯肼酯(Bifenazate)	杀螨剂	联苯肼酯	0.01	核果类水果 2

第二节　我国桃质量国家标准及登记农药

表 17-10(续)

序号	农药名称	用途	残留物	ADI/(mg/kg bw)	MRL/(mg/kg)
5	螺螨酯(Spirodiclofen)	杀螨剂	螺螨酯	0.01	桃 2，油桃 2
6	灭螨醌(Acequincyl)	杀螨剂	灭螨醌及其代谢物羟基灭螨醌之和，以灭螨醌表示	0.023	核果类水果 0.01
7	噻螨酮(Hexythiazox)	杀螨剂	植物源性食品为噻螨酮	0.03	核果类水果[枣(鲜)除外] 0.3
8	三氯杀螨醇(Dicofol)	杀螨剂	三氯杀螨醇(o,p'-异构体和 p,p'-异构体之和)	0.002	核果类水果 0.01
9	双甲脒(Amitraz)	杀螨剂	双甲脒及 N-(2,4-二甲苯基)-N'-甲基甲脒之和，以双甲脒表示	0.01	桃 0.5
10	四螨嗪(Clofentezine)	杀螨剂	四螨嗪	0.02	核果类水果[枣(鲜)除外] 0.5
11	乙酯杀螨醇(Chlorobenzilate)	杀螨剂	乙酯杀螨醇	0.02	核果类水果 0.01
12	唑螨酯(Fenpyroximate)	杀螨剂	唑螨酯	0.01	核果类水果(樱桃除外) 0.4
13	内吸磷(Demeton)	杀虫/杀螨剂	内吸磷	0.000 04	核果类水果 0.02
14	速灭磷(Mevinphos)	杀虫/杀螨剂	速灭磷(Z 型和 E 型异构体之和)	0.000 8	核果类水果 0.01
15	消螨酚(Dinex)	杀虫/杀螨剂	消螨酚	0.002	核果类水果 0.01*
16	乐杀螨(Binapacryl)	杀螨/杀菌剂	乐杀螨	无	核果类水果 0.05*
17	灭线磷(Ethoprophos)	杀线虫剂	灭线磷	0.000 4	核果类水果 0.02
18	溴甲烷(Methylbromide)	熏蒸剂	溴甲烷	1	核果类水果 0.02*

数据源自国家标准《食品安全国家标准 食品中农药最大残留限量》(GB 2763—2021)。

二、我国桃生产中农药登记使用现状

《农药管理条例》中明确规定,农药登记有其特定的适用范围和使用方法,使用者应当严格按照农药标签标注的使用范围、使用方法和剂量、使用技术要求和注意事项使用农药,不得扩大使用范围、加大用药剂量或者改变使用方法。从农药登记信息网查询结果来看,截至2021年5月1日,我国桃中登记注册且仍在有效期内的农药有效成分共26种,其中单配农药15种,混配农药11种。共登记农药产品42个,其中单配农药产品30个,混配农药产品12个。按农药类别来说,26种登记使用农药中,杀虫剂14种,杀菌剂12种;就防治对象来说,杀虫剂防治蚜虫的产品最多,其次为食心虫,再次为介壳虫、尺蠖等。杀菌剂防治细菌性穿孔病和褐斑穿孔病的产品最多,其次为褐腐病、褐斑病等。桃作物杀虫剂类登记农药见表17-11,桃作物杀菌剂类登记农药见表17-12。

登记农药中,苏云金杆菌、多粘类芽孢杆菌在我国属于豁免制定食品中最大残留限量标准的农药。杀虫剂氟啶虫胺腈、氯氰菊酯、毒死蜱、氟啶虫酰胺、吡虫啉、高效氯氰菊酯、氰戊菊酯、敌敌畏、阿维菌素、灭幼脲、噻虫嗪、吡蚜酮、螺虫乙酯以及杀菌剂噻唑锌、戊唑醇、苯醚甲环唑、嘧菌酯、春雷霉素、腈苯唑、吡唑醚菌酯、代森联、啶酰菌胺在桃中规定有最大残留限量;而联苯菊酯、噻菌铜、喹啉铜还未制定在桃中的最大残留限量。

表17-11 桃作物杀虫剂类登记农药

有效成分	剂型/方法	毒性	类别	防治对象	备注
苏云金杆菌(10)	悬浮剂,可湿性粉剂/喷雾施用	微毒,低毒	微生物杀虫剂	尺蠖、食心虫、梨小食心虫等鳞翅目害虫	施药期一般比使用化学农药提前2~3 d,在害虫的低龄幼虫期,气温在30℃以上时施药效果最好;微生物杀虫剂,不能与内吸性有机磷杀虫剂或杀菌剂混用
氟啶虫胺腈(2)	悬浮剂,水分散粒剂/喷雾施用	低毒	新型化学杀虫剂(砜亚胺的一员)	蚜虫	主要作用于昆虫神经系统,具有胃毒和触杀作用;安全间隔期为14 d,每季最多使用2次

表 17-11(续)

有效成分	剂型/方法	毒性	类别	防治对象	备注
梨小性迷向素(4)	饵剂,缓释管,缓释剂/投饵或悬挂施用	微毒,低毒	昆虫性信息素杀虫剂,是天然昆虫源物质的仿生合成物	梨小食心虫	用于迷惑雄性梨小食心虫,干扰交配;在越冬代梨小食心虫成虫羽化前1周左右开始使用;每季最多使用1次
苦参碱(1)	水剂/喷雾施用	低毒	天然植物性农药杀虫剂	蚜虫	主要麻痹昆虫神经中枢,促使蛋白凝固,堵死虫体气孔,虫体窒息死亡。桃树蚜虫若蚜盛发初期开始施药;安全间隔期为7 d,每季最多使用1次
氯氰·毒死蜱(2)	乳油/喷雾施用	中等毒	有机磷类农药与拟除虫菊酯类农药的复配杀虫剂	介壳虫	具有触杀、胃毒和一定的熏蒸作用;在爬虫高峰期施药1次,间隔10 d再施药1次;安全间隔期为21 d,每季最多使用3次
氟啶虫酰胺(1)	悬浮剂/喷雾施用	微毒	生长调节剂类杀虫剂	蚜虫	属于昆虫拒食剂,昆虫取食后拒食而死亡;在植物体内具有渗透性,对桃树蚜虫有很好的防治效果。花前、花后和新梢迅速生长初期施用;安全间隔期为21 d,每季最多使用1次
氟啶虫酰胺·联苯菊酯(1)	悬浮剂/喷雾施用	低毒	吡啶酰胺类、昆虫生长调节剂类与拟除虫菊酯类复配杀虫剂	桃蚜	触杀和胃毒作用,昆虫取食后拒食而死亡,于桃树桃蚜发生前或始盛期施药;安全间隔期为14 d,每季最多使用1次
吡虫啉(1)	可湿性粉剂/喷雾施用	低毒	新烟碱类杀虫剂	桃蚜	干扰昆虫神经系统的正常传导,引起神经通路的阻塞,造成乙酰胆碱的大量积累,从而导致昆虫麻痹,并最终死亡

表 17-11(续)

有效成分	剂型/方法	毒性	类别	防治对象	备注
高效氯氰菊酯(1)	微囊悬浮剂/喷雾施用	低毒	杀虫剂	天牛	在天牛每代成虫羽化期,将药液喷施于树干、大枝和树冠层等害虫出没处;安全间隔期为 14 d,每季最多使用 1 次
氰戊·敌敌畏(1)	乳油/喷雾施用	中等毒	混配杀虫剂	蚜虫	具有较强的胃毒、触杀和熏蒸作用,对桃树蚜虫有很好的防治效果。在蚜虫初发期进行喷雾;安全间隔期为 7 d,每季最多使用 2 次
阿维·灭幼脲(1)	悬浮剂/喷雾施用	低毒(原药高毒)	混配杀虫剂	桃小食心虫	于幼虫初发期进行喷雾处理;安全间隔期为 21 d,每季最多使用 2 次
噻虫·吡蚜酮(1)	水分散粒剂/喷雾施用	低毒	混配杀虫剂	桃蚜	具有胃毒和触杀作用,对桃树蚜虫有很好的防治效果,在桃树蚜虫卵孵化盛期和低龄若虫初期使用;安全间隔期为 10 d,每季最多使用 3 次
吡蚜·螺虫酯(1)	水分散粒剂/喷雾施用	低毒	混配杀虫剂	蚜虫	具有胃毒和触杀作用,对桃树蚜虫有很好的防治效果。于桃树落花后 1~3 d,嫩叶初展期喷雾处理;安全间隔期为 90 d,每季最多使用 1 次
金龟子绿僵菌 CQMa421(1)	可分散油悬浮剂/喷雾施用	微毒	真菌类杀虫剂	蚜虫	能直接通过害虫体壁侵入体内,害虫取食量递减,最终死亡,对桃树蚜虫有很好的防治效果。在害虫卵孵化盛期或低龄幼虫期使用;安全间隔期为 10 d,每季最多使用 3 次

注:数据源自于我国农药登记信息网。
"()"中数字为该有效成分登记的产品数量。

表 17-12　桃作物杀菌剂类登记农药

有效成分	剂型/方法	毒性	农药类别	防治对象	备注
硫黄(2)	水分散粒剂/喷雾施用	低毒	保护性杀菌剂	褐斑病	发病前或发病初期施药；每季作物施药2～4次，间隔7～14 d。
噻唑锌(2)	悬浮剂/喷雾施用	低毒	噻唑类有机锌杀菌剂	细菌性穿孔病	具有较好的保护和治疗作用，内吸性好；安全间隔期为21 d，每季最多使用3次(浓度高产品)；安全间隔期为14 d，每季最多使用3次(浓度低产品)
戊唑·噻唑锌(1)	悬浮剂/喷雾施用	低毒	复配杀菌剂	细菌性穿孔病	病害为发生初期使用；安全间隔期14 d，每季最多使用3次
苯甲·嘧菌酯(1)	悬浮剂/喷雾施用	低毒	内吸性杀菌剂	褐斑穿孔病	避免与乳油类农药或助剂桶混使用；安全间隔期为14 d，每季最多使用3次
噻菌铜(1)	悬浮剂/喷雾施用	低毒	噻唑类杀菌剂	细菌性穿孔病	具有内吸、保护和治疗的作用，初发病期使用，采用喷雾和弥雾；安全间隔期为14 d，每季最多使用3次
小檗碱盐酸盐(1)	可湿性粉剂/喷雾施用	低毒	生物碱杀菌剂	褐腐病	对病害有预防作用，应在作物发病前或发病初期叶面喷雾施用；不得与酸性农药等物质混用，以免降低药效
春雷霉素(1)	水分散粒剂/喷雾施用	低毒	放线菌产生的代谢产物杀菌剂	褐斑穿孔病	在桃树褐斑穿孔病发病初期用药；安全间隔期为10 d，每季最多使用3次
腈苯唑(1)	悬浮剂/喷雾	低毒	杀菌剂	桃褐腐病(花腐病)	桃谢花后和采收前(30～45 d)喷雾施用，或花芽露红时喷雾施用；安全间隔期为14 d，每季最多使用3次

表 17-12(续)

有效成分	剂型/方法	毒性	农药类别	防治对象	备注
春雷·喹啉铜(1)	悬浮剂/喷雾施用	低毒	农用抗菌素与有机铜螯合物复配杀菌剂	细菌性穿孔病	对真菌、细菌性等病害具有良好预防和治疗作用。发病前或发病初期开始施药；安全间隔期为14 d，每季最多使用3次
唑醚·代森联(1)	水分散粒剂/喷雾施用	低毒	复配杀菌剂	褐斑穿孔病	具有阻止病菌侵入、防止病菌扩散和清除体内病菌等多种作用。发病前或初期用药，间隔7~10 d连续施药；安全间隔期为28 d，每季最多使用3次
唑醚·啶酰菌(1)	水分散粒剂/喷雾施用	低毒	复配杀菌剂	褐腐病	发病前或发病初期用药，连续用药3次，间隔10 d左右；安全间隔期为28 d，每季最多使用3次
多粘类芽孢杆菌(1)	可湿性粉剂/灌根,涂抹病斑	低毒	微生物杀菌剂	流胶病	于萌芽期、初花期、果实膨大期共施药3次，每次灌根加涂抹树干处理

注：数据源自于我国农药登记信息网。
"()"中数字为该有效成分登记的产品数量。

三、我国豁免制定食品中最大残留限量标准的农药

《食品安全国家标准 食品中农药最大残留限量》(GB 2763—2021)以规范性附录的形式给出了我国《豁免制定食品中最大残留限量标准的农药名单》(表17-13)，桃可以参照执行。

表 17-13 我国豁免制定食品中最大残留限量标准的农药名单

编号	农药中文通用名称	农药英文通用名称
1	苏云金杆菌	*Bacillus thuringiensis*
2	荧光假单胞杆菌	*Pseudomonas fluorescens*
3	枯草芽孢杆菌	*Bacillus subtilis*

表 17-13(续)

编号	农药中文通用名称	农药英文通用名称
4	蜡质芽孢杆菌	*Bacillus cereus*
5	地衣芽孢杆菌	*Bacillus licheniformis*
6	短稳杆菌	*Empedobacter brevis*
7	多粘类芽孢杆菌	*Paenibacillus polymyza*
8	放射土壤杆菌	*Agrobacterium radibacter*
9	木霉菌	*Trichoderma* spp.
10	白僵菌	*Beauveria* spp.
11	淡紫拟青霉	*Paecilomyces lilacinus*
12	厚孢轮枝菌(厚垣轮枝孢菌)	*Verticillium chlamydosporium*
13	耳霉菌	*Conidioblous thromboides*
14	绿僵菌	*Metarhizium anisopliae*
15	寡雄腐霉菌	*Pythium oligadrum*
16	菜青虫颗粒体病毒	*Pieris rapae* Granulosis Virus(PrGV)
17	茶尺蠖核型多角体病毒	*Ectropis obliqua* nuclear polyhedrosis virus(EoNPV)
18	松毛虫质型多角体病毒	*Dendrolimus punctatus* cytoplasmic polyhedrosis virus(DpCPV)
19	甜菜夜蛾核型多角体病毒	*Spodoptera litura* nuclear polyhedrosis virus(SpltNPV)
20	黏虫颗粒体病毒	*Pseudaletia unipuncta* granulosis virus(PuGV)
21	小菜蛾颗粒体病毒	*Plutella xylostella* granulosis virus(PxGV)
22	斜纹夜蛾核型多角体病毒	*Spodoptera litura* nuclear polyhedrosis(SINPV)
23	棉铃虫核型多角体病毒	*Helicoverpa armigera* nuclear polyhedrosis virus(HaNPV)
24	苜蓿银纹夜蛾核型多角体病毒	*Autographa californica* nuclear polyhedrosis virus(AcNPV)
25	三十烷醇	Triacontanol
26	地中海实蝇引诱剂	Trimedlure
27	聚半乳糖醛酸酶	Polygalacturonase
28	超敏蛋白	Harpin protein
29	S-诱抗素	S-Abscisic acid
30	香菇多糖	Lentinan
31	几丁聚糖	Chltosan

表 17-13(续)

编号	农药中文通用名称	农药英文通用名称
32	葡聚烯糖	Glucosan
33	氨基寡糖素	Oligosaccharins
34	解淀粉芽孢杆菌	*Bacillus amyloliquefaciens*
35	甲基营养型芽孢杆菌	*Bacillus methylotrophicus*
36	甘蓝夜蛾核型多角体病毒	*Mamestra brassicae nuclear polyhedrosis virus* (MbNPV)
37	极细链格孢激活蛋白	Plant activator protein
38	蝗虫微孢子虫	*Nosema locustae*
39	低聚糖素	Oligosaccharide
40	小盾壳霉	*Coniothyrium minitans*
41	Z-8-十二碳烯乙酯	Z-8-dodecen-1-yl acetate
42	E-8-十二碳烯乙酯	E-8-dodecen-1-yl acetate
43	Z-8-十二碳烯醇	Z-8-dodecen-1-ol
44	混合脂肪酸	Mixed fatty acids

数据源自国家标准《食品安全国家标准 食品中农药最大残留限量》(GB 2763—2021)的规范性附录 B.1。

第三节　我国无公害食品桃标准

无公害农产品是指产地环境符合无公害农产品的生态环境质量，生产过程必须符合规定的农产品质量标准和规范，有毒有害物质残留量控制在安全质量允许范围内的农产品。这些要求是保证人们对食品质量安全最基本的需要，是最基本的市场准入条件，普通食品都应达到这些要求。我国自 2001 年首批制定、发布了 73 项无公害食品标准，从 2002 年开始，在全国范围内全面推进"无公害食品行动计划"。无公害食品标准以全程质量控制为核心，包括产地环境质量标准、生产技术标准和产品标准 3 个方面，主要参考绿色食品标准的框架而制定。

一、无公害食品桃产品认证依据

为保障无公害农产品生产和消费安全，防范风险隐患，农业部办公厅发布农办质〔2015〕4号文件，即《农业部办公厅关于印发茄果蔬菜等58类无公害农产品检测目录的通知》（以下简称《通知》），作为无公害农产品的认证主要依据，调整后的检测参数共计58类，自2015年4月1日起实施。目前，无公害食品桃产品认证时依据《通知》中的核果类水果执行。关于桃涉及的有克百威、氧乐果、氰戊菊酯、乐果等9种农药残留，见表17-14。

表17-14 无公害食品桃产品认证参数

序 号	项 目	指标/(mg/kg)
1	克百威(carbofuran)	0.02
2	氧乐果(omethoate)	0.02
3	氰戊菊酯(fenvalerate)	0.2
4	乐果(dimethoate)	2
5	氯氰菊酯(cypermethrin)	桃1，油桃2
6	氯氟氰菊酯(cyhalothrin)	0.5
7	多菌灵(carbendazim)	2
8	苯醚甲环唑(difenoconazole)	0.5
9	啶虫脒(acetamiprid)	2

数据源自农业部办公厅发布的《农业部办公厅关于印发茄果蔬菜等58类无公害农产品检测目录的通知》（农办质〔2015〕4号）。

二、无公害食品桃生产产地环境条件

无公害食品的生产首先受地域环境质量的制约，即只有在生态环境良好的农业生产区域内才能生产出优质、安全的无公害食品。因此，无公害食品产地环境质量标准对产地的灌溉水质、土壤等的各项指标及其浓度限值作出规定，一是强调无公害食品必须产自良好的生态环境地域，以保证无公害食品最终产品的无污染、安全性；二是促进对无公害食品产地环境的保护和改善。

现行有效的《无公害食品 种植业产地环境条件》（NY 5010—2016）[5]是无公害食品桃生产可依据的产地的环境条件标准，该标准规定了无公害农产品种植业产地环境质量要求、采样方法、检测方法和产地环境评价的技术要求，适用于无公害农产品（种植业产品）产地。

1. 灌溉水质量要求

灌溉水质量应符合表17-15所列的基本指标的要求，同时可根据当地无公害农产品种植业产地环境的特点和灌溉水的来源特性，选择相应的补充监测项目。

表 17-15 灌溉水基本指标

序 号	项 目		指 标
1	基本指标	pH 值	5.5～8.5
2		总汞/(mg/L)	≤0.001
3		总镉/(mg/L)	≤0.01
4		总砷/(mg/L)	≤0.1
5		总铅/(mg/L)	≤0.2
6		铬(六价)/(mg/L)	≤0.1
7	选择性指标	氰化物/(mg/L)	≤0.5
8		化学需氧量/(mg/L)	≤200
9		挥发酚/(mg/L)	≤1
10		石油类/(mg/L)	≤10
11		全盐量/(mg/L)	≤1 000(非盐碱土地区) ≤2 000(盐碱土地区)
12		粪大肠菌群/(个/100mL)	≤4 000

数据源自《无公害食品　种植业产地环境条件》(NY 5010—2016)，桃主要执行旱地指标。

2. 土壤质量要求

土壤环境质量监测指标分基本指标和选测指标，其中基本指标为总汞、总砷、总镉、总铅、总铬 5 项，选测指标为总铜、总镍、邻苯二甲酸酯类总量 3 项。各项监测指标应符合《土壤环境质量　农用地土壤污染风险管控标准（试行）》(GB 15618—2018)的要求。

三、无公害桃生产质量安全控制技术规范

《无公害农产品　生产质量安全控制技术规范　第 4 部分：水果》(NY/T 2798.4—2015)[6]于 2015 年 8 月 1 日正式实施。该标准规定了无公害农产品水果种植质量安全控制基本要求，包括园地选择、品种选择、肥料使用、病虫草害防治、栽培管理等环节关键点质量安全控制措施，适用于无公害农产品水果的生产、管理和认证。该标准指出了无公害水果生产的控制技术及要求，无公害桃生产参照执行，其中和种植过程有关的控制技术及要求包括以下 5 个方面。

1. 园地选择

园地选择的关键点包括土壤、环境空气和灌溉水。主要风险因子有重金

属、农药残留、大气污染物。控制措施为园地选择应符合《无公害农产品生产质量安全控制技术规范 第1部分：通则》(NY/T 2798.1—2015)中的相关要求。同时，园地内的土壤、水、空气质量应符合《土壤环境质量 农用地土壤污染风险管控标准（试行）》(GB 15618—2018)、《农田灌溉水质标准》(GB 5084—2021)和《环境空气质量标准》(GB 3095—2012)的要求。

2. 品种选择

品种选择的关键点包括品种和苗木。主要风险因子是检疫性病虫害。品种控制措施为选用对病、虫害具有抗性或耐性的品种；苗木控制措施为选用不带检疫性病虫害的苗木，不应从疫区购买苗木，优先选用无病毒苗木。

3. 肥料使用

肥料使用的关键点包括选购、贮存和使用肥料。主要风险因子是重金属、病原微生物。控制措施为肥料选购与贮存应执行 NY/T 2798.1 中的相关要求。肥料使用控制措施为有机肥应充分腐熟或经过无害化处理；基肥以有机肥为主，追肥应以速效肥为主，应根据树势强弱、产量高低以及是否缺少微量元素等，确定施肥的种类、数量、次数和方法；根据土壤、树体的营养情况，配方施肥；建立并保留施肥记录，记录内容应至少包括以下信息：所有施用肥料的产品名称和有效成分含量、施肥地点、施肥日期、施肥量、施肥方法、施肥人员的姓名等。

4. 病虫草害防治

病虫草害防治的关键点包括选购、存放和使用农药。主要风险因子是农药残留。控制措施为农药选购及存放应符合 NY/T 2798.1 中的相关规定；不应使用国家禁止生产、使用的农药；选择限用的农药应遵守有关规定（国家禁止和限制使用的农药目录见表17-16）；应按照农药标签注明的使用的范围、剂量和方法进行使用，不应超范围和剂量使用，应严格执行安全间隔期的规定；施药器械应符合国家的相关规定，并处于良好状态；施药人员应经过必要的技术培训。施药时，应按要求做好防护，防止农药中毒；对剩余农药、清洗废液、农药包装容器等废弃物，应按照《农药安全使用规范 总则》(NY/T 1276—2007)的规定，及时进行安全处置；建立并保留农药使用记录，记录内容应至少包括以下信息：作物种类、施药时间、施药地点（面积）、农药产品名称和有效成分、登记证号、防治对象、使用量、施药方法、施药人员的姓名、安全间隔期等信息。

化学防治是综合防治的重要措施之一，特别是在病虫害防控中，更要科学合理使用。众所周知，化学农药对人类健康和生态环境造成了许多不利的影响，为了保障食品安全和人类健康，监管部门禁用或限用了许多高毒高残留农药。注意交替使用农药和适时用药，每种药剂整个生长期内限用1次，病害在初侵染期开始使用药剂,虫害选择在卵孵化期或 1~2 龄幼虫期或若虫期开始使用药剂,以后视天气及病虫害的发展情况进行防治。目前,我国全面禁止在国内生产和销售农药 50 种,限制使用农药 20 种,详见表 17-16 所列,桃生产中应严格执行。

表 17-16　我国禁止(停止)使用和限制使用的农药

种类	禁(限)用农药中文通用名	禁(限)用范围
禁止(停止)使用的农药(50 种)	六六六、滴滴涕、毒杀芬、二溴氯丙烷、杀虫脒、二溴乙烷、除草醚、艾氏剂、狄氏剂、汞制剂、砷类、铅类、敌枯双、氟乙酰胺、甘氟、毒鼠强、氟乙酸钠、毒鼠硅、甲胺磷、对硫磷、甲基对硫磷、久效磷、磷胺、苯线磷、地虫硫磷、甲基硫环磷、磷化钙、磷化镁、磷化锌、硫线磷、蝇毒磷、治螟磷、特丁硫磷、氯磺隆、胺苯磺隆、甲磺隆、福美胂、福美甲胂、三氯杀螨醇、林丹、硫丹、百草枯、杀扑磷、氟虫胺、溴甲烷、2,4-滴丁酯、甲拌磷、甲基异柳磷、水胺硫磷、灭线磷	全面禁止在国内销售和使用
限制使用的农药(20 种)	甲拌磷、甲基异柳磷、克百威、水胺硫磷、氧乐果、灭多威、涕灭威、灭线磷	禁止在蔬菜、瓜果、茶叶、菌类、中草药材上使用;禁止用于防治卫生害虫,禁止用于水生植物的病虫害防治
	甲拌磷、甲基异柳磷、克百威	禁止在甘蔗作物上使用
	内吸磷、硫环磷、氯唑磷	禁止在蔬菜、瓜果、茶叶、中草药材上使用
	丁硫克百威、乙酰甲胺磷、乐果	禁止在蔬菜、瓜果、茶叶、菌类、中草药材上使用
	毒死蜱、三唑磷	禁止在蔬菜上使用
	丁酰肼(比久)	禁止在花生上使用
	氰戊菊酯	禁止在茶叶上使用
	氟虫腈	禁止在所有农作物上使用(玉米等部分旱田种子包衣除外)
	氟苯虫酰胺	禁止在水稻上使用

数据源自截至 2022 年 5 月 1 日之前国家公告的禁止和限制使用的农药目录,之后国家新公告的禁止和限制使用的农药目录,需从其规定;杀扑磷已无制剂登记;溴甲烷可用于"检疫熏蒸梳理";2,4-滴丁酯自 2023 年 1 月 23 日起禁止使用;甲拌磷、甲基异柳磷、水胺硫磷、灭线磷,自 2024 年 9 月 1 日起禁止销售和使用。

5. 栽培管理

栽培管理的关键点包括土壤耕翻、整形修剪、果实套袋、生长调节剂使用、灌溉、采收、清园等。土壤耕翻的主要风险因子是病虫源，控制措施是合理进行园地耕翻，改良土壤，以促进果树增产和消灭越冬病虫。整形修剪的主要风险因子是病虫源，控制措施是合理进行果树修剪与整形，以达到树体结构合理、树势健壮、树冠通风透光。果实套袋的主要风险因子是病虫源，控制措施是根据品种选用符合相关要求的专用果袋；果实套袋前，喷药防治危害果实的病虫，待药剂干后再套袋；果实套袋以晴天为宜，避开雨天、露水未干及中午强光时段；废弃果袋应集中清出果园，并进行无害化处理。生长调节剂使用的主要风险因子是农药残留，控制措施是在保花保果、疏花疏果、膨大、催熟等时期使用植物生长调节剂，按照产品标签规定的使用范围、时期、浓度和次数执行。灌溉的主要风险因子是生物毒素，控制措施是根据生长发育需要适时灌溉；采前不灌溉；及时排水，避免涝害。采收的主要风险因子是生物毒素和农药残留，控制措施是适期采收；采收时，轻拿、轻放、轻搬运；下雨、有雾或露水未干时不宜采收；采收的果实避免与泥土、杂草等环境接触。清园的主要风险因子是病虫源，控制措施是采果后及时清除园内的枯枝、落叶、病果、僵果，并将其深埋或者带出园外集中销毁。

第四节　我国绿色食品桃标准

绿色食品产品标准与无公害食品产品标准的主要区别是二者的卫生指标差异，绿色食品产品的卫生指标明显严于无公害食品产品的卫生指标。

一、绿色食品桃产品标准

涉及桃产品质量安全的农业行业标准有《绿色食品　温带水果》（NY/T 844—2017）[7]和《绿色食品　鲜桃》（NY/T 424—2000）[8]，但 NY/T 424—2000 标准应用较少，桃质量安全的评价多以《食品中农药最大残留限量标准》（GB 2763—2021）或 NY/T 844—2017 为主进行。

（一）《绿色食品　鲜桃》（NY/T 424—2000）

《绿色食品　鲜桃》（NY/T 424—2000）中规定了绿色食品桃的定义、要求、试验方法、检验规则、标志、标签、包装、运输及贮存，适用于 A 级绿色食品鲜桃的生产和流通。该标准所指的鲜桃品种包括极早熟品种、早熟品种、中熟品种、晚熟品种、极晚熟品种。

1. 产地环境要求

生产绿色食品桃的产地环境应符合《绿色食品 产地环境质量》(NY/T 391—2021)的规定。

2. 感官要求

(1)质量。果实充分发育,新鲜清洁,无异常气味或滋味,不带不正常的外来水分。具有适于市场或贮存要求的成熟度。

(2)果形。果形具有本品种应有的特征。

(3)色泽。果皮颜色具有本品种成熟时应具有的色泽。

(4)横径。极早熟品种≥60 mm,早熟品种≥65 mm,中熟品种≥70 mm,晚熟品种≥80 mm,极晚熟品种≥80 mm(某些品种果形小,如白凤桃,横径等级的划分不按此规定)。

(5)果面。无缺陷(包括刺伤、碰压、磨伤、雹伤、裂伤、病伤)。

(6)容许度。产地验收≤3%,发货站验收≤5%。

3. 理化要求

绿色食品桃的理化要求应符合表 17-17 中所列的规定。

表 17-17　NY/T 424—2000 中规定的桃理化要求

品　种	可溶性固形物含量(20℃)/%	总酸含量(以苹果酸计)/%	固酸比
极早熟品种	≥8.5	≤2.0	≥10
早熟品种	≥9.0	≤2.0	≥10
中熟品种	≥10.0	≤2.0	≥10
晚熟品种	≥10.0	≤2.0	≥10
极晚熟品种	≥10.0	≤2.0	≥10

4. 卫生要求

NY/T 424—2000 中规定了绿色食品鲜桃中汞、砷、铅、镉、氟、稀土等 6 种元素的卫生指标和六六六、滴滴涕等 14 种农药的卫生指标(表 17-18)。

(二)《绿色食品　温带水果》(NY/T 844—2017)

1. 产地环境要求

产地环境应符合《绿色食品　产地环境质量》(NY/T 391—2021)的规定。

2. 感官要求

感官要求应符合表 17-19 中所列的规定。

表 17-18　NY/T 424—2000 中规定的桃卫生指标　　　　单位：mg/kg

序号	项目	指标
1	砷（As）	≤0.1
2	铅（Pb）	≤0.05
3	镉（Cd）	≤0.03
4	总汞（Hg）	≤0.005
5	氟（F）	≤0.5
6	铬（Cr）	≤0.1
7	六六六（HCH）	≤0.05
8	滴滴涕（DDT）	≤0.05
9	乐果（dimethoate）	≤0.5
10	敌敌畏（dichlorvos）	≤0.1
11	多菌灵（carbendazim）	≤0.2
12	溴氰菊酯（deltamethrin）	≤0.05
13	氯氰菊酯（cypermethrin）	≤1.0
14	氰戊菊酯（fenvalerate）	≤0.1
15	杀螟硫磷（fenitrothion）	不得检出
16	倍硫磷（fenthion）	不得检出
17	对硫磷（parathion）	不得检出
18	马拉硫磷（malathion）	不得检出
19	甲拌磷（phorate）	不得检出
20	氧化乐果（omethoate）	不得检出

表 17-19　NY/T 844—2017 中规定的桃感官要求

项目	要求	检验方法
果实外观	具有本品种固有的形状和成熟时应有的特征色泽；果实完整，果形端正，整齐度好，无裂伤及畸形；新鲜清洁，无可见异物；无霉（腐）烂、无冻伤及机械损伤；无不正常外来水分	品种特征、成熟度、色泽、新鲜度、清洁度、机械伤、霉（腐）烂、冻伤、机械损伤和病虫伤等用目测法进行检验；气味和滋味采用鼻嗅和口尝的方法进行检验
病虫害	无病伤、虫伤，无病斑，果肉无褐变	
气味和滋味	具有本品种正常的气味和滋味，无异味	
成熟度	发育充分、正常，具有适合市场或贮存要求的成熟度	

3. 理化指标

可溶性固形物含量≥10.0%（早熟品种可≥9.0%），可滴定酸含量≤0.6%。

4. 卫生指标

关于桃的2种重金属和10种农药残留的卫生指标见表17-20。

表17-20　NY/T 844—2017中规定的桃卫生指标　　　单位：mg/kg

序号	项目	指标
1	铅（Pb）	≤0.10
2	镉（Cd）	≤0.05
3	氧乐果（omethoate）	≤0.01
4	克百威（carbofuran）	≤0.01
5	敌敌畏（dichlorvos）	≤0.01
6	溴氰菊酯（deltamethrin）	≤0.01
7	氰戊菊酯（fenvalerate）	≤0.01
8	苯醚甲环唑（difenoconazole）	≤0.01
9	百菌清（chlorothalonil）	≤0.01
10	氯氰菊酯（cypermethrin）	≤1.00
11	氯氟氰菊酯（cyhalothrin）	≤0.20
12	多菌灵（carbendazim）	≤2.00

二、绿色食品桃产地环境标准

《绿色食品　产地环境质量》（NY/T 391—2021）[9]代替《绿色食品　产地环境质量》（NY/T 391—2013），成为最新的绿色食品产地环境条件标准。与桃种植有关的要求有生态环境要求、空气质量要求、灌溉水质要求以及土壤环境质量要求和土壤肥力要求。

生产绿色食品桃的产地环境土壤质量的要求见表17-21，空气质量的要求见表17-22，灌溉水质的要求见表17-23，土壤肥力的分级指标见表17-24。

表 17-21　绿色食品产地环境土壤质量要求　　　　　单位：mg/kg

序号	项目	指标		
		pH 值<6.5	6.5≤pH 值≤7.5	pH 值>7.5
1	总镉	≤0.30	≤0.30	≤0.40
2	总汞	≤0.25	≤0.30	≤0.35
3	总砷	≤25	≤20	≤20
4	总铅	≤50	≤50	≤50
5	总铬	≤120	≤120	≤120
6	总铜	≤100	≤120	≤120

表 17-22　绿色食品产地环境空气质量要求（标准状态）　　单位：mg/m³

序号	项目	指标	
		24 h 平均	1 h
1	总悬浮物颗粒	≤0.3	——
2	二氧化硫	≤0.15	≤0.50
3	二氧化氮	≤0.08	≤0.20
4	氟化物	≤0.007	≤0.02

表 17-23　绿色食品产地环境灌溉水质量要求

序号	项目	指标
1	pH 值	5.5～8.5
2	总汞/(mg/L)	≤0.001
3	总镉/(mg/L)	≤0.005
4	总砷/(mg/L)	≤0.05
5	总铅/(mg/L)	≤0.1
6	六价铬/(mg/L)	≤0.1
7	氟化物/(mg/L)	≤2.0
8	化学需氧量(COD_{cr})/(mg/L)	≤60
9	石油类/(mg/L)	≤1.0

表 17-24 绿色食品产地环境土壤肥力分级指标

级别	有机质/(g/kg)	全氮/(g/kg)	有效磷/(mg/kg)	速效钾/(mg/kg)
Ⅰ	>20	>1.0	>10	>100
Ⅱ	15~20	0.8~1.0	5~10	50~100
Ⅲ	<15	<0.8	<5	<50

参 考 文 献

[1] 王力荣,朱更瑞,姜全,等.鲜桃:NY/T 586—2002[S].中华人民共和国农业部.
[2] 李莉,王力荣,朱更瑞,等.桃等级规格:NY/T 1792—2009[S].中华人民共和国农业部.
[3] 国家卫生和计划生育委员会,国家食品药品监督管理总局.食品安全国家标准 食品中污染物限量:GB 2762—2017[S].
[4] 国家卫生健康委员会,农业农村部,国家市场监督管理总局.食品安全国家标准 食品中农药最大残留限量:GB 2763—2021[S].北京:中国农业出版社,2021.
[5] 中华人民共和国农业部.无公害食品 种植业产地环境条件:NY 5010—2016[S].
[6] 中华人民共和国农业部.无公害农产品 生产质量安全控制技术规范 第4部分:水果:NY/T 2798.4—2015[S].
[7] 中华人民共和国农业部.绿色食品 温带水果:NY/T 844—2017[S].
[8] 中华人民共和国农业部.绿色食品 鲜桃:NY/T 424—2000[S].
[9] 中华人民共和国农业农村部.绿色食品 产地环境质量:NY/T 391—2021[S].
[10] 中华人民共和国农业部.农药安全使用规范 总则:NY/T 1276—2007[S].

索 引

（按汉语拼音排序）

A

矮化、半矮化砧木 93
矮化砧木评价 88

B

白肉品种普通桃 142
白肉品种油桃 149
白星花金龟 234
报春 166
病虫害防治原则 222
不溶质桃 135
不同肉质类型的遗传和定位 136
不同肉质形成的分子机制 137

C

草履蚧 243
茶翅蝽 233
朝鲜球坚蚧 242
成熟期选择与配套 170
疮痂病 225
春蕾 142
春美 144
促花芽分化措施 184

D

大连设施栽培桃 6
代表性优异种质 20
地方品种收集 15
低需冷量品种存在的问题 126
低需冷量品种的应用 125
低需冷量砧木 93
低需冷量种质 117
低需冷量种质创新 123
低需冷量种质及其衍生新品种 124
低需冷量种质遗传特性探讨 120

E

二斑叶螨 238
二氧化碳施肥 199

F

反光膜技术 199
丰黄 148
覆盖控草 176

G

甘肃桃 84
根癌病病原菌分类 258
根癌病病原菌检测 259
根癌病病原菌致病机制 258
观赏桃标志性品种 47
观赏桃花 165
观赏桃育种 46
灌溉施肥 214
罐藏桃品种 265

光核桃 84
国家桃种质资源圃建设 17
国外低需冷量品种的衍生品种 123
国外桃树病毒的研究现状 250
国外砧木应用 90
国外砧木育种进展 91
国外种质资源的引进 16，22
果皮毛基因的特点 105
果肉颜色占比 34
果实病害 225
果实采后断根、施肥 203
果实采后快速高接换种 202
果实采后量化修剪 201
果实品质的提高 186
果园规划设计 171
果园生草提高生物多样性 223
果园卫生与树体保健 223
过量低温与果实发育 200

H

行间生草 176
褐斑穿孔病 228
褐腐病 227
红颈天牛 244
红菊花 168
沪油 018 156
花果管理 184
花芽分化 184
华北平原和黄淮产区 4
华光 149
环境调控技术 198
黄金蜜 1 号 147
黄肉品种普通桃 147
黄肉品种油桃 153
黄土高原产区 5

J

基础亲本 30
加工桃标志性品种 41
加工桃育种 38
建园 173
金霞油蟠 164
锦香 147
锦绣 149
京玉 145
橘小实蝇 234
菌核病 227

K

抗根癌病砧木评价 86
抗根结线虫砧木 91
抗根结线虫砧木评价 85
抗桃早衰综合征砧木 93
抗性性状 71
抗性砧木评价 85
抗再植障碍砧木评价 87
控草 175

L

梨小食心虫 231
李 89
利用低需冷量种质育种 123
绿盲蝽 240

M

满天红 165
毛桃 84
毛樱桃 88
美国桃产业特点 3
苗木整理 173

N

耐非生物胁迫砧木评价　86
耐寒砧木　92
耐涝砧木　92
耐缺铁性失绿砧木　92
黏核、离核比例　37

P

潘瑞 21 号　161
蟠桃、油蟠桃标志性品种　46
蟠桃纯合显性不育　106
蟠桃果形与抗旱性　112
蟠桃基因发掘　106
蟠桃油蟠桃育种　44
品种成熟期占比　33
品种类型分布　32
品种遗传改良　26
平衡施肥　215
苹小卷叶蛾　239

Q

侵染性流胶病　230
亲本变迁　30
清耕除草　175

R

溶质桃　135
肉质类型　134
肉质类型分布　36
瑞光 2 号　156
瑞光 33 号　152

S

桑白蚧　241
山桃　84
山楂叶螨　238
设施栽培的适宜品种　196
设施栽培适宜地区　198
设施栽培适宜树形　200
设施栽培研究历史　195
深耕改土　174
实生砧木　89
食品安全国家标准　285
世界桃产业简介　1
适宜制汁的品种　268
疏花疏果　185
曙光　153
树相诊断　213
数量性状　64
双喜红　155

T

炭疽病　225
探春　166
桃病毒病　246
桃地理标志产品技术标准　283
桃等级规格标准　283
桃对养分的需求特性　212
桃发酵制醋　274
桃发酵制酒　272
桃粉蚜　236
桃根癌病　257
桃根癌病防治　261
桃罐头质量控制　266
桃果实肉质研究　133
桃果汁加工关键技术　269
桃果汁系列产品　267
桃基因组 InDel 特征　54
桃基因组 SNP 特征　54

桃基因组 SSR 特征　53
桃基因组 SV 特征　55
桃基因组基本特征　52
桃瘤蚜　237
桃皮查发酵生产高蛋白饲料　278
桃皮查提取多酚物质　277
桃皮查提取果胶　276
桃皮查提取膳食纤维　277
桃品种需冷量评价模式　119
桃潜叶蛾　240
桃设施栽培现状　204
桃生产用主要砧木　94
桃树病毒病防控　251
桃树病毒和类病毒的危害　249
桃树需肥特点　215
桃树需水规律　217
桃需冷量研究进展　119
桃需冷量研究历史　118
桃蚜　236
桃园规划与建设　169
桃园施肥　180
桃园土壤培肥　215
桃质量安全标准　281
桃质量国家标准及登记农药　285
桃种质资源的遗传多样性　19
桃蛀螟　232
特殊育种材料的收集　16
提高果实品质的栽培技术　187
提早结果修剪技术　183
土耳其桃产业特点　4
土肥水综合管理　210
土壤管理　175，178，211
土壤消毒　174
土壤诊断施肥　213
脱毒技术研究进展　252

W

未来育种目标　47
我国绿色食品桃标准　310
我国桃品种需冷量分布　119
我国桃种质资源保存情况　18
我国无公害食品桃标准　305
无性系砧木繁育技术　89

X

西班牙桃产业特点　3
西北高旱区桃　6
西南高地产区　5
细菌性穿孔病　229
霞脆　145
鲜食普通桃标志性品种　38
鲜食普通桃育种　37
鲜桃品质等级标准　282
现代栽培技术　169
限根栽培　203
新疆桃　84
新兴产区　6
性状分布　32
熊蜂授粉配套技术　203
需冷量评价的标准品种　120
需冷量主效 QTLs 的定位　120
削弱树势修剪技术　184

Y

艳光　150
养分管理　212
野生近缘种收集　15
野生砧木特点　83
叶部病害　228
叶部害虫　236

叶分析 214
益生菌发酵 275
影响桃果实大小的因素 187
映霜红 146
硬质桃 135
优势栽培区 4
优异种质的筛选 20
优异种质发掘 18
油桃、蟠桃的遗传特点 105
油桃、蟠桃起源 104
油桃标志性品种 44
油桃细胞组织结构与抗旱性 112
油桃育种 42
榆叶梅 88
雨花露 143
育种技术 31，48
育种目标 27
育种亲本 30，48
元春 167
园地整理 173
原生境保护 23
原始材料圃建设 17

Z

栽树时间 173
早红2号的衍生品种 124
早露蟠桃 158
增强树势修剪技术 183
长江中下游产区 4
砧木苗木繁育技术 89
砧木品种培育 83
砧木品种选育进展 85
整形修剪常用技术 183
整形修剪发展趋势 182
整形修剪目的 181

枝干病害 230
枝干害虫 241
制汁桃果实等级标准 268
制汁用桃质量评价体系 268
质量性状 57
中国桃产业概况 1
中国桃产业主要成就 4
中华寿桃 146
中农金辉 153
中蟠13号 159
中蟠17号 161
中蟠19号 159
中蟠桃10号 158
中蟠桃11号 160
中桃红玉 143
中油15号 151
中油金铭 155
中油蟠5号 162
中油蟠7号 163
中油蟠9号 163
中油桃4号 154
中油桃5号 151
中油桃8号 157
种质评价技术体系建立 18
种质资源 14
种质资源保存 16
种质资源圃 23
种质资源收集 15
重茬地建园 174
株行距的确定 173
主要病虫害参考防治指标 220
主要病毒病和类病毒病 248
主要害虫防治指标汇总 222
综合防治关键措施 223